中国作物栽培史

CHINESE CROP CULTIVATION HISTORY

刘　旭　王宝卿　王秀东　等　著

中国农业出版社
北京

本书出版得到了科技部创新方法工作专项重点项目："农业科学方法预研究"和"农业科学方法-作物科学方法研究（编号2008IM20800）"的支持！

Introduction

Xu Liu　Baoqing Wang　Xiudong Wang

Chapter 1

Xu Liu

Chapter 2

Baoqing Wang　Xinzhang Li

Chapter 3

Baoqing Wang　Ningbo Sun　Liping Son

Chapter 4

Baoqing Wang　Yanjie Bao　Ningbo Sun　Lili Hu

Chapter 5

Baoqing Wang　Xiudong Wang　Yongqing Lv

Chapter 6

Baoqing Wang　Xiudong Wang　Mudong Jiang

Chapter 7

Xiudong Wang　Xu Liu

General Supervisor

Xu Liu　Xingsui Cao　Guangwan Tan

《中国作物栽培史》
前　言

　　世界上有四大文明古国，古巴比伦、古埃及、古印度和中国。其中一直延续至今而未曾中断的也只有中国，因此可以讲中华民族是一个拥有 5 000 多年形成发展文明史的民族，中国是世界上唯一一个且不曾间断具有 5 000 多年文明历史的国家。对于这一现象，许多国内外学者都从不同的角度依据某些不同证据分析探究其原因，著者同样对这个问题怀有极大好奇心，并试图通过中国作物栽培历史与中国社会经济制度相互影响、相互发展的角度来阐明这一独特现象，这就是著者写这本书的基本动因。

　　大约在距今 5 000—4 000 年间，中国进入了新石器时代的晚期，原始农业发展到锄耕农业的成熟期。而大约在同一时期，原始农业出现三个标志性进展：一是粟类生产已超过了黍占据首要地位；二是种植业超过采集业而成为主导产业；三是以种植业为基础的畜禽业开始形成规模。这些都促使原始农业走向成熟，而正是这种农业的发展推动中国社会治理由母系社会过渡到父系社会；另一方面以黄帝为部落联盟盟主的社会结构形成，也就标志着中华民族的初步形成，而中华民族形成反过来又促进了农业的发展。正是从这一视角出发，著者梳理研究中国农业栽培历史，来分析农业与社会之间相互促进、共同发展，形成中华民族不断壮大、中国社会不断进步、传统农业不断发展的内在动因，不过这一目的并没有真正达到，但有三点结论值得大家借鉴。

　　第一，传统农业形成的极为丰富的种质资源是我国乃至世界最为重要的农业遗产。几千年来，我国传统农业为世界作出了巨大贡献，留下了许多宝贵农业遗产，其中形成的极为丰富的种质资源是我国乃至世界最为重要的农业遗产，农业文化和农耕制度是促进我国农业生产发展的重要动力，这对我国农业乃至世界农业的发展起到了至关重要的作用。本土作物与外来作物经过不断交流、融合，使得我们的生活水平不断提高，食物结构更加合理。

第二，传统农业从发展到成熟经历了两个大的阶段，形成四个较为明显的时期。我国的传统农业从发展到成熟经历了大约公元前2070年至公元前476年的近1 600年的粗放经营和公元前475年至公元1911年大约2 400年的精耕细作两个大的阶段，而后一个大的阶段又可以分为北方旱作农业、南方稻作农业、多熟制为主的农作制等三个较为明显的时期，每个时期大约都经历了800年的形成发展与成熟完善。

第三，社会经济变迁与农业及栽培耕作技术进步互为发展动因。纵观中国作物栽培发展的历史，从10 000年前的植物采集驯化开始到公元前2070年夏朝的建立，大约经历了8 000年左右，我们称其为植物采集栽培驯化期，也就是原始农业阶段，旧石器时代向新石器时代的转变，导致了原始农业的发生。夏商西周及春秋时期大约经历了1 600年左右，青铜器的出现，金属农具逐步替代了石质、木质农具，是原始农业向传统农业转型的阶段，这时期的农业栽培耕作技术获得长足的划时代的进步。战国到西晋约800年的时间，因铁制农具、牛耕等技术的出现，促成北方旱作栽培技术的发展成熟；东晋至北宋约800年的时间，因政治经济中心的南移，导致了我国南方地区的首次大开发，南方稻作技术逐渐成熟；而南宋到清末800年左右的时间，因域外作物特别是美洲高产作物的传入，以多熟制为中心的农作技术成为我国主要的农作物栽培耕作制度。

总之，我国原始农业的发生就是作物栽培的起始。在这漫长的作物栽培发展史中,作物种类与品种发生了巨大变化,栽培方法、耕作制度、生产工具随着科技水平的不断提高也相应发生了变化。耕作制度从粗放经营到精耕细作;农学思想从被动敬畏迷信大自然到主动与大自然和谐相处并利用自然,做到天、地、人之间的统一,在长期的实践中不断总结出对农业生产具有历史和现实指导意义的农学思想。我们可以发现,作物栽培技术的不断进步丰富了农学思想;农学思想的不断形成与提高对农业发展又起到很好的指导作用。我国作物栽培的历史就是一部农业发展史,也可以说是人类社会发展史的一个重要组成部分。

这本书在呈现给读者之前,还是有几点需要说明的。首先,限于著者水平,以及现代科学手段不断涌现,对原有特别是个别具体观点和结论提出巨大挑战,现在有些具体观点和结论值得商榷,甚至有个别观点和结论已过时;其次,对于大的传统农业阶段的划分及形成发展脉络总体上是可以形成共识,当然也不排除可能有更好的观点与结论;最后,非常希望广大读者多提宝贵意见,如有可能再版时尽量吸收进来,形成一本可以与初衷相匹配的重要参考书。

著　者

2022 年 1 月 10 日

CHINESE CROP CULTIVATION HISTORY

FOREWORD

There are four ancient civilizations in the world i. e. ancient Babylon, ancient Egypt, ancient India and ancient China. Among them, China is the only civilization that has continued up to now without any interruption. Therefore, Chinese nation is a nation with a history of more than 5 000 years of formation and development of her own civilization. In other words, China is the only country in the world with a history of more than 5 000 years of civilization without any interruption. Many scholars at home and abroad have analyzed and tried to understand why this could happen in China from different evidences and views. The authors of this book are also very curious about it and would try to elucidate this unique phenomenon from the perspective of mutual influence and development between China crop cultivation and her socioeconomic system, which is the basic motivation of the authors to write this book.

About 5 000—4 000 years ago, China entered the late Neolithic Age, and the primitive agriculture developed into the maturation period of hoeing agriculture. At about the same time, three landmark progresses were achieved in primitive agriculture: firstly, millet production surpassed broomcorn, becoming the staple food; secondly, the production of planting surpassed that of gathering, becoming the dominant production activities; thirdly, the large - scale livestock and poultry husbandry had been formed based on the planting. All above progresses had promoted the maturity of primitive agriculture, which led to the transformation of Chinese social governance from matrilineal society to patrilineal society. On the other hand, as Huang Di being the leader of the tribal alliance, Chinese nation had been formed initially, which in turn stimulate the development of agriculture. It is

1

from this perspective that the author analyzed the mutual promotion and development between agriculture and society by studying China agricultural cultivation history to identify the internal motivation of the continuous growth and great development of the Chinese nation, society and traditional agriculture. However, this objective has not really been achieved, but we have still reached three worthwhile conclusions for our readers.

Firstly, the extremely rich germplasm resources created by traditional agriculture are the most important agricultural heritage for China and even for the world. For thousands of years, Chinese traditional agriculture has made a great contribution to the world with numerous precious agricultural heritages. Agricultural culture and farming system are two important driving forces to promote the development of Chinese agricultural production, which play a vital role in agricultural progress of China and even the whole world. Through the continuous exchange and integration of native and foreign crops, Chinese living standards have been significantly improved with much more healthier food structure.

Secondly, traditional agriculture has gone through two major phases from development to maturity, which could be divided into four periods. The first developmental phase is the extensive operation of traditional agriculture for nearly 1 600 years (from 2070 B. C. to 476 B. C.), and then the second phase of intensive cultivation for about 2 400 years (from 475 B. C. to 1911 A. D.) . The second phase can be divided into three periods: dry farming system in North China, rice farming system in South China and multi-cropping-based farming system. Each period covered 800 years or so of formation, development and maturation.

Thirdly, the socioeconomic development and the progress of agriculture and farming techniques promotes the common dynamic development of both sides. Throughout the history of crop cultivation in China, the first 8 000 years, from the beginning of plant collection and domestication 10 000 years ago to the establishment of Xia Dynasty in 2070 B. C. , is called the period of plant collection, cultivation and domestication, i. e. , the phase of primitive agriculture. The transition from the Paleolithic to the Neolithic led to the occurrence of primitive agriculture. The Xia, Shang, Western Zhou Dynasties and the period of Spring and Autumn lasted about 1 600 years. With the appearance of bronze ware, metal agricultural tools gradually replaced the stone and wooden ones, which is the transformation from primitive agriculture to traditional agriculture. During this period, agricultural and cultivation technologies have made epoch-making progresses. During the 800 years from the Warring States Period to Western Jin Dynasty, the emergence of technologies such as iron farm tools and cattle farming have made a great contribution to the development and maturation of dry farming system in the north. During the period of about 800 years from Eastern Jin Dynasty to Northern Song Dynasty, the southward shift of the political and economic center led to the first large-scale development in the southern part of China, with the rice farming technology gradually matured. During the 800 years from Southern Song Dynasty to the end of the Qing Dynasty, multi-cropping-centered farming technology became the major crop cultivation and farming system in China due to the introduction of extraterritorial crops, especially high-yield crops from America.

In a word, the occurrence of primitive agriculture in China is the beginning of crop cultivation. The types and varieties of crops have undergone great changes in the long history of crop cultivation. Great changes have been made in multiple aspects including cultivation methods, farming systems and production tools with the development of science and technology. Farming system has changed from extensive operation to intensive farming. Agronomic perspective has changed from passive reverence and superstition to nature to active adaptation and making use of nature to achieve the harmony between the universe and human beings. The agronomic ideas with historical and practical significance for agricultural production have been summarized during the long - term practice. Therefore, the progress in crop cultivation has enriched agronomy. In return, the formation and improvement of agronomy has well guided agricultural development. The crop cultivation in China represents not only a history of agricultural development, but also an important part of the history of human society.

We would like to mention several issues when presenting this book to readers. First of all, due to the authors' capability and the emergence of novel modern scientific methods, there is a huge challenge to the original, particularly certain views and conclusions we can reach so far. Some specific views and conclusions are debatable, and some may become outdated. Secondly, it is generally agreed on the classification of major traditional agricultural stages and their formation and development, despite there may be other better views and conclusions. Finally, we are grateful and looking forward valuable opinions from our readers. Thus, we would love to make revisions accordingly in the reprint whenever possible, so as to make this book one of the important references matched with our original intention.

Authors

January 10, 2022

《中国作物栽培史》

目　录

CHINESE CROP CULTIVATION HISTORY

Contents

Chapter 5　Development of Traditional Fine Agriculture—Formation of Rice Cultivation in South China

Chapter 6　Maturation of Traditional Fine Agriculture—Formation of Multiple Cropping System

根据目前世界考古证明，人类已有 500 万～700 万年的历史，作物的起源据考证只有 1 万年左右，充其量只占人类历史的 0.2%。但是大约 1 万年前起源的作物及其农业的形成，却是人类发展史上的一个极其重要转折的新里程碑，也可以说是人类文明的起点。在这约万年的作物栽培历史进程中，人类从事的农业走过了原始农业、传统农业，到现代农业几个阶段，促进了人类社会的发展，提升了人类文明与进步的水平。

中国是世界上农业三大主要发祥地之一，也是世界上作物八大主要起源地之一，在上万年的作物栽培实践中，经历了多个不同的发展阶段，每一阶段都有极其独特的增长方式和极其丰富的内涵，由此形成了我国作物栽培史的基本特点和发展脉络，而且极大促进和丰富了中国传统农业的形成与发展，乃至我国社会经济文化的文明进程。

第一节　作物栽培史的研究方法与意义

作物栽培史是研究作物起源与发展以及时空变化规律的科学。中国作物栽培史是研究在中国特定的范围和条件下，作物的起源与发展的历史、时空变化规律及其对农业、经济、社会、文化影响的科学。

一、作物栽培史的研究内涵

作物栽培史的研究内涵有两个层次，从广义的内涵来讲，作物栽培史研究的范畴由三大部分组成：①作物的起源与发展。作物是由植物的野生类型经人工驯化成栽培类型的，从这个意义上讲作物即栽培植物。植物的驯化、传播和分化，是密切相关、难以绝对分开的，但也可以分成相对独立的几个阶段。植物最初在一个起源驯化中心，然后传到别处，在一个新的地区发生分化（进一步驯化），从科学上通常把最初驯化地称为初生起源中心或原生起源中心，而进一步驯化的新的地区称为次生起源中心。植物从野生类型到栽培类型的整个驯化、传播、分化过程统称为作物的起源与发展。②作物的时空变化与其形成相应的农作制度，在长达 4 000 年的中国传统农业社会中，作物的空间布局和演替进程在一定程度上起了相当大的主导作用；在传统农业社会中可分为粗放经营和精细经营两个时期，精细经营期又分为北方旱作农业、南方稻作农业，以及多熟制农业等区域和阶段，且每个时期或阶段，种植的作物数量、种类和布局均有很大不同，但又有继承与发展。③以作物生产为中心的农耕文化。中国农业在 5 000 年文明史中，前 3 000 年主要是黄河流域开创的灿烂的古代农耕文明，即"粟作文明"；从东晋开始隋唐兴起，长江流域后来居上，继承发扬并开辟了崭新的农耕文明，即"稻作文明"。中华农耕文化的核心价值即"天人合一"与农业"三才"观，其理论最初是从农业实践经验中孕育出来的，后来逐渐形成一种理论框架，推广应用到经济、政治、思想、文化、社会等各个领域，其实质是维持生态平衡与人类可持续发展的关系。

从狭义的内涵来讲，作物栽培史的范畴只限于广义内涵的第二个部分，即研究不同历史阶段、不同社会形态中的作物数量、种类、布局，以及时空变化和其形成的农作制度对经济、社会、文化的影响等内容。本部分内容主要是狭义内涵的研究结果。

由于作物生产的根本特点是，在自然环境下作物再生产过程与经济再生产过程的紧密结合。因此对作物起源与发展、时空变化规律的研究就应该包括自然规律、生命规律、经济规律 3 个研究方面。从这个意义上讲，作物栽培史既是自然科学（农业科学、生命科学等）的一个分支，又涉及大量社会科学（经济科学、历史科学）的问题，是两者相互交叉、相互渗透的一门边缘、交叉学科。作物栽培史学作为自然科学、农业科学、历史科学的一个交汇复合学科，主要研究人们对自然规律之认知的发展过程，探讨作物对自然和历史条件的适用性、科学性以及它的局限性。因此，作物栽培史的研究特点主要体现在两个方面：①采用自然科学、社会科学、生命科学相互交叉，作物科学、环境科学、历史科学相互结合的方法，探讨不同历史时期、不同社会形态中的作物时空发展的变化规律；②用现代作物科学、社会科学知识探讨历史上作物与环境、作物与人类、作物与社会的适用性、科学性、局限性，明确其应该继承、扬弃和创新的内容。

二、作物栽培史的研究方法

历史上，农业种植结构、作物栽培方式的改变通常是跨朝代的。农业生产力的发展受自然因素和社会因素双重影响，其发展过程更是一个漫长的、曲折的过程。因此应选择典型的区域作纵向比较考察研究，从个别到一般，从典型区域到更大范围，寻找地区的个性与各区域间个性与共性的对立统一，同时注重整体性和最优化原则，以期在更大范围内寻求我国农业发展变化的普遍规律。

作物栽培史研究的基本原则是，以辩证唯物主义和历史唯物主义为指导，以历史学的实证考察为基本工作方法，理论与实证相结合，运用"系统结构理论"中的"结构—功能分析"法，以及比较、计量、归纳等研究方法，从农业科技史的角度，探讨自原始农业发生，到现代农业出现，由于农业种植结构、栽培方式等方面发生的巨变，给我国农业生产以及农村经济、社会带来的影响。

本研究涉及的史学研究方法，基本可归结为三大类。

1. 考据法　即对具体的史料（考古史料、农学古书、作物种质资源史料）进行广泛的收集、整理、考订，使史料能够贴近真相、客观反映历史事实。这种方法在我国史学研究中有着悠久的传统和深厚的根基，发展至今，虽然不能说尽善尽美，但是很为史学界接受和称道。

2. 归纳研究法　著名教育家、翻译家严复认为，归纳法是一种重要的科学研究方法，西方自然科学和社会科学的很多重要研究成果，都离不开这一研究方法。本书在研究作物栽培史的过程中经常用到归纳法。严复先生还指出，历史归纳法不同于自然科学的归纳法，自然现象和规律没有人为因素，具有较强的重复性，可以在实验条件下重现并进行准确的验证，但是历史以人为主体，存在着很多不确定的因素。不过在作物栽培史的研究过程中，既有人为因素的干预（政治因素、制度因素），又有自然因素存在（所有作物栽培过程在自然条件下重复性很强）。因此，本书在作物栽培史研究中，同时运用了史学归纳法和自然科学归纳法。

3. 中西比较研究法　作为一种重要的学术研究方法，在研究我国农业发展的历史过程中，中西比较研究是不可或缺的。历史各个时期的外来物种多次引进，西方先进的栽培耕作方法及新品种、化肥、农药等的引用，给我们传统农业带来了巨大的冲击，引起了深刻变革。

三、作物栽培史的研究意义

中国以作物栽培为核心的传统农业，为世人称道。18 世纪瑞典的植物分类学家林奈（C. V. Linne）曾赞扬过中国的农业；19 世纪进化论的创立者达尔文（C. R. Darwin）认为中国最早提出了选择原理；德国农业化学家李比希（J. V. Liebig）认为中国古代对有机肥的利用是无与伦比的创造。

在世界古代文明中，中国的传统农业曾长期领先于世界各国，而且在古代，世界各地的多种文明皆因农业消亡而消亡，唯有中国传统农业历经 5 000 年文明史而长盛不衰。究其原因，主要是古代的天、地、人"三才"理论在实践中指导和运用。"三才"在中国农业上的运用，并主要表现为中国农业特色的是二十四节气、地力常新壮和精耕细作，这三者便是对应于天、地、人"三才"思想的产物。成书于战国时期的《吕氏春秋·上农》等四篇，是融通天、地、人"三才"的相互关系而展开论述的，后世农书从《氾胜之书》（西汉）到《农政全书》（明末）都贯穿这一思想，并进一步具体与深化。从现代社会生态文明的角度去分析，中国传统农业之所以能够实现几千年的持续发展，是由于古人在生产实践中正确处理了三大关系：即人与自然的关系、经济与生态的关系及发挥主观能动性与尊重自然规律的关系。当今，在中国建设现代农业，推动生态文明，实现可持续发展的时代，中国古代"天人合一"与农业"三才"的思想仍具有重要的指导作用和现实意义。

必须指出：要一分为二地看待中国传统农业，尤其是它的局限性与落后性。历史表明，我国的传统农业的主要形式为封建地主土地占有、小农佃户分散经营，生产规模小、生产条件差、利用资源能力弱，是在手工劳动条件下形成的自给自足的经济；而且农业科学技术以经验农业为主，没有科学实验数据支持，总体上处于知其然不知其所以然的阶段。

当19世纪世界农业进入以实验科学为支撑并充分利用机械、化肥、品种等技术的现代农业时代，我国农业科学技术仍停留在"坐而论道"，长时间未迈出"始于足下"的一步。加之1840年以后中国处于半殖民地半封建社会，中国传统农业停滞不前，极大地落后于发源西方的现代农业。只是到了辛亥革命后，中国农业方开始接受西方现代农业科技。这就是说，对于中国传统农业局限性和落后性必须要有正确的认识，这也是我们总结传统农业利弊，发扬其优良传统，剔除其糟粕，为中国的农业现代化服务作出贡献的应有之义。

因此，对以作物种植为基本内容的中国传统农业必须进行实事求是的分析，正确认识它的生产力低下、发展缓慢及其局限性。既不要把发扬传统和复古混为一谈，全盘否定；也不要人为拔高，以至于陷入僵化的墨守成规的境地。研究中国作物栽培史的目的，一方面是从理论上总结过去、以史为鉴、展望未来；另一方面也要根据实际情况、现实问题，研究分析传统农业的成就和问题，而且研究的视野，不能就作物而作物、就农业而农业、就中国而中国，而应放在世界范围和现代的视野上，进行广泛研究和深刻反思。

第二节　作物栽培史的基本脉络与阶段划分

自从1万余年前伴随着农业的形成与发展，植物的野生类型通过不断地驯化、传播、分化，最终形成了植物的栽培类型——作物。在这里驯化是通过不断地选择，获取人们需要的基因型与品种，这也是分化。作物的栽培历史也随着工具的不断更新而不断发展，从而形成了不同的农作制度；由此又促进了社会经济发展，提升人类文明与进步的水平。

一、作物栽培史的基本脉络

在史前植物采集驯化时代，全世界人类大约利用（包括间接利用）了 1 万~8 万个食用的植物种，人类在不同时期先后驯化了许多可以用作食物（包括间接食用）的植物，形成大约 3 000 种作物，目前仍在种植和栽培的约有 60%。然而，只有 150 种作物是大面积栽培的，其中 29 种占了我们目前食物生产的 90%，7 种谷物（水稻、小麦、玉米、高粱、大麦、谷子、小黑麦）提供了总热量的 52%，其他为 3 种薯类（木薯、马铃薯、甘薯），8 种豆类（花生、豌豆、鹰嘴豆、大豆、蚕豆、菜豆、豇豆、木豆），7 种油料（油棕、油菜、油葵、芝麻、胡麻、棉籽、蓖麻），2 种糖料（甘蔗、甜菜），2 种果树（香蕉、可可）。这是对全世界总体情况的分析结果，不排除在某些区域、某个时代的某种作物是当地人们赖以为生的主食，例如：埃塞俄比亚从古至今，人们一直把一种名叫"苔麸"［*Eragrostis tef*（Zucc.）Trotter］的作物作为主要的主食；位于南美洲安第斯山的印加土著居民，特别是在玉米传播至此之前，人们一直把藜麦（*Chenopodium quinoa* Willd）作为最主要的主食，以满足生存发展的需要。

中国总体情况与世界差不多，关于在作物栽培历史长河中到底有多少种作物被驯化、被种植并没有准确统计，据估计，约占世界总数的 50%。目前，我国各类有利用价值的植物有 1 万余种，现在尚在种植的作物种类包括粮、经、饲、果、菜、花、林、药、菌等总共 840 余种。其中大面积种植栽培的作物只有 39 种，计有粮食作物 7 种（水稻、小麦、玉米、谷子、高粱、马铃薯、甘薯），油料作物 6 种（大豆、油菜、花生、芝麻、胡麻、向日葵），糖料作物 2 种（甘蔗、甜菜），蔬菜 7 种（白菜、辣椒、萝卜、黄瓜、番茄、甘蓝、南瓜），果树 9 种（柑橘、苹果、梨、桃、葡萄、西瓜、甜瓜、核桃、枣），食用菌 6 种（平菇、香菇、黑木耳、双孢蘑菇、金针菇、毛木耳，需说明的是食用菌为微生物，不是植物），以及牧草 2 种（苜蓿、黑麦草）。这里特别要指出的是，在超过 50% 农田播种面积上仅播种了 3 种谷物，即玉米、水稻和小麦。

作物栽培史的基本脉络是以作物数量、种类、布局和时空动态消长为主线，以工具的换代为阶段划分的根本依据，以由此形成的农作制度为主要内容。从总体看，各国农业历史学者基本公认以下阶段划分依据：①以非金属工具（石器、木器、骨器等）时代为原始农业。②以非动力金属工具（青铜器、铁器等）时代为传统（又称古代）农业。而我国农学史界又把以非动力青铜器为工具的时期称为传统农业的粗放经营期；把以非动力铁器为工具的时期称为传统农业的精细经营期。其中，传统农业的精细经营期又根据农作制度的类型分为旱作农业、稻作农业、多熟制农业3个阶段。③以动力机械为工具（拖拉机、电动机等）时代为现代农业。本书作者基本上是按农业史学界的专家学者多数共识原则的脉络对作物栽培史进行阶段划分的，但是在详细研究分析考古资料、古书文献以及种质资源状况后，对部分具体时期，阶段的起、止点进行了较大调整，基本上是以中国历代王朝交替的乱世中间进行划分的，这一点是在其他学者阶段划分的基础上的继承与创新。

二、作物栽培史的阶段划分

纵观中国作物栽培发展的历史，大致经历了漫长的约 8 000 年的原始农业，4 000 年左右的传统（古代）农业，100 年左右的现代农业 3 个阶段。根据不同时期作物品种、生产工具使用、栽培技术特点、不同的农学思想和社会变革对农业生产的影响等，将作物栽培历史划分为：史前植物采集驯化期（原始农业）、传统农业萌芽期、北方旱作农业形成发展阶段、南方稻作农业形成发展阶段、多熟制农业形成发展阶段、现代农业出现 6 个具体的时期或阶段。

（一）原始农业时期（约前 10000—前 2070）

从大约 10 000 万年前的植物采集驯化开始，到公元前 2070 年夏朝的建立，大约经历了 8 000 年，我们称其为植物采集驯化期，也就是原始农业时期。旧石器时代向新石器时代的转变，导致了原始农业的萌发。在原始农业时期，最早被驯化的作物有黍、粟、稻、菽、麦（据考证是从域外传入的）、麻及果蔬类作物，桑蚕业也开始起步。原始农业的萌芽，是远古文明的一次巨大飞跃，不过那时作物种植还只是一种附属性生产活动，人类的生活物质很大程度上还依靠原始采集和狩猎来获得。由石头、骨头、木头等材质形成的农具（即非金属工具），是这一时期生产力的标志。

（二）古代（传统）农业（前 2070—公元 1911）

古代农业又称为传统农业。我国的传统农业从形成发展到成熟完善经历了公元前 2070 年至公元前 476 年的大约 1 600 年的粗放经营和公元前 475 年至公元 1911 年的大约 2 400 年的精耕细作两个时期，而后一个时期又可以分成北方旱作农业、南方稻作农业、多熟制为主的农作制度等 3 个阶段，每个阶段大约都经历了 800 年的形成发展与成熟完善过程。

1. 传统农业萌芽阶段（前 2070—前 476）　公元前大约 2070 年，人类进入文明社会后，夏代—春秋时期经历了大约 1 600 年。由于青铜时代逐步取代了石器时代，青铜农具的出现，是我国农具材料上的一个重大突破，开始了金属农具代替石质农具的漫长过程。金属农具逐步替代了石质、木质农具，萌动了传统农业的栽培耕作技术。夏商西周及春秋时期是我国传统农业粗放经营时期，又称作我国传统农业萌芽时期。

2. 北方旱作农业形成发展阶段（前475—公元317）　战国—西晋时期，随着周王室统治的衰落，诸侯称霸，新兴的地主阶级登上历史舞台，新的生产关系的建立促进了生产力的发展，这一时期，由于政治经济中心主要在北方地区，北方的旱作技术获得了长足发展。主要体现在：冶铁业的产生和发展，出现了大量的耕地、中耕、除草、播种、收获等铁制农具，牛耕也同时出现，为北方旱作农业的精耕细作起了巨大的推动作用。战国到西晋约800年的时间，由于铁制农具、牛耕等技术的出现，促成北方旱作栽培技术的发展成熟，是我国传统农业精耕细作时期的旱作农业形成发展阶段。

3. 南方稻作农业形成发展阶段（317—1127）　东晋—北宋时期，因为北方战乱，人口大量南移，政治经济重心偏向南方，我国历史上首次大规模开发南方地区是在东晋时期。此时人口的南移，将北方先进的耕作技术带到了南方，使得整个农业经济结构发生了根本性变化，促进了南方稻作农业的形成与发展。特别是唐代，逐步形成了粮食生产以南方为主的格局。隋唐之后由于南北大运河的开通，开始了我国南粮北运的历史。东晋至北宋约800年的时间，由于政治经济中心的南移，导致了我国南方地区的首次大开发，南方水田稻作技术逐渐成熟，是我国传统农业精耕细作时期的稻作农业形成发展阶段。

4. 多熟制农业形成发展阶段（1127—1911）　南宋—清末时期，由于人口再次大规模南迁，需求加剧，促进了"占城稻"引进后的成功利用，使我国南方稻麦轮作复种跨入新的阶段。后来，由于域外作物的传入，特别是明清时期美洲高产作物的传入及广泛推广，本土作物与外来作物之间进行合理轮作复种，大大提高了粮食单位面积产量和总产量，传统农业逐步形成以多熟制为中心的农业耕作制度。南宋到清末近800年的时间，是我国传统农业精耕细作时期的多熟制农业加速发展阶段。

（三）现代农业出现（1912—　 ）

现代农业是在现代农业科学理论指导下的、以实验科学为基础而形成的一种农业形态，尽管有关现代农业的思想已在清末开始孕育，但真正从事规范的科学实验以推动现代农业发展，是创始于辛亥革命以后。因此，可以说辛亥革命打开了古老的中国通向现代农业的大门。中国的现代农业已出现100余年，尽管取得了举世瞩目的辉煌成就，但是还是处于发展的初级阶段，还有很长的路要走。

中国作物栽培史，记录了中国农业发展的过程。自人类开始最原始的农业活动那天起，作物栽培的历史就开始了。作物栽培比人类的文明要早，也可以说通过长期的作物栽培孕育了人类的文明，这与"劳动创造了文明"是一致的。而另一方面作物栽培技术的每一次进步，都会带动劳动生产力的快速提高，生产力的进步更是推动了社会进步和人类文明程度的提高。所以，我们可以这样认为：我国作物栽培史的过程，就是人类从愚钝到开化、从野蛮到文明的过程，就是人类社会从低级到高级不断进步的过程。

三、中国作物的引种与传播的主要特点

据研究，我国现有作物 840 余种，约占世界现有作物种类的一半。中国现有的作物中，大约 50％是中国起源的本土作物或在中国已种植 2 000 年以上的域外引进作物。但也有相当一部分种植已 2 000 年以上的作物不是中国起源的，其中最著名的作物小麦则起源于中东地区。据考证，中国大约 4 000 年以前就有小麦种植。小麦由中东传到中国，由于地理生态条件不同，特别是由于中国劳动人民长期选择，使其发生了较大的分化，由此中国则成为了小麦的次生起源中心。至于在史前生产力如此低下的情况下是如何传播到中国的，一个比较可信的学说是随着游牧民族来回逐草而居、逐水而住传来的，因为在那个时代人吃的食物与牲畜吃的是没什么区别的，牲畜吃后有些未消化的种子，则随粪便遗留在行走的路上，然后生长出来，被人们发现并得以利用。最新的考古研究发现"粪石"，这是一种粪便的化石，在其中发现了一些作物种子。其实中国史前本土作物还有一些也是史前传入的，只是不像小麦已有明确起源地，尚未研究清楚而已。

中国栽培作物的域外引种，大体有 3 次。

第一次是在汉代。汉武帝建元元年（前 140），武帝欲联合大月氏共击匈奴，张骞应募任使者，于建元二年出陇西、经匈奴、去西域，由于各种原因，历时 14 年于元朔三年（前 126）才得以返回长安。因张骞在西域有威信，后来汉所遣使者多称张骞之使以取信于诸侯。由于匈奴被汉武帝所驱逐，从此中国通往西域的丝绸之路正式开通。借助中国与西域的各方交往，中国在此阶段大量引进一些作物及其种质资源，如苜蓿、葡萄、石榴、胡麻、大蒜、胡葱、核桃，都是这一时期传入的。另外，高粱很可能也是随后一个时期传入的。

第二次是在唐宋时期。唐贞观三年（公元 629），唐玄奘离开长安西去，越边界前去天竺（印度）游学求法，途经中亚、阿富汗等地，饱经风霜、历尽艰险，最后到达巴基斯坦和印度。由于学识出众，获得佛教"三藏法师"崇高地位，并促使中印两国互派使节。贞观十九年（645）回到长安，他除带回了大量经律、佛像、舍利子外，还带回了众多的奇花异果的作物种子。由此中国与西方的丝绸之路又从中亚延伸到南亚，并加强交往，这一时期及随后一段时

期中国从那些地方引进了许多作物及其种质资源，如：木豆、菠菜、扁桃，以及宋代非常重要的水稻——"占城稻"这个早熟品种等。

第三次是在明清时期。受明成祖朱棣之命，郑和于明永乐三年（1405）率领240多艘海船、27 400余名海员的庞大船队，先后拜访了30多个西太平洋和印度洋的国家和地区，涉及东南亚、南亚、西南亚和东非等。每次都由苏州浏家港出发，一直到明宣德八年（1433），一共远航7次之多，最后一次于宣德八年四月回程时，郑和在船上因病过世。郑和七次下西洋，彻底开拓了中国与南亚、东非的海上丝绸之路，开始了除商贸之外的作物及其种质资源引进。这一时期及随后清朝前期，随着哥伦布发现新大陆，一些美洲作物也经海路引到中国，如玉米、甘薯、马铃薯、花生、烟草、辣椒等。

中国作物栽培历史上，张骞、唐玄奘、郑和3人开创丝绸之路的目的虽不相同，然而都不是为了引进作物品种是一致的。但是开辟道路，随着商贸、政治、文化的交流加大，作物及其种质资源也就随之引入。正是这3次域外引种，奠定了中国域外引种的基础。如果说，上面讲的3次域外引种相对是太平盛世时期，而不同作物在国内传播则正好相反，是在乱世之时。春秋战国550余年的战乱，使中华民族的作物布局趋向合理；魏晋南北朝时期的纷争以及唐朝安史之乱，开始了中国北方作物南下，同时开拓了粟作文明向稻作文明的转变；五代十国以及后来的南宋乱世，使中国的经济与人口由北方转移到南方，同时棉花（亚洲棉）开始在中原大面积种植，油菜作为油料作物也越来越重要；明末清初再次是中国作物布局与生态区域趋向一致。而在这几个大的乱世之际，与国外交往明显减弱，甚至于停滞，但国内由于人民避乱逃荒，甚至随朝廷迁都而行，带来了国内作物及其种质资源的交流与传播，使之越来越与环境和农作制度相适应。

第三节　作物栽培的历史遗产

我国原始农业的开始就是作物栽培的起始。在这漫长的作物栽培发展历史过程中，作物种类与品种发生了巨大变化，栽培方法、耕作制度、生产工具随着科技水平的不断提高也相应发生了变化。耕作制度从粗放经营到精耕细作；农学思想从被动敬畏迷信大自然到主动与大自然和谐相处并利用自然，做到天、地、人之间的统一，在长期的实践中不断总结出对农业生产具有较强指导意义的农学思想。我们可以发现，作物耕作栽培方式与技术的不断进步丰富了农学思想；农学思想不断丰富与提高，对农业发展又起到较好的指导作用。我国作物的栽培历史既是一部农业发展史，也是世界人类社会与农业发展史的一个重要组成部分。因此，富饶辽阔的土地、丰富的种质资源、宝贵的农学思想是我们几千年农耕文明的基础。先民们为我们留下的农业遗产，养育了伟大的中华民族，也为世界文明做出了巨大贡献。

一、珍贵的历史遗迹

农业起源与文明起源关系密切，离开农业起源也就没有文明起源可言，农业起源的多元论与一元论争论，实质也是文明起源的多元论与一元论问题。笔者认为，不仅世界作物与农业起源是多元的，而且中国作物与农业起源也是多元的。历年来的考古挖掘和遗址研究充分证明了这一点，这些珍贵的历史遗迹也为中国乃至世界文明进程研究做出了应有的贡献。

（一）黄河流域的珍贵遗迹

黄河流域是中国原始农业最发达的地区之一。当时的农业是在适于粟类种植的黄土沃野上发展起来的，表现出典型的旱地农业特点。

这一地区已发现的最早农业文化是距今 8 000 年前的河南裴李岗文化和河北磁山文化，主要分布在黄土高原与黄河下游大平原交接的山麓地带。河南新郑裴李岗遗址出土农具有磨制石斧、石磨盘、石磨棒等多种工具。河北武安磁山遗址出土的农具与裴李岗类似，且在 80 多座窖穴中发现粮食堆积，出土时部分粮食颗粒清晰可见，不久即风化成灰，发现有粟的痕迹。此外，尚有家猪、家犬及家鸡等骨骸出土。这么多的粮食和家畜的遗骨集中在一处，表明当时原始农业已相当发达。同时，这些遗址还有半地穴式房址、窖穴，以及公共墓地、制陶遗迹等，已粗具村落规模，反映当时人们已经过着较长期的定居生活。

梁家勉先生指出：在 8 000 年前，谷子就已经在黄河流域得到广泛种植，黍稷也同样被北方居民所驯化。以关中、晋南和豫西为中心的仰韶文化和以山东为中心的北辛—大汶口文化均以种植粟、黍为特征，北部辽燕地区的红山文化也属粟作农业区。

1954 年在西安半坡村新石器时代遗址发现的陶罐中有大量的炭化谷子遗存，证明我国在 6 000～7 000 年前的新石器时代就开始栽培谷子。同时也表明，我国黄河流域是粟的起源驯化地。4 000～5 000 年前的甲骨文里已经有谷子的记载。

（二）长江流域的珍贵遗迹

据考古发现，长江流域的原始农业文化重要遗址，早期的有：江苏溧水神仙洞、江西万年仙人洞及浙江余姚河姆渡、桐乡罗家角等；中晚期有：太湖流域和杭州湾地区的马家浜文化（在江苏亦称青莲岗文化）、良渚文化、长江中游和汉水流域的大溪文化、屈家岭文化；鄱阳湖和赣江地区有清江营盘里和修水山背的新石器时代晚期遗址等。从现有的考古资料可以看出，长江流域以稻作为主的原始农业，明显地可分为下游和中上游地区两个不同的系统，并且不管下游和中上游，与黄河流域及南方的原始农业文化都有密切的关系。

长江流域最早驯化的作物是水稻。中国是亚洲水稻的原产地之一，我国所有考古发现的农作物中，以水稻为最多。考古发现，已有130多处新石器时代遗址中有稻谷遗存，绝大部分分布于长江流域及其以南的广大地区。在长江流域中下游地区，早在6 000～7 000年前已经普遍种植水稻，这是当时的生态条件和气候条件决定的。据研究，距今1万年以前，长江流域及其周边地区的气候较现在温暖、湿润，大致相当于现在的珠江流域的气候，十分适合野生水稻的生长。中国南方属于热带、亚热带地区，雨量充沛，年平均温度17℃以上，为先民们驯育栽培水稻提供了适合的种质资源和理想的气候条件。

在南方，水稻最早被驯化，浙江余姚的河姆渡发现了距今近7 000年的稻作遗存，而在湖南彭头山也发现了距今9 000年的稻作遗存。

（三）南方地区的珍贵遗迹

本地区主要包括云贵高原、广东、广西、福建、台湾及湖南、湖北、江西的南部，历史上曾属于百越活动范围的一部分。这一地区新石器时代晚期最重要的遗址是广东曲江的石峡遗址，属岗地遗址类型，距今4 700年左右。并发现中国南方栽培稻遗存，其中部分属于随葬品，说明水稻栽培已有悠久的历史。南方的原始农业与长江、黄河流域原始农业的一个不同之处是，南方出土实物中，谷物收割工具和加工工具较少，其出现时期也晚。据考证，较早的谷物加工工具是桂林甑皮岩遗址的短柱形石杵。[①] 从目前的资料分析，华南地区的农业可能是另一个独立源点，追溯到距今1万年甚至1万年以上，不少地方已出现了农业因素，如适于垦辟耕地的磨光石斧，点种棒上的"重石"，与定居相联系的制陶等。从当地的生态环境和有关民族志的材料看，这些农业可能是从种植薯芋等根茎类作物开始的，这也与东南亚早期原始农业种植的作物相吻合。

（四）北部与西部地区的珍贵遗迹

这一地区包括东北、华北的长城以北、西北的贺兰山以西、青藏地区。长期研究我国边疆问题的台湾学者王明珂，在《华夏边缘》一书中提出，新石器时代气候的干冷化，使中国北部与西部农业边缘人群逐渐走向游牧化。例如青

---

① 广西文物工作队：《广西桂林甑皮岩洞穴遗址试掘》，载《考古》1976年第3期。

海河湟地区的原始居民从马家窑文化、半山文化、马厂文化到齐家文化，都过着定居生活；但在齐家文化西部的某些遗址（如互助县总寨遗址），养羊已多于养猪，等到了辛店文化养羊风气大盛，说明移动化、牧业化已开始。

在东北，属于新石器时代早期的吉林西部一直到长春附近的大片地区，是细石器文化的一个重要分布区，但采集的大部分石器与山西怀仁鹅毛口新石器遗址相似。吉林西南的红山文化，虽然出土了较多的细石器，但从彩陶的器型风格看，与中原彩陶息息相关，可以视为"中原仰韶文化中的草原一支"[①]。类似情况也见于内蒙古科尔沁草原、乌拉草原的原始文化中。这说明：①这一区域在原始时期是农业，游牧是后来形成的；②北方的原始农业未见牧转农痕迹，均明显受中原文化影响。

二、宝贵的农学思想

中国传统农学思想的载体——古农书，是中国传统农学的重要组成部分，是宝贵农学思想的主要载体之一。在没有文字记载的远古时代，原始农业生产知识靠人们世代口传身教而流传，到春秋战国时期才出现了最早的农学著作。何为古代农书，农史学家王毓瑚和石声汉曾这样定义：讲述广义的农业生产技术以及与农业生产直接有关的知识著作。即以生产谷物、蔬菜、油料、纤维、某些物种作物（如茶叶、染料、药材）、果树、蚕桑、畜牧兽医、林木、花卉等为主题的书和篇章。这已是农学史工作者的共识。依此定义，王毓瑚（1957）在《中国农学书录》中著录了542种，其中包括佚书200余种；1959年北京图书馆主编的《中国古农书联合目录》著录现存和已佚的农书643种；1975年日本学者天野元之助撰著的《中国古书考》共评考了243种农书，而附录所列农书和有关书籍名目有600余种。中国农耕文明悠久，古籍浩如烟海，各地及私人藏书不胜统计，未被收录的农书肯定还有许多。近年来有学者对明清两代的农书进行较深入调查，认为明清农书就有830余种（其中多为清代后期），未被王毓瑚、天野元之助所著书录列入的有500余种，其中包括现存的约390种，存亡未卜的100余种。当然，最初的、最重要的、最全面的古农书代表作并不太多。

（一）原始农业农学思想的萌芽

洪荒农业时期没有出现文字，但是远古时期的农业实践经验——古朴的农学思想，仍然通过几千年来的口口相传、代代流传至今，形成了民间传说、远古神话。而这些神话与传说多经过长期加工与演绎。史学界具有代表性的有：

---

① 许明纲：《旅大市的三处新石器时代遗址》，载《考古》1979年第11期。

"伏羲氏"从渔猎过程中驯化野生动物为家养动物，"神农氏"从采集过程中驯化野生植物为栽培植物等。还有这些神话与传说在后人记载中又有所附议，因此除经考古证明了的以外，需要剔除其附议的成分和神话的外衣，才能找到接近真实的历史内核。

（二）传统农学思想逐渐形成与奠基

夏商西周及春秋时期，是刚刚从原始农业转向传统农业的时期，又称传统农业的粗放经营时期。先秦时期的农书多已失传，但从有文字记载的史料中，如从甲骨文中对有关农业零散的记述，到后来的《诗经》等文献对当时农业生产状况逐渐较为系统的描述，可以发现传统农业形成发展的轨迹。在安阳殷墟发掘出来的甲骨卜辞中，有关农业的竟达4 000～5 000片之多，而且直接与种植业有关，内容涉及农田垦殖、作物栽培、田间管理、收获储藏等各方面，反映出商代对农业十分重视。《诗经》是我国最早的一部诗歌总集，其中描述农事的诗有21首之多，涉及当时农业的各个方面；《禹贡》则是我国最早的土壤学著作，对全国的土壤进行了分类，为后来农业种植必须辨别土壤、因地制宜提供了依据；最早的农业历书《夏小正》指出，农业生产必须不违农时，适应和利用自然气候条件，是获取丰收的基本条件。这些农学思想的积累为后来天、地、人"三才"理论的提出奠定了思想基础。

从典籍中可以比较清晰地看到在新石器时代之后，我国作物生产与农作制度发展演变的脉络，例如在《诗经》中还对黍稷和大麦有品种分类的记载。《诗经》和另一本同时期著作《夏小正》还对植物的生长发育如开花结实等的生理生态特点有比较详细的记载，并且这些知识被广泛用于指导当时的农事活动。这一传统农业的粗放经营时期的作物与栽培技术被后人汇集成中国传统农学的奠基作——《吕氏春秋·上农》等四篇（成书于秦王政八年，公元前239年），它是对先秦时代农业生产和农业科技长期发展的总结，而且相当程度上反映了战国以前的作物种植的情况。

（三）传统农学思想的集大成之著

《氾胜之书》是西汉晚期出现的一部重要农学著作，一般认为是我国最早的一部农书。该书是作者对西汉黄河流域的农业生产经验和操作技术的总结，主要内容包括耕作的基本原则、播种日期的选择、种子处理，以及个别作物的栽培、收获、留种和储藏技术等。就现存文字来看，对个别作物的栽培技术的记载较为详细。

《齐民要术》是一部重要综合性农学巨著，虽然成书于北魏时期，书中内容却是我国北方地区公元6世纪之前农学思想的一个总结。也是世界农学史上最早的专著之一，是中国现存的最完整的农书，该书对我国后来的农学思想影响极为深远。

我国大约在战国、秦汉之际北方地区就已逐步形成一套以精耕细作为特点的传统旱作农业技术，并逐渐丰富和发展。目前来讲，重视、继承和发扬传统农业精耕细作思想，使之与现代农业技术合理地结合，保障农业可持续发展，具有十分重要的意义。

（四）传统农学思想的系统提升之作

成书于五代十国由韩鄂编撰而成的《四时纂要》，兼述了南北两方的农事情况，这与此前农书仅描述北方农事情况不大相同，反映了南方稻作农业的形成与发展，并表明了其在作物生产中的不可替代作用。而随后在南宋绍兴十九年（1149）由陈旉完成的《陈旉农书》，也是记述这一时期农事活动和科学技术的著名农书。书中提出了与水稻栽培技术有关的"十二宜"和著名的"地力常新壮说"。这一农书是以南方水稻农业为主要对象的著作，从而进一步说明了我国此时南方稻作农业的地位及其科学技术的成熟。

元代的《王祯农书》（1313）在我国古代农学遗产中占有重要地位，它是兼论北方农业技术和南方农业技术的综合性农书；《农政全书》的撰著者为徐光启（1562—1633），成书于天启五年（1625）至崇祯元年（1628）。此书除了总结前人，补充当时的第一手资料外，还吸取了传教士带来的西方农业科学与技术知识；《授时通考》是一部大型农书，从编纂到刊印前后历时5年，它是中国传统农业最后一部整体性农书。这三部农书既是对中国长达4 000年传统农业的凝练结晶，又是对南宋至清近800年来多熟制为主要特征的中国传统农业的全面总结。

三、丰富的种质资源

大约1万年前作物的起源与农业的出现，开启了人们利用种质资源的长河。作物种质资源指在任何地区、任何时间所栽培的植物种、所有品种及其所携带的全部基因，以及它们的半驯化种、野生种和亲缘、近缘种。从广义的范畴上讲，还应包括人们通过采、伐、摘、挖、放牧等方式所利用的各种植物以及田间杂草和有毒植物。

中国是世界上生物多样性最丰富的12个国家之一。植物资源是其中种类最多、数量最大，而且在任何生态系统中，植物特别是高等植物总是起主导作用。同时，中国地域辽阔、地形复杂、土壤多样、气候多种，加上农耕历史悠久、耕作制度繁多、栽培方式多样，再经过长期的自然和人工选择，从而不断地培育出新作物和新品种。

（一）繁多的植物资源

植物是人类生活的支柱，人类在漫长的利用植物资源历史过程中，通过采摘、割伐、挖收、放牧等收获、放养手段，在不断地满足自身需要的同时，也不断地创造和发展了人类文明。在史前采集渔猎时代，利用生物资源是人类生存与发展的主要手段。中国的古代神话中，"神农尝百草"的情景，一方面说明在选择可栽培的植物，另一方面也说明人类在探讨哪些植物资源是可以直接利用的。

中国的植物资源众多，仅维管束植物就有 3 万余种，在世界上仅次于巴西与哥伦比亚。据不完全统计，我国经济植物超过 1 万种以上，可以分为 4 个大类群 22 个类群（其中许多植物具有多种用途，因此在统计上会有较多重复）。

1. 食用植物　食用植物可分为直接食用和间接食用两种类型。在直接食用植物中包括了粮食类植物 100 余种，油料类植物 100 余种，糖料类植物 50 余种，蔬菜类植物 700 余种，果树类植物 300 余种，饮料类植物 50 余种。间接食用植物包括了饲料类植物 500 余种，牧草类植物 2 500 余种。

2. 工业用植物　工业用植物包括木材植物 2 000 余种，纤维植物 1 200 余种，橡胶植物 50 余种，树胶植物 100 余种，芳香油植物 350 余种，工业油植物 500 余种，鞣质植物 300 余种，色素植物 60 余种，寄主植物 300 余种，纺织植物 150 余种，还有昆虫胶植物等。

3. 药用植物　药用植物包括人用药用植物 5 000 余种，兽用药用植物 500 余种，农用药用植物 200 余种。

4. 环保植物　环保植物有观赏植物 500 余种，指示植物 160 余种，此外还有固沙防污、固氮植物等。

（二）众多的作物种类

人类文明起源于作物与农业的出现。中国作为世界栽培植物的起源中心之一，不论从何种角度着眼，其作物与农业地位的重要性始终是举世公认的。"后稷教民稼穑"是关于后稷在晋南汾河流域教人们种植作物的传说，因此《诗经》中有关于后稷此人的记载，他被尊称为中国的农业始祖。《诗经》中有"百谷"的说法，而到了《论语》则出现了"五谷"之说，这是我国关于作物种类的最早记载。诚然，关于中国起源和拥有多少作物种类，不同时期则有不同估计。瓦维洛夫曾认为中国起源的作物有 136 种，占世界的 20.4%；俞德浚（1979）认为中国起源作物在 170 种以上；卜慕华认为应该有 236 种。至于中国目前拥有多少作物种类同样有一个不断认识的过程，卜慕华（1981）报道中国有 350 种作物，《中国作物遗传资源》（1984）报道有 600 余种。然而随着中国农业的迅速发展，作物创新和国外引种及科研的深入，中国拥有的作物数量和物种在逐步增加，作物的野生近缘植物亦更加明了。据笔者近年统计，中国现有 840 余种作物（类），其中栽培物种 1 251 个，野生近缘植物 3 308 个，隶属 176 科、619 属。

（三）丰富的遗产变异

中国生态环境复杂，农耕文明悠久，经过 5 000 年乃至上万年的自然选择和人工选择，使我国不仅农作物种类多，并且每种作物的品种和类型也多。因此中国的作物都含有丰富的遗传变异，形成了丰富多样的品种及类型。早在先秦时代，《诗经》就有了对黍稷和大麦的品种分类的记载，中国的历代古农书均对作物品种及类型有所论述。据统计，稻的我国地方品种就有近 50 000 个。这些品种不仅包括籼和粳两个亚种，并且每个亚种都有水稻、陆稻，品质有非糯和糯，米色有白和紫，栽种期有早、中、晚，又各有早、中、晚熟品种。在谷粒形态和大小、颖毛以及颖色、穗颈长短、植株高度等形态特征上也是多种多样。

中国的各种作物都有抗病、抗逆、早熟、丰产或优质的品种。中国是禾谷类作物籽粒糯性基因的起源中心：不仅稻、粟、黍、高粱等古老作物都有糯性品种，而且引入中国仅 500 年的玉米也产生了糯性类型——蜡质种（糯玉米），它起源于中国西南地区。中国还是禾谷类作物矮秆基因的起源地之一：小麦的矮秆基因 $Rht3$（大拇指矮）和 $Rht10$（矮变 1 号）起源于中国；水稻的矮仔占、矮脚南特、低脚乌尖（三者均含有 $Sd1$ 半矮秆基因）均起源于中国，其中台湾原产的低脚乌尖在国际稻（IR 系统）选育中起了重要的关键性作用。中国也是作物重要育性基因的起源地之一：海南岛普通野生稻（$Oryza\ rafipogon$）的细胞质雄性不育基因被成功地应用于杂交稻的选育；小麦的核不育基因 Tal，应用于轮回选择，育成了一批小麦优异种质。原产于中国的带有 $kr1$、$kr2$ 广交配基因的小麦品种"中国春"，早已成为世界各国小麦远缘杂交中不可缺少的亲本。总之，中国栽培植物遗传资源变异十分丰富，其中很多有待深入研究和进一步发掘。

我国作物种质资源种类多、数量大，以其丰富性和独特性在国际上占有重要地位，同时在我国农业和现代种业发展中作用巨大。目前，我国已完成了拥有 200 余种作物（隶属 78 个科、256 个属、810 个种或亚种）、共 40 余万份作物种质资源的编目与入库（圃）保存及数据共享平台的建设，这些宝贵的种质资源财富以及繁多的植物资源，是中国 5 000 年乃至上万年农耕文明史的最重要的也是最有生命力的农业文化遗产，它不仅是中国也是世界人类生存和发展的宝贵财富和基础性资源，是作物育种、生物科学研究和农业生产发展的物质基础，也是农业可持续发展的重要战略性保障。

参 考 文 献

阿尔贝，1991. 生物技术与发展 [M]. 邵斌斌，赵彤，等，译. 北京：科学技术文献出版社.

北京图书馆，1959. 中国古农书联合目录 [M]. 北京：北图全国图书馆联合目录组.

卜慕华，1981. 我国栽培作物来源问题 [J]. 中国农业科学（4）：10-12.

董恺忱，范楚玉，2000. 中国科学技术史：农学卷 [M]. 北京：科学出版社.

郭文韬，1988. 中国农业科技发展史略 [M]. 北京：中国农业科技出版社.

梁家勉，1989. 中国农业科学技术史稿 [M]. 北京：农业出版社.

李根蟠，1993. 中国农业史上的"多元交汇"——关于中国传统农业特点的再思考 [J]. 中国经济史研究（1）：26-27.

刘旭，2001. 作物和林木种质资源研究进展 [M]. 北京：中国农业科技出版社.

天野元之助，1992. 中国古农书考 [M]. 彭世奖，林广信，译. 北京：农业出版社.

王宝卿，2007. 明清以来山东种植结构变迁及其影响研究 [M]. 北京：中国农业出版社.

王达，1989. 试论明清农书及其特点与成就 [M]. 北京：农业出版社.

王明珂，1997. 华夏边缘 [M]. 台湾：允晨文化公司.

王思明，陈少华，2005. 万国鼎文集 [M]. 北京：中国农业科技出版社.

王毓瑚，1957. 中国农学书录 [M]. 北京：中华书局.

王毓瑚，1964. 中国农学书录 [M]. 修订版. 北京：农业出版社.

王毓瑚，1981. 我国自古以来的重要农作物 [J]. 农业考古（1，2）：25.

《文物》月刊编辑委员会，1979. 文物考古工作三十年 [M]. 北京：文物出版社.

吴存浩，1996. 中国农业史 [M]. 北京：警官教育出版社.

游修龄，2008. 中国农业通史·原始农业卷 [M]. 北京：中国农业出版社.

游修龄，2014. 中华农耕文化漫谈 [M]. 杭州：浙江大学出版社.

俞德俊，1979. 中国果树分类学 [M]. 北京：农业出版社.

曾雄生，2008. 中国农学史 [M]. 福州：福建人民出版社.

张芳，王思明，2001. 中国农业科技史 [M]. 北京：中国农业科技出版社.

第一章 概　述

　　考古资料表明，大约距今 1.2 万年前，古气候进入地质史上的全新世时期，地球上最后一次冰期结束。随着气候逐渐转暖，原始人类习惯捕杀且赖以为生的许多大中型食草动物突然减少，迫使他们转入平原谋生。在漫长的采集实践中，他们逐渐认识和掌握了可食用植物的种类及其生长习性，并开始尝试种植。这就是原始农业的萌芽。农业起源的另外一种可能是，在这次气候环境的巨变中，原先以渔猎为生的原始人类，不得不改进和提高捕猎技术，长矛、掷器、标枪和弓箭的发明，就是例证；捕猎技术的提高加速了捕猎物种的减少甚至灭绝，迫使人类从渔猎为主转向以采食野生植物为主，并在实践中逐渐懂得了如何栽培、储藏可食植物，以及如何驯养动物。大约距今 1 万年左右，人类终于掌握了自己种植作物和饲养动物的生存方式，于是我们今天称为"农业"的生产方式就应运而生。

　　中国是世界上三大农业起源地之一。我国先民在原始时代首先驯化栽培了粟、黍、菽、稻、麻和多种果树、蔬菜等，成为世界上重要的栽培植物起源中心之一。据估计，人类曾经栽培过 3 000 种左右的植物，经过淘汰、筛选、传播和交流，其中遍布全球的大约有 150 多种，而目前世界人口的主要衣食来源仅依靠 15 种左右的农作物[1]。这些遍及全球与我们生活息息相关的农作物都是原始农业时期驯化栽培的。原始农业时期，祖先为我们选择驯化并传承下来的农作物资源是后来农业发展不可替代的物质基础。此外，在漫长的农业生产实践中，我们的祖先逐渐认识农业发展与"天、地、人"之间的相互关系，形成重要的农学思想。

　　中国农业的历史进程，大致经历了漫长的 8 000 年左右的原始农业，4 000 年左右的古代（传统）农业，100 年的现代农业三个阶段。根据不同时期作物栽培技术特点、不同的农学思想和社会变革对农业生产的影响，本文将我国的作物栽培历史划分为：①史前植物（作物）采集驯化期（原始农业时期）；②传统农业萌芽期；③北方旱作农业形成发展期；④南方稻作农业形成发展

---

① 梁家勉：《中国农业科学技术史稿》，农业出版社，1989 年，第 43 页。

期；⑤多熟制农业形成发展期；⑥现代农业的出现与发展期等 6 个时期。

第一节　原始农业时期（约前 10000—前 2070）

我国作为世界四大文明发源地之一，作物栽培历史非常悠久。大量考古资料证明，我国的原始农业起源于距今 1 万年之前，是直接从采集、渔猎经济中产生的。远古时期，由于生产力水平低下，采集与渔猎在整个经济生活中占据主导地位。在漫长的社会历史进程中，人类最初并非通过农业获取食物及其他生活资料，只是在距今 1 万年以前，农业即种植业和畜牧业才逐渐从采集和渔猎经济中产生，并最终替代了采集、渔猎的地位。先民们把一批动植物，有意无意地驯化为家养动物和栽培植物是原始农业的最大成就。在新石器时代，人们根据植物采集活动中积累的经验，开始把一些可供食用的植物驯化成栽培植物。他们发现，散落在土壤中的野生植物种子，在适宜的条件下，适应着气候周期性变化，定期发芽、抽穗、开花、结实。经过对这些现象的无数次观察，启迪了原始先人们的智慧，于是他们开始试种这些可食用的野生植物。经过无数次失败，终于获得成功，逐步积累了植物栽培的经验，开创了原始种植业的先河。

一、原始农业时期的作物栽培驯化

（一）原始农业早期栽培驯化的作物品种及特点

粟又叫谷子，是我国驯化的最古老的作物之一。1954 年在西安半坡村新石器时代遗址中，发现陶罐中有大量的炭化谷子遗存，证明我国在六七千年前的新石器时代就开始栽培谷子。同时也表明，我国黄河流域是粟的起源驯化地。四五千年前的甲骨文里已经有谷子的记载。

黍也是我国最早驯化的作物之一。黍就是北方地区特别是西北地区种植的黍子，籽粒比谷子大，脱粒后称为大黄米。

"后稷教民稼穑"，说的就是黍稷不但被最早驯化而且是主要的粮食作物。后来以"社稷"象征国家。可见黍稷在当时人们心中的地位有多重要。

黍稷与粟比较，其生长期更短、更耐旱耐瘠、更耐杂草，被称为先锋作物。黍稷的地位被粟取代，主要原因是其产量较低、品质较差。

（二）驯化作物与自然条件相适应是原始农业时期的特点之一

原始农业时期，人们的生产力水平还很低下，不可能人为地创造适应作物生长的环境条件，因此，顺应自然环境的栽培技术就成为这一时期的重要特点。黄河流域最早栽培的是粟、黍、菽、麦、麻等耐旱、耐寒作物。最先被驯化的是粟和黍，而不是别的作物，这同黄土高原的地理生态环境以及粟、黍的适应性广、耐干旱、耐瘠薄、抗逆性强是分不开的。黄土高原的东南部包括陕西中部、山西南部和河南西部，是典型的黄土地带。这一带的气候，冬季严寒，夏季炎热，春季多风沙，雨量不多，年平均降水量在 250～650 mm，又大部分集中在夏季，温度高，蒸发量大，这种条件下，只有抗旱性强、生长期短的作物如粟和黍才能良好适应，其他作物就很难适应。另外，菽、麻、麦等也是我国北方栽培最早的作物。

长江流域最早驯化的作物是水稻。中国是亚洲水稻的原产地之一。我国所有考古发现的农作物中，以水稻为最多。据考古发掘，发现 130 多处新石器时代遗址中有稻谷遗存，且绝大部分分布于长江流域及其以南的广大华南地区。在长江流域中下游地区，早在六七千年前已经普遍种植水稻，这是当时的生态条件和气候条件决定的。据有关研究，距今 10 000 年以前，长江流域及其附近地区的气候较现在温暖、湿润，大致相当于现在的珠江流域的气候，十分适合野生水稻的生长。中国南方属于热带、亚热带气候，雨量充沛，年平均气温 17 ℃以上，为先民们驯育栽培水稻提供了必须的种质资源和理想的环境气候条件。

由此可见，自然环境对人类最初的植物驯化和栽培种类的选择起了决定性作用。正是原始先民们驯化栽培的这些最早的（粟、黍、稻、菽、麻等）作物，奠定了后来中华农业文明的物质基础。

二、原始农业时期耕作栽培的主要特点

（一）原始农业发展特点

原始农业的发展大致经历了萌芽时期、发展时期和转型发展时期三个阶段，它们大致和新石器早期、中期和晚期相对应。原始农业的萌芽，是远古文明的一次巨大飞跃，不过那时作物栽培还只是一种附属性生产活动，人类的生产资料很大程度上还依靠原始采集、渔猎来获得。但随着生产工具的发展，土地利用的强度逐渐加大，从土地利用和农具发展角度，又可以将原始农业分为：刀耕农业、锄耕（或耜耕）农业、发达锄耕（或犁耕）农业三个时期。原始农业晚期出现了石器农具和耒耜农具并用的局面，由石头、骨头、术头等材质形成的农具（即非金属农具），是这一时期生产力的标志。原始农业的发展，为原始社会向阶级社会过渡创造了物质基础。

（二）原始农业时期耕作栽培的主要特点

原始农业时期最早被驯化的作物有黍、粟、稻、菽、麦（可能是传入的）、麻及多种果树、蔬菜等，桑蚕业刚开始起步。原始农耕栽培的主要特点是以种植业为

主，南方多种水稻，北方多种粟黍；由较早迁徙的刀耕农业，逐渐演变为定居的耕锄农业；耕作制度也由年年易地的生荒耕作制过渡到轮荒休耕耕作制。

三、原始农耕文化特点

（一）不同作物驯化中心形成区域特点鲜明的农耕文化

至少在 8 000 年前，谷子就已经在黄河流域得到广泛种植，黍稷也同样被北方居民所驯化。以关中、晋南和豫西为中心的仰韶文化和以山东为中心的北辛—大汶口文化均以种植粟黍为特征，北部辽燕地区的红山文化也属粟作农业区。在南方，水稻最早被驯化，浙江余姚河姆渡发现了距今近 7 000 年的稻作遗存，而在湖南彭头山也发现了距今约 9 000 年的稻作遗存。

（二）原始农耕文化记载与流传特点

原始农业时期没有出现文字，但是远古时期的农业实践经验——古朴的农学思想，仍然通过几千年来的口口相传流传至今，形成了民间传说、远古神话。史学界具代表性的有：伏羲从渔猎过程中驯化野生动物为家养动物；神农氏从采集过程中驯化野生植物为栽培植物等等。由于这一时期处于没有文字记载的远古时代，原始人类的劳动与创造、胜利与挫折，通过口耳相传的方式历代传递，经过长期加工与演绎，形成神话与传说，而且这些神话与传说在后人记载中又有所附议。因此，除经考古证明了的外，需要剔除其附议的成分和神话的外衣，才能找到接近真实的历史内核。

第二节　传统农业的萌芽期（夏商西周及春秋：前 2070—前 476）

公元前大约 2070 年，人类进入文明社会后，夏朝—春秋时期经历了大约 1 600 年。中国由原始社会进入奴隶社会，相继建立了夏、商、周三个奴隶制王朝。公元前 770 年周平王迁都洛邑，在这之前的周朝史称西周；在这之后的周朝史称东周，约相当于春秋战国时期。夏王朝的建立标志着我国历史正式进入文明社会。金属农具的出现和使用是原始农业向传统农业转变的关键因素。

一、传统农业粗放经营期的作物栽培发展

（一）主要栽培作物种类

在《诗经》（前 11 世纪—前 5 世纪）中频繁地出现黍的诗，说明当时黍已

经成为我国最主要的粮食作物，其他粮食作物如谷子、水稻、大豆、麦类等也被提及。同时，《诗经》还提到韭菜、冬葵、菜瓜、蔓菁、萝卜、葫芦、莼菜、竹笋等蔬菜作物，榛、栗、桃、李、梅、杏、枣等果树作物，桑、花椒、大麻等纤维、药材、林木等作物。

（二）主要栽培作物种类地位的更替变化

粟和黍都是北方最先驯化栽培的作物，但就北方地区而言，粟仍是新石器时期种植最广泛的作物。这是因为粟的产量比黍高，成熟收割时谷粒不易零落，而且耐储藏，谷秆又是牲畜的优良饲料，这些都是粟取得主导地位的因素。夏商西周及春秋时期，黍、稷在粮食生产中仍占主要地位；麻虽也作粮食，但主要还是利用它的纤维作为衣被原料；水稻主要在长江流域栽培，虽然已传到黄河流域，但在北方，被视为粮食中的珍品，栽培并未普遍；麦、豆是这时期初见记载的作物，栽培也还不多。另外，桑蚕业生产始于新石器晚期，距今大约五六千年，到夏商西周时期，已经有初步发展，相应的丝织技术也有相当进步。这便是夏商西周及春秋时期主要农作物组成的一个大体轮廓。

二、传统农业粗放经营期耕作栽培的主要特点

（一）农具改进推动了耕作制度的发展

文献记载和考古资料表明，夏王朝时期已经进入青铜时代。青铜农具的出现，是我国农具材料上的一个重大突破，开始了金属农具代替石质农具的漫长过程。夏商西周时期我国精耕细作传统农业出现萌芽。商代青铜冶铸业进入了更加成熟的阶段，这为农业技术进一步提高奠定了基础。农业逐渐成为当时"决定性生产部门"，特别是商代中后期农业发展更快。夏商西周时期的农具种类与原始农业时期相比较，最大区别是此时出现了中耕农具——钱和镈，说明人们已经初步掌握了中耕除草技术。《诗经·臣工》记载："命我众人，庤乃钱镈"。钱即是后来的铲，而镈则是锄。从传说中的大禹治水开始，以防洪排涝为目的的农田沟洫体系逐步建立起来，与此相联系的垄作、条播、中耕除草和耦耕等技术相继出现并得到发展，轮荒（菑、新、畬）耕作制代替了撂荒耕作制，人们除了继续广泛利用物候知识外，又创立了天文历。

（二）品种选择技术的发展推进了农业生产

到了夏商西周及春秋时期，人们在长期实践中懂得种子不同，收成早晚、产量和品质也有不同，再加上社会需求的多样化（例如祭祀、酿造、嗜好、人与人之间的交往等方面的需求），对农作物的类型和特性引起了注意，并加以

有意识的选择，出现了原始农业时期所没有的选种效果。《诗经》农事诗中就有关于选种的记载。《豳风·七月》记有："九月筑场圃，十月纳禾稼。黍稷重穋，禾麻菽麦。"《鲁颂·閟宫》记有："黍稷重穋，植稚菽麦。"所谓"重""穋""植""稚"是指播种收获的早晚而言，晚熟的品种称为"重"，早熟的品种称为"穋"；早播的品种称为"植"，晚播品种称为"稚"。

当时还有播种前选种的描述。《诗经·大雅·民生》记有："诞后稷之穑，有相之道，茀厥丰草，种之黄茂，实方实苞，实种实褎，实发实秀，实坚实好，实颖实栗，即有邰家室。"全文介绍的都是作物生长的各阶段形态，其中"种之黄茂，实方实苞"讲的就是选种要点。

三、传统农业粗放经营期农耕文化及特点

（一）农业典籍出现并在指导农业生产中发挥重要作用

从典籍中可以比较清晰地看到在新石器时代之后我国作物生产发展演变的脉络。例如，在《诗经》中还有对黍稷和大麦品种分类的记载。《诗经》和同时期著作《夏小正》还对植物的生长发育如开花结实等的生理生态特点有比较详细的记录，并且这些知识被广泛用于指导当时的农事活动。这一传统农业的粗放经营时期的作物与栽培技术被后人汇集成中国传统农学的奠基作——《吕氏春秋·上农》等四篇（成书于秦王嬴政八年，公元前239年），它是先秦时代农业生产和农业科技长期发展的总结，而且相当程度地反映了战国以前的作物栽培的情况。

（二）传统农学思想逐渐萌发

夏商西周时期，是由原始农业向传统农业过渡时期。先秦时期的农书多已经失传，但从有文字记载的史料中，可以发现传统农业形成发展的轨迹。在安阳殷墟发掘出来的甲骨卜辞中，有关农业的竟达四、五千片之多，而且直接与种植业有关，内容涉及农田垦治、作物栽培、田间管理、收获储藏等各方面，反映出商代对农业十分重视。《诗经》是我国最早的一部诗歌总集，其中描述农事的诗有21首之多，涉及当时农业的各个方面；《禹贡》则是我国最早的土壤学著作，对全国的土壤进行了分类，为后来农业种植必须辨别土壤，因地制宜提供了依据；最早的农业历书《夏小正》，为后来农业生产必须不违农时，适应和利用自然气候条件，从而获取丰收指出了基本方向。这些思想的积累为后来天、地、人"三才"理论的提出提供了思想基础。

夏商西周及春秋时期是我国传统农业的萌芽期，此时的农业技术虽然还比较粗放，但是已经基本摆脱了原始农业的耕作方式，精耕细作技术已经在某些

栽培环节得到应用。

第三节　传统农业的形成期（战国秦汉及西晋：前475—公元317）

春秋战国时期，特别是战国时期，是奴隶社会向封建社会转变时期，也是由粗放农业向精细农业发展时期。主要体现在冶铁业的产生和发展、牛耕的出现，对农业生产的进步起了巨大的推动作用。西晋之前我国的政治、经济中心一直在北方地区，先进的农耕技术和农学思想也出现在北方，促进了北方旱作精耕细作技术的形成与发展。

一、北方旱作农业形成期的作物栽培发展

（一）秦汉时期域外作物引进及作物品种多样性发展

汉代是我国引入域外作物的第一个高峰。这一时期，由于社会稳定，经济有较大发展，对外交流增多，除了本土驯化的作物以外，使得许多域外作物得到交流和引进。例如，公元前138年，张骞先后两次出使西域，开辟了西汉王朝同西域的往来通道——著名的"丝绸之路"，出现了珍稀物种或农牧业物产的互通有无，形成了"殊方异物，四面而至"的局面。

根据《史记》《汉书》及后世的方志本草类文献记载，从西域诸地传入的作物主要有：苜蓿、葡萄、石榴、胡麻（芝麻、亚麻）、大蒜、葱、胡桃（核桃）、胡豆（蚕豆、豌豆等）、胡荽（芫荽）、莴苣[①]、金桃（猕猴桃）、胡瓜（黄瓜）、蓖麻、胡椒等。另外一种重要的作物高粱（非洲高粱）也是大约4世纪前后从非洲经印度传入我国的。

秦汉时期引进作物主要是果树、蔬菜类，虽然对我国传统粮食作物的种植结构并无多大影响，但是丰富了当时的作物品种和种类，对改变我国的饮食结构，提高生活质量和健康水平产生了积极的影响。

西汉时期的《氾胜之书》中提到的主要作物有禾、黍、麦、稻、稗、大豆、小豆、枲、麻、瓜、瓠、芋、桑等13种，可以基本反映出当时作物种类概貌。

（二）主要栽培作物种类的地位变化

春秋战国时期，黄河中下游地区的大田作物和夏商西周时期一样，粮食作

---

① 梁家勉先生认为莴苣是隋代引进的，本文根据多方资料印证认为莴苣是汉代引进的。

物占绝对支配地位，除粮食作物外，只有纤维作物见于大田栽培。但粮食作物的种类虽然基本如故，但其构成及位序则发生了颇大的变化。变化特点是：菽（大豆）的地位迅速上升，至春秋末年和战国时期，菽已经和粟并列为主要粮食作物。这在中国农业发展史上是一"空前绝后"的现象。

大豆这时上升为主粮，是由多种因素所促成的。从大豆本身看，它比较耐旱，具有一定的救荒作用，西汉时期的《氾胜之书》说："大豆保岁易为，宜古之所以备凶年也。"而且它营养丰富，既能当粮食又能作蔬菜。《战国策·韩策》记有："韩地……五谷所生，非麦而豆，民之所食，大抵豆饭藿羹。"藿，就是豆叶。这些大概是大豆在当时迅速发展的重要原因。

从耕作制度的发展看，春秋战国正是从休闲制向连种制转变时期，面临着在新的土地利用方式下，如何保养地力的问题。大豆的根瘤有肥地作用，它参加与禾谷类轮作，有利于在连种条件下用地与养地相结合。人们在实践中获得了这种经验，这是大豆在当时迅速发展的又一原因。

大豆在中原地区的迅速发展，还与其另一新品种"戎菽"的传入有关。《逸周书·王会解》记载，山戎曾向周成王贡献特产"戎菽"。山戎是与东胡族有密切关系的少数民族，春秋时居燕国之北。《管子·戒》记有"（齐桓公）北伐山戎，出冬葱与戎菽，布之天下。"这大概是产于山戎地区的一个新品种，因其品质较优，适应性较强，得中原人民珍爱，又符合当时从休闲制向连种制过渡的需要，从而得到迅速地推广。

二、北方旱作制形成期的耕作栽培特点

北方旱作农业的基本特征是：金属农具和木制农具代替了原始的石器农具，铁犁、铁锄、铁耙、耧车、风车、水车等得到广泛使用；畜力成为生产的主要动力，极大提高了劳动生产率；一整套农业技术措施逐步形成，如选育良种、积肥施肥、兴修水利、防治病虫害、改良土壤、改革农具、利用水力能源、实行轮作制等。

（一）铁农具的出现是传统农业精耕细作技术的前提

耕作制度在春秋战国时期发生了很大变化，从西周时期的休闲制度逐步向连种制过渡，大抵春秋时期尚是休闲制与连种制并存，到了战国时期连种制已经占主导地位，《氾胜之书》记载到汉代北方地区已经出现"禾—麦—豆"两年三熟制。这与铁农具的发明推广使用是分不开的。

铁农具为后来的畜力——牛耕及精耕细作技术的提高提供了技术保障。秦汉时期我国冶铁技术在战国基础上获得巨大发展，铁农具进一步普及。汉代《盐铁论·水旱篇》记载："农，天下之大业也。铁器，民之大用也。"《盐铁论·

农耕篇》记载:"铁器者,农夫之生死也"。可见,农业生产与铁制农具已经密不可分。西汉中期,搜粟都尉赵过推行耦犁,是中国牛耕史上划时代的大事。同时还发明了畜力牵引的播种农具"楼车"等重要农业生产工具。

(二)栽培选种技术的发展推进了农业生产

北魏时期的《齐民要术》记载栽培植物方面,叙述的重点放在了农田主要禾谷类作物上。在这个环节中,要注意的问题很多,既要考虑作物自身的因素,也要顾及"天时"与"地利"的影响。从广义上讲,播种包涵从选种、育苗、栽种直至后期预防等一系列作业环节。如果没有好的种子,再肥沃的土地也孕育不出丰美的果实。播种的密度不合理,只能浪费土地资源和肥力,或导致作物争肥,良莠不齐,从整体上降低生产质量。所以,选种是首要的、关键的任务。在选留作物良种方面,《齐民要术》记载了97个谷物的品种,其中黍12个,粱4个,秫6个,小麦8个,水稻36个(包括糯稻11个)。在这97个谷物的品种中,除11个品种是从前人的书籍记载中收录的,其余86个品种是贾思勰自己搜集补充进去的。

贾思勰很注重作物品种的特性研究,在《齐民要术》中对不同品种的成熟期、植株高度、产量、质量、抗逆性等特性进行了细致的分析比较。

(三)北方旱地精耕细作技术的形成

秦汉至魏晋(前221—公元317)是中国北方地区旱地农业技术逐步发展成熟时期。人们已经非常重视土壤墒情,《氾胜之书》在总结战国时期的《吕氏春秋》中《尚农》《任地》《辨土》《审时》四篇关于农业"三才"理论、农业技术思想的基础上,提出了:适时耕作以蓄墒、耕后摩平以保墒、加强镇压以提墒、积雪蔺雪以补墒,这样一整套保墒防旱技术。耕、耙、耱配套技术形成,标志着北方旱地耕作技术进入一个崭新的阶段。楼车为代表的多种大型复杂的农具先后发明、运用,区田法、代田法的发明与应用都是为了抗旱夺丰收。秦汉时期北方轮作复种、间作混作栽培技术已经出现。

《氾胜之书》中提到的区种法(即区田法)在书中占有重要地位。此外,书中提到的溲种法、耕田法、种麦法、种瓜法、种瓠法、穗选法、调节稻田水温法、桑苗截干法等,都不同程度地体现了当时的农作技术水平。

东汉大尚书崔寔模仿古时月令所著的《四民月令》是叙述一年例行农事活动的农书,成书于2世纪中期,叙述田庄从正月直到十二月的农业和副业活动,对古时谷类、瓜菜的种植时令和栽种方法有所详述,亦有篇章介绍当时的纺绩、织染和酿造、制药等手工业。

贾思勰《齐民要术》对北方地区公元6世纪之前精耕细作技术进行了总

结。书中分析了黄河上中游高原土壤的特点，指出其具有天然的优良土质，只要能够得到适当的使用及养护，就可以确保收获丰盛的农作物。合理适当的养护土地，实际上有着非常深厚的学问，要注意和考虑的问题很多，包括改造和熟化土壤、保蓄水分、提高地力、作物轮作换茬、绿肥种植翻压、田间井群布局以及冬灌等方面，这些问题在《齐民要术》中，作者都有周全细致的阐述。

气候和土壤条件给农业生产所带来的负面影响，是可以依靠人的努力来挽救和弥补的。针对北方干旱少雨的情况，贾思勰在《齐民要术》中对怎样打井浇地、积雪、冬灌等问题，都提出了许多重要的创见，特别是总结了耕、耙、耱、锄、压等一整套保墒防旱的技术。对于这些环节之间的巧妙配合及灵活操作、运用都做了系统的归纳。《齐民要术》中列举了形式多样的耕作方式，如深耕、浅耕、初耕、转耕、纵耕、横耕、顺耕、逆耕、春耕、夏耕、秋耕、冬耕等，并详细说明了每一种耕作方式适用于哪些情况，如何具体操作等。在农作物田间管理过程中，他强调农作物要多锄、深锄，锄小、锄早，逐次调整中耕深度。此外，对于地力已经退化减产的土地，作者也记叙了补救和改良的措施。

书中还专门提到了怎样保持和提高地力。我国魏晋以前的先民们，主要依靠轮换休闲的办法来恢复提高土壤肥力。这种方法虽然对耕作过后的土地具有一定程度的改良作用，但在提高土地利用率方面不但没有多大优势，相反，这种休闲的方法实际上是妨碍了土地利用率的提高，浪费了土地的有效资源。在当时比较发达的北方地区，经过长期的农作实践，轮作连种制逐渐被人们认可。这种耕作制既能提高土地利用率，又能有效恢复地力。从汉代开始，连年种植在华北的许多地区已是司空见惯，到了贾思勰生活的北魏时期，民间开始推广实施轮作制，并且出现了多种形式的间作套种方式。贾思勰在《齐民要术》中给我们提出了一套完整而又复杂的大田作物的轮作方法，即"作物轮栽"法。

三、北方旱作制农业形成期的农耕文化及特点

（一）重要农学著作

《氾胜之书》——西汉晚期的一部重要农学著作，一般认为是我国最早的一部农书。作者氾胜之，汉成帝时人，曾为议郎，在今陕西关中平原地区教民耕种，获得丰收。该书是他对西汉黄河流域的农业生产经验和操作技术的总结，主要内容包括耕作的基本原则、播种日期的选择、种子处理、个别作物的栽培、收获、留种和贮藏技术、区种法等。就现存文字来看，对个别作物的栽培技术的记载较为详细。

《齐民要术》——另一部重要农学巨著，是益都（今属山东）人、中国杰出农学家贾思勰所著的一部综合性农书。《齐民要术》虽然成书于北魏时期，书中内容却是我国北方地区公元 6 世纪之前农学思想的一个总结。也是世界农学史上最早的专著之一，是中国现存的最完整的农书，该书对我国后来的农学思想影响极为深远。

（二）传统农学思想逐渐发展

中国传统农业延续的时间十分长久，大约在战国秦汉之际，北方地区已逐渐形成一套以精耕细作为特点的传统旱作农业技术。农作制表现在，轮荒休闲耕作制向土地轮作连种制过渡，在其发展过程中，生产工具和生产技术尽管有很大的改进和提高，但就其主要特征而言，直到清代也没有根本性质的变化。中国传统农业技术的精华在这期间基本形成，对世界农业的发展有过积极的影响。重视、继承和发扬传统农业精耕细作技术，使之与现代农业技术合理地结合，保障农业可持续发展，具有十分重要的意义。

第四节　传统农业的发展期（东晋隋唐及北宋：317—1127）

东晋南北朝时期，我国出现了两次大规模的人口南移，使得整个农业经济结构发展了根本性变化，农作制度又有所发展。因为北方战乱，人口大量南移，北方荒芜土地较多，耕作制进展不大；轮作制有了较大发展，特别是南方轮作连种跨入新的阶段。

一、南方稻作农业形成期的作物栽培发展

（一）隋唐北宋时期作物品种多样性发展

在隋唐北宋时期，人们对药用观赏类植物（尤其是园林植物和药用植物）的兴趣日益增长，不仅引种驯化的水平在不断提高，生物学认识也日趋深入。约成书于 7 世纪或 8 世纪初的《食疗本草》记述了 160 多种粮油果蔬植物，从这本书中可以发现这一时期的一些作物变化特点，如一些原属粮食的作物已向蔬菜转化，以及还在不断驯化新的作物（如牛蒡子、苋菜等）。

同时，在盛唐之时，包括唐玄奘在内的一批传经人士、经商人士再次架起与加强了我国与中亚、南亚国家和地区的联系，从而形成又一次国外引种高潮。新引进的作物种类有菠菜、小茴香、龙胆香、安息香、波斯枣、巴旦杏、油橄榄、水仙花、金钱花等。

在这个时期，园林植物包括花卉的驯化与栽培得到空前的发展，人们对花木的引种、栽培和嫁接进行了大量研究和实践。

（二）主要栽培作物种类的地位变化

隋唐时期稻麦地位上升。唐代大田作物构成最大的变化是稻麦地位的上升，逐步取代了粟稻的传统地位。在《齐民要术》中，谷列于首位，而大小麦和水稻地位稍稍靠后。但是在《四时纂要》中，通过考察其全年各个月份的农事安排，已经看不出上述的差别，有关大小麦的农事活动出现的频率反而居多。

麦类在南方的种植较早，但关于稻麦复种一年两熟的明确记载首见于唐代。唐代樊绰《蛮书·云南管内物产第七》记有："从曲靖州以南，滇池以西，土俗唯业水田，种麻、豆、黍、稷，不过町疃。水田每年一熟，从八月获稻，至十一月、十二月之交，便于稻田种大麦，三月、四月即熟。收大麦后，还种粳稻。小麦即于冈陵种之，十二月下旬已抽节，如三月小麦与大麦同时收刈。"这段史料介绍的是云南滇池一带主要的耕作制，与水稻复种的是大麦，从十一月十二月之交到次年三四月，生长期约 4 个月，比起长江流域八月种麦，次年四五月收麦，是早熟品种。云南麦作历史悠久，气候比较温暖，因此在这里首先出现稻麦复种制，并非偶然。至于长江流域在唐代是否广泛推广稻麦复种制，学术界多持谨慎态度。一般来说，长江流域稻麦两熟制的初步发展应该在两宋时期。

麦类在南方的推广，使得复种指数大大提高，而且不与水稻争地，形成年内稻麦两作，提高了粮食单产和总产。这是南方粮食产量提高的一个重要原因。

我国自新石器时代以来南稻北粟的局面，到唐代中后期开始被打破。此后，稻逐渐代替了粟在全国粮食生产中的首要地位，麦紧随其后，粟则退居两者之后。

二、南方稻作农业形成期耕作栽培的主要特点

（一）人口重心南移是南方稻作农业形成的前提

根据司马迁《史记·货殖列传》的记载，汉代的江南地区仍是"地广人稀，饭稻羹鱼，或火耕而水耨"，可见那时的江南地区虽有广袤的土地，却因人口稀少和生产力的不发达而得不到很好地开发。至东晋南北朝时期，北方由于游牧民族的侵蹂和统治，长期处于动乱之中，南方则相对和平稳定，北人大批南下，不仅给南方带来了大批的劳动力，也带来了许多先进的工具与生产技

术，使江南地区的土地开发形成了一个高潮。北方人口陆续不断地大量南迁，对土地的需求量急剧增加，其垦殖的范围自然就要扩大到条件较为艰难的山陵及湖沼地区。

（二）隋唐时期大运河的开通推动南北农业区域联合

隋唐以前，我国已形成了一些不同的农业经济区域，从大的方面讲，可以划分为黄河中下游经济区和长江中下游经济区。秦汉时期，我国的经济重心在黄河流域的中下游地区，而长江中下游地区的经济则比较落后。汉末魏晋之际由于长期的战乱，黄河流域中下游富庶地区的经济受到严重摧残，特别是永嘉之乱以至十六国时期，这一地区的经济被破坏得更加严重。正由于此，大批北人南移，推动了南方的开发，所谓"扬部地广野丰，民勤本业，一岁或稔，则数郡忘饥。会土带湖傍海，良畴亦数十万顷，膏腴上地，亩值一金"[①]。描述的就是南朝刘宋时期江南土地得到初步开发的景象。

隋、唐两个王朝仍以关中地区为王业之本。这是由于从北魏开始，黄河流域的经济又逐步得到恢复，农业生产有了较大的发展，出现了《魏书·食货志》所描述的"府藏盈积"的状况，这就为隋朝的强盛和统一奠定了物质基础。在北魏以来经济基础之上，竭力经营，大力发展关中的经济，使这个古老的农业区又重新得到了开发，关中地区以及关东地区又成了隋朝和唐朝前期的经济重心。但自安史之乱以后，北方地区的经济逐渐凋敝，而江淮地区的经济则得到了长足的发展，南方经济逐步赶上和开始超过北方。我国的经济重心开始再次南移。

隋唐以前的经济区，由于受地理条件复杂性的制约，造成局部地理条件的独立性，使经济的发展出现了不平衡。在古代交通不便的情况下，这种特点就更加显著。隋代的大运河，是适应政治、经济发展的需要而开凿的，而大运河的开通，就将黄河中下游的经济区与长江中下游的经济区沟通起来，打破了原来经济区的封闭性，在运河一线逐渐形成了一个大的经济带，运河区域的经济区就形成了。

南朝时长江流域已很繁荣，因而使唐朝的国力又超过秦汉。中唐以后，全国经济重心已有向南方推移的迹象，到两宋时已肯定移转到南方。在南方经济的发展中，水稻的大量增产起着主导作用。现在虽然没有唐宋时期的粮食统计，但是可以肯定地说，至迟到北宋时，稻的总产量已经上升到全国粮食作物的第1位。因而宋代就有"苏常熟，天下足"和"苏湖熟，天下足"的谚语，明代又有"湖广（今湖南、湖北两省）熟，天下足"的说法。

---

① 《宋书·孔季恭传附论》卷五十四。

江南的水稻生产在唐初和中后期发生了较大变化。《洛阳隋唐含嘉仓的发掘》（《文物》，1978）中有这样的表述，武则天时期许多江南租米和北方租粟的入窖账目，其中有苏州大米1万石。《新唐书》卷五十三《食货三》、《旧唐书》卷四十九《食货下》描述，唐初江南稻米北运不过20万石，中唐以后便增至300万石。

隋、唐时期统治者虽然建都在北方，但都意识到南方经济地位的重要。东晋以后南方的开发，隋朝大运河的开通，把南北经济紧密联合起来，为后来大唐帝国的繁荣昌盛打下了坚实的基础。

（三）经济重心南移推动了南方稻作农业的形成与发展

东晋南朝时期，由于中原长年战乱，北方人口大规模南下的浪潮接连不断，南下的人口大都聚集在江南运河区域。他们大多是北方的农民，有的成为侨置郡县的自耕农，有的沦为士族地主的依附人口。其中，有许多知识分子，带来了北方的文化风俗，即所谓"士君子多以家渡江东"[1]，"平江、常、润、湖、杭、明、越号为士大夫渊薮，天下贤俊多避地于此"[2]。

北方人口大批南移，极大地增加了江南运河区域的劳动人手，也大大提高了江南人口的整体素质，这是促进江南运河区域农业发展的重要条件。同时，北人的不断南下，使江南运河区域人口激增，原有耕地无法支撑陡然增加的人口需求，于是，耕地骤然间宝贵起来，越江而来的北方士族地主和南方世居地主，为了获得大片耕地，开始了大规模的土地兼并活动。他们凭借着朝廷的优容，纷纷"占夺田土""封略山湖"，把一些无主荒原和山林沼泽，尽行囊括，占为己有，造成"山湖川泽，皆为豪强所专"的局面[3]。通过这种方式所占夺的田土和山湖川泽，常常跨州连县，幅员数十里乃至二三百里。这股抢占山泽之风，起先主要集中在都城——建康附近和太湖地区，后来逐步向南发展，直至会稽郡。土地兼并客观上提供了改善农耕生产灌溉条件。而这一带，恰恰是江南运河及水利工程分布密集之地，山林易于开垦，土地浇灌便利。所以，不久之后这一带成为新兴的南方经济区的核心部分。

东晋—北宋时期（317—1127），经济重心从北方转移到南方，南方水田配套技术形成。由于政治经济中心南移，使得我国南方水田耕作技术发展迅速。一套以耕、耙、耖为主要内容的水田耕作技术逐步发展成熟。江东曲辕犁是唐代最先进的耕犁，同时为水田灌溉服务的龙骨车、筒车等提水农具得到广泛应

---

[1] 《旧唐书·权德舆传》卷一百四十八。
[2] 《建炎以来系年要录》卷二十。
[3] 《宋书·武帝纪》。

用推广，中唐后期水利建设的重点转移到南方，尤其是五代时期盘踞江南的吴越王国，大力兴修江南河网水利，使太湖流域逐步形成了塘浦圩田系统，奠定了后来发展为全国著名粮仓的基础。

三、南方稻作制形成期的重要农学著作

成书于五代十国韩鄂编撰而成的《四时纂要》，有人认为是主要反映了渭水与黄河下游一带农业生产情况，而另一些人又认为主要反映的是唐末长江流域地区农业生产技术状况，但不管如何，此书的确同时描述南北两方的农事情况，这与此前农书主要描述北方农事情况不大相同，反映了南方稻作农业形成与发展，并在作物生产上起到了不可替代的作用。

而随后在南宋绍兴十九年（1149）由陈旉完成的《陈旉农书》，也是关于这一时期农事活动科学技术的著名农书。书中提出的与水稻栽培技术有关的"十二宜"，首次提倡作物栽培生长期，不但要使用底肥、种肥，还要使用追肥技术，这就是著名的"地力常新壮说"。这是一部以南方水稻农业为主要对象的农书，从而进一步说明了我国此时南方稻作农业的地位及科学技术的成熟。

南方稻作农业的快速发展，得益于东晋时期人口大量南移和唐朝中期"安史之乱"后北人大量南迁，北方先进的农耕技术和文化随着政治经济重心南移，促进了南方稻作农业的发展，使南方特别是长江中下游成为我国的经济重心，其粮食产量超过了以黄河中下游为中心的北方，并由此开始了长达1500年左右的南粮北运的历史。而这段时期北方的农作技术发展相对较缓。

第五节　传统农业的成熟期（南宋元朝与明清：1127—1911）

1127年金人攻破汴京（今开封），宋王室南迁，建都临安（今杭州），史称南宋。南北宋时期，契丹、党项、女真等游牧民族，在我国北方建立了辽、西夏、金等政权，他们与宋王朝长期对峙和战争，使得北方农业生产受到破坏，但是民族的融合又使得农耕技术向北方拓展。同时国家财政愈加依赖南方，人口大量南移，更加促进南方的开发，南宋时期我国经济中心南移最终得以完成。随着作物栽培技术的不断提高，加上外来作物的不断引进，特别是明清时期美洲作物的引进推广，以及人口不断增加对粮食需求量的大量增加，使得传统农业精耕细作技术到清代达到了顶峰——作物栽培多熟种植技术成熟，以多熟制为中心的传统农业耕作制度形成。

一、传统农业发展成熟期的作物品种与种类的变化

（一）宋元时期主要栽培作物品种与种类的变化

宋代引进的"占城稻"也是这一时期重要的作物品种。占城稻原产占城国（今越南中南部），传入我国的时间史无记载，但北宋时期，福建已经开始种植。占城稻"耐水旱而成实早"，又有"不择地而生"的优点，是一种耐旱的早熟籼稻品种，其生育期约为 110 d，为推广双季稻、稻麦轮作提供了可能。特别是南宋以后，由于政治经济重心南移，北方的小麦在南方得到普及和推广，这两方面的原因，使得宋代特别是南宋的稻麦轮作得到推广普及。于是水稻首次上升为全国首要的粮食作物，麦作也发展迅速，地位仅次于水稻。稻、麦地位的上升，也从根本上改变了人们以粟、黍（特别是北方）为主食的饮食结构。

油菜在南宋时期成为南方重要的冬作物，因为油菜籽出油率高，是禾谷类作物的优良前作，而且"易种收多"，在南方经冬不死，与水稻搭配，形成水稻—油菜一年两熟耕作制。

宋代中棉的引进推广，改变了人们几千年来以麻（丝）为主的现象，这是我国衣被面料由麻为主转变成以棉为主的重要转折点。

（二）明清时期作物引进及作物多样性发展

明清时期由于哥伦布于 1492 年发现了美洲大陆，加上世界航运的兴起，美洲的一些农作物开始引入我国，形成我国作物国外引种史上第三高潮期，如玉米、花生、甘薯、马铃薯、烟草、辣椒等 20 余种美洲作物相继传入我国，在改变传统种植结构，大幅度提高粮食产量，改善人们生活水平、饮食结构等方面起了巨大作用。

二、传统农业发展成熟期耕作栽培的主要特点

（一）人口压力推动了以多熟制为主的传统农业发展

著名农业史专家万国鼎先生认为，"清初人口 1 亿多，乾隆初年超过 2 亿，乾隆末已近 3 亿，清末达 4 亿多"。人口增加给农业生产带来了持续压力。明朝至清前中期（1368—1840），中国普遍出现人多地少的矛盾，农业生产向进一步精耕细作发展。美洲新大陆的许多作物被引进中国，对中国的农作物种植结构产生重大影响，多熟种植成为农业生产的主要方式，这也是清代粮食单产和总产大幅度提高的主要原因。粮食增产的因素很多，清初以来的粮食增产当然不是单靠新的高产作物的引种，稻、麦等原有作物的多熟制在增产中所占比

重可能还比较大些，但是玉米、甘薯等高产作物的大量引进与广泛种植，同时在北方也形成普遍的两年三熟，必然也起了不可忽视的重大作用。

（二）以多熟制为主的传统农业发展成熟

18世纪中叶以后，我国北方除了一年一熟的寒冷地区外，山东、河北及陕西关中地区已经较普遍实行两年三熟制，或者三年四熟制，这种农作制经过几十年的逐步完善，到19世纪前期已经定型。《农圃便览》反映的情况是：每年一季夏粮一季秋粮，隔年回种一季作物，逐步形成冬季休闲的两年三熟制。典型两年三熟制的轮作方式是：谷子（或玉米、高粱）—麦—豆类（或玉米、谷类、薯类）。南方地区多熟制也有较大发展，《农政全书》记载，明后期长江下游一带"凡高仰田可棉可稻者"，连种两年棉，再种一年稻；还有用麦和黄花苜蓿轮作的。据文献记载，当时比较流行的间作套种形式有：粮豆间作、粮菜间作、早晚稻套种、稻豆套种、麦棉套种、稻薯套种、稻蔗套种等。

明清时期突出表现为双季稻和三熟制在南方许多地区有较大发展。双季稻早稻一般采用生长期短、收获早的品种，遇到灾害有较大回旋余地。清康熙时期，长江流域曾经广泛推广双季稻。随着双季稻的发展，在自然条件适宜地区，加上麦和油菜在南方的普及推广，逐步发展为麦稻稻，或者油菜稻稻等形式的三熟制。如万历《福州志》记载："四月刈麦之后，乃种早晚两稻"；嘉靖安徽《太平县志》记载："岁可三收，既获稻，乃艺菽，收菽种麦"；《广东新语》和《江南催耕课稻篇》记载有广东、广西三季连作稻；清代《抚郡农产考略》也有江西抚州地区常有双季稻后种麦、豆或蔬菜等三熟制的记载。

三、传统农业发展成熟期的重要农学著作

这一时期综合性农书的代表为《王祯农书》、《农政全书》与《授时通考》。元代的《王祯农书》（1313）在我国古代农学遗产中占有重要地位，它兼论北方农业技术和南方农业技术；《农政全书》的撰著者为徐光启（1562—1633），编写时间在天启五年（1625）至崇祯元年（1628）之间；《授时通考》是依据乾隆旨令由内廷阁臣集体汇编的一部大型农书，从编纂到刊印前后5年。

这三部农书既是中国长达4000年传统农业的结晶，又是对南宋至清800年来以多熟制为主要特征的中国传统农业的全面总结，可以说既能体现出传统农业的特点与精髓，也与现代农业生产存有一脉相通之处，承上启下犹如"一个典型的里程碑"[①]。因此，就其文献学上的地位，也自有得以传世并供人参阅的因由。

---

① 游修龄：《从大型农书的体系比较试论〈农政全书〉的特点与成立》，载《中国农史》1983年第2期。

第六节　现代农业的出现及发展（1912—　　）

1840年鸦片战争以后，帝国主义的坚船利炮打开了中国的国门，同时西方的科学技术也开始迅速在国内传播。1865年（清同治四年）英国商人曾将一些美棉种子带到上海试种，这可能是国人第一次领略到西方农业科技成果；1879年前后，福人陈筱东渡日本学蚕桑，这应该是我国留学生出国学农之始。随后，一些受西方影响较深的中国知识分子，在看到西方现代农业超过中国传统农业后，纷纷开始学习西方的农业技术。中国最早建立的农业科研机构是1898年在上海成立的育蚕试验场和1899年在淮安成立的饲蚕试验场；最早的农业学校是1897年5月由浙江太守林启（迪臣）创办的浙江蚕学馆和孙诒让等人在温州创办的永嘉蚕学馆；1902年11月在保定设立直隶农务学堂，1904年改为直隶高等农业学堂，这大概是我国第一所高等农业学校。在此之后，农务学堂在全国多有兴建，据1910年5月统计，全国农务学堂已有95所，学生6 068人，其中既包括高、中、初等不同层次，也包括农、林、牧、渔不同类别。

现代农业是在现代农业科学理论指导下的、以实验科学为基础形成的一种农业形态。尽管有关现代农业的思想在清末已开始孕育，但真正从事规范的科学实验以推动现代农业发展，始于辛亥革命以后，因此可以说辛亥革命打开了古老的中国通向现代农业的大门。最先开展小麦现代育种研究的是金陵大学，1914年该校美籍教授芮斯安（Jhon Reisner）在南京附近的农田采取小麦单穗选择育种的方法，经7~8年试验育成小麦品种"金大26"。1919年南京高等师范农科进行品种比较试验，率先采用现代育种技术开展稻作育种，培育出了"改良江宁洋籼"和"改良东莞白"两个水稻品种。在北方，1924年沈寿铨等人开始进行小麦、粟、高粱、玉米的改良试验，寻求提高单位面积产量。自1931年起，中央农业实验所、全国稻作改进所、中央棉产改进所、稻米试验处及小麦试验处等先后建立，这些全国性的农业科学技术部门的创建与运行是现代农业科学与技术体系形成的标志，对推进现代作物栽培和耕作技术的普及发挥了巨大的作用。

1912—1949年的38年间尽管农业科技人员进行了艰苦的努力工作，但由于在此期间战争连年，加上政府部门重视不足，现代农业科技在作物及农业生产上的进展缓慢。直到1949年10月1日中华人民共和国成立，特别是1978年的改革开放，中国农业科技方迎来真正的春天，加快了从传统农业向现代农业的转变与过渡。1949—2011年62年间，在党和政府的领导与高度重视下，建成了全国性农业科技、教育、推广体系，聚集了10余万农业科技、教育人员和近百万农业技术推广人员，收集保存各类农作物种质资源 40 余万份，培育和创新各类农作物新品种 15 000 余个，农业生产中主要作物良种普及率达到 95％以上，粮食产量由 1949 年的 1 132 亿 kg 提高到 2013 年的 6 019 亿 kg，经济作物、园艺作物的产量也取得了巨大的飞跃，农作物生产不仅满足了国内 13.6 亿人的主要需求，部分还可以出口到国外。近 100 年来，农作物的种类变化不大，引种也从注重新作物的引进转变为新品种、新类型、新种质的引进，为我国作物遗传种打下了坚实基础。目前农作物的产品结构发生了巨大变化，1949 年水稻、小麦、玉米三者总产量占粮食总产量的 64％，而 2011 年这个比例则提高到 90％；另外，玉米产量已从中国粮食产量的第三位提升到第一位。进入 21 世纪以来，中国粮食供应出现了新的特点，就是从隋唐以来一直是南粮北运，目前则形成了北粮南调的格局。

百年现代农业实践，为加强自主创新、发展现代农业奠定了良好的基础。目前，中国农业科学与技术水平已位于世界农业科技的先进行列，而先进的农业科技，保障了中国农业和农村经济的快速平稳发展，保障了中国 14 亿人口对农产品的需求，实现了基本平衡、丰年有余。辛亥革命百年的 2011 年，中国的农村人口历史上第一次少于城市人口，标志着中国的现代农业建设拉开了序幕。中国农业科技要跨入世界前列，推动现代农业建设，是保障中国现代农业全面实现及向更高层次发展的需要。

—————————— 参 考 文 献 ——————————

董恺忱，范楚玉，2000. 中国科学技术史·农学卷［M］. 北京：科学出版社 .

梁家勉，1989. 中国农业科学技术史稿［M］. 北京：农业出版社 .

刘旭，2003. 中国生物种质资源科学报告［M］. 北京：科学出版社 .

王宝卿，2007. 明清以来山东种植结构变迁及其影响研究［M］. 北京：中国农业出版社 .

王思明，陈少华，2005. 万国鼎文集［M］. 北京：中国农业科学技术出版社 .

王毓瑚，1981. 我国自古以来的重要农作物［J］. 农业考古（1，2）：25.

吴存浩，1996. 中国农业史［M］. 北京：警官教育出版社 .

曾雄生，2008. 中国农学史［M］. 福州：福建人民出版社 .

张芳，王思明，2001. 中国农业科技史［M］. 北京：中国农业科技出版社 .

第二章　原始农业时期
——史前植物（作物）采集栽培驯化期

人类在为期二三百万年的采集和渔猎生活中，积累了相当丰富的有关植物和动物方面的知识。原始农业的萌生是从驯化野生动、植物开始的，中国是世界上原始农业萌发最早的国家之一，其历史可追溯到距今 1 万年左右。

世界其他国家由于农作物的栽培历史各有不同，因此农业发生的时期也不尽相同。近东和欧洲开始于公元前 6500—前 3500 年；东南亚开始于公元前 6800—前 4000 年；中美洲和秘鲁，大约开始于公元前 2500 年。大多数最先进行作物栽培的地区是半干旱气候的江河流域。世界各地最初的栽培方式各显差异。在欧亚大陆，作物栽培的方法是：先耙地，然后犁地播种；而在中美洲，因为没有役使牛、马等役畜来犁耕土地，所以他们的主栽作物——玉米在播种时是用木棍在地上捅个小洞再点播种子。

第一节　作物栽培的产生

史前的原始农业发展大致经历了萌芽时期、发展时期和进一步发展时期 3 个阶段，大致和新石器早期、中期和晚期相对应。从土地利用角度，又可以将原始农业分为：刀耕农业、锄耕（或耒耜）农业、发达锄耕（或犁耕）农业 3 个时期，并由年年易地的生荒耕作制过渡到种植多年、撂荒多年的熟荒耕作制。

原始农业作物栽培的基本特点是：以种植业为主，南方多种稻，北方多种黍、粟；由较早迁徙的刀耕农业，演变为定居的锄耕农业；原始农业晚期出现了石器农具和耒耜农具并用的局面。原始农业的发展，为原始社会向阶级社会过渡创造了物质基础。

我国历史上有关农业起源的资料，大致可以归为两大类：一类是有史以前，即没有文字以前的神话传说；另一类是有史以后的文字记载。它们在世代相传过程中，都不可避免地会增添或附会后世的内容。

37

一、神话传说与原始农业

原始农业时期没有出现文字，但是远古时期的农业实践经验——古朴的农学思想，仍然通过几千年来的口口相传流传至今，形成了民间传说、远古神话。史学界具有代表性的神话传说有：大约 1 万多年前，原始社会给人类作出巨大贡献的人——三皇，即"燧人氏""伏羲氏""神农氏"。先是"燧人氏"的"燧人取火"开启了人类控制掌握用火技术、食用熟食的历史，使得人类智力水平大大提高，人类由此加快了进入"智人时代"的步伐；后来"伏羲式"从渔猎过程中驯化野生动物为家养畜禽；"神农氏"从采集过程中驯化野生植物等。另外还有"有巢氏"的传说，"有巢氏"观察模仿动物筑巢，而发明建巢筑屋，人类逐步进入穴居到定居时期等。其实这些传说未必完全真实，但也不可不信。应该理解为，这些神话在一定程度上记录了某特定历史时期内，所发生的具有里程碑式的重要事件。

当原始社会从旧石器时代进入新石器时代，发生了人类历史上最伟大的革命，即萌生了原始农业。我国原始农业的历史一般是从新石器时代算起的，原始农业与新石器时代相始终，有关原始农业的起源有很多的传说和记载。

二、关于农业起源的记载

《周易·系辞下》说："包牺氏没，神农氏作。斫木为耜，揉木为耒；耒耜之利，以教天下。"这是古代关于神农发明农业的最早记载。从"神农"这个称呼看，农业是由创造农业的"神"教授给人们的，所以人们尊之为"神农"。在早期的农业社会里，人们相信只有神农才知道因天之时，分地之利，"教民农作，神而化之"。

最早宣传神农的是战国时期的鲁国人尸佼（约前 390—前 330），商鞅为秦相时曾师事尸佼，后来商鞅受刑，尸佼逃入蜀，著书二十篇，被《汉书·艺文志》列为杂家，后世称《尸子》（此书至宋时已全佚，现存者为辑录本）。《尸子·君治》对农业起源有一段记述："燧人之世，天下多水，故教民以渔；宓羲氏之世，天下多兽，故教民以猎；神农理天下，欲雨则雨，五日为行雨，旬为谷雨，旬五日为时雨，正四时之制，万物咸利，故谓之神。"

需要注意的是，后世有些学者把古代关于神农传说当作历史真人真事的信史，这是不对的。众所周知，农业的起源经历了一个相当长的历史时期，不可能是一蹴而就的，其中必定出现过多次的反复和失败，自然不可能是某一个天才人物所能独立发明的。传说中的"神农氏"，应该当作一个时代的神话化身来看待。农业的出现，归根到底是人类生存压力所迫，绝不是由于出现了天才人物。实际上，在漫长的史前农业时代，并不是由于缺少天才人物，而是由于大自然的丰盛恩赐，使人们能够轻易获得生活所需食物的缘故。

历代对神农的描述很多，如：

《淮南子·修务训》记载："古者，民茹草饮水，采树木之实，食赢蚌之肉，时多疾病毒伤之害，于是神农乃教民播种五谷。"

《白虎通·德论》记载："古之人民，皆食禽兽肉，至于神农，人民众多，禽兽不足，于是神农因天之时，分地之利，制耒耜，教民农作……。"

《新语·道基》记载："民人食肉饮血，衣皮毛。至于神农，以为行虫走兽难以养民，乃求可食之物，尝百草之实，察酸苦之味，教民食五谷。"

近年来，有关史前农业考古的收获甚丰，不仅揭示了中国悠久的农业发展史和史前农业成就，而且证实了中国是世界上农业起源最早的国家之一。

从世界范围看，农业起源中心主要有3个：西亚、中南美洲和东亚，东亚起源中心就在中国。

中国距今七八千年前已经有了较发达的原始农业。黄河流域的裴李岗文化、磁山文化，长江流域的彭头山文化、城背溪文化等。而原始农业的起源更早，如在湖南道县玉蟾岩遗址发现了稻属植硅石和极少量的稻谷壳实物，据测定其年代距今1万多年前，是迄今为止中国发现的最早的古代栽培稻实物，也是目前世界上最早的稻谷遗存。再如河北徐水南庄头遗址，其中发现了石锤、石磨盘、石棒，以及大量的动、植物遗存，有的可能是家畜，其年代距今10 000～12 000年，是迄今华北地区发现最早的新石器遗址。从这些遗存看，有农作物、农具，也有出土陶器，说明原始农业无疑已经发生了。

第二节　我国最早驯化的作物

原始先民们最早驯化的作物一般认为是一个生长季节就能收获的种类。南、北方驯化的作物各有不同。

一、黄河流域最早驯化的作物主要有粟和黍

粟又叫谷子，是我国最古老的作物之一，有着悠久的栽培历史。据文字记载，我国在四五千年前最原始的甲骨文字里就有谷子的记载。又据1954年在西安半坡村新石器时代遗址中发现的用陶罐装的大量谷子，证明我国在六七千年前新石器时代就已经栽培谷子。大量考古资料证明，我国黄河流域是粟的起源驯化地。河南临汝大张遗址仰韶文化层中出土的谷物遗存，"从标本的外形观察，可以肯定是粟"；[1] 山东胶县三里河遗址的一个大窖穴中，"出土了一

---

[1]　黄其煦：《黄河流域新石器时代农耕文化中的作物》，载《农业考古》1982年第2期。

立方米多的粮食，经鉴定是粟。"① 此外，在河北、甘肃、山西、青海等地的考古遗址都发现了粟的遗存。说明粟与黄河流域人们的生活已经密不可分。

追本溯源，粟（谷子）的祖先就是狗尾草，它的植株形态和谷子十分类似。

远古时期，男子从事追猎，妇女进行采集。她们从各种野生植物中采集种子、果实和块茎，作为人们的食品和家畜饲料。这样世代相传，长期有目的地采集，使人们认识到野生狗尾草是一种良好的食用植物。后来，人们偶尔无意地把采集的种子掉落地上，春天发芽生长，秋天又抽穗结实，就这样，经过长期的实践、认识、再实践、再认识的过程，人们懂得了种植作物，也就随之开始了原始农业。

狗尾草在亚洲地区有广泛的分布，我国黄河流域尤多。我们的祖先最早把野生的狗尾草作为饲料种植，以后逐步驯化为今天栽培粟（谷子）的最早类型。我国古代诗歌集《诗经·大田》里把狗尾草叫作莠，或叫绿毛莠、狐尾草。"不稂不莠"，是说谷子地里不长狼尾草和狗尾草。《吕氏春秋》记载："莠，乱苗粟之草，一本或数茎。多至五六穗，俗称狗尾草，实小于粟而形长，初生时苗全似禾。"有人做过试验，把野生狗尾草和谷子杂交，获得了近似双亲的结实的杂交种，证明它们之间的亲缘关系是很近的。杂交第一代的穗子是中间类型，很像偶尔在田间见到的谷莠子，结实率 50%。凡是种植谷子的地方，都可以见到一种类似狗尾草的谷莠子，这是谷子和狗尾草天然传粉杂交产生的一种中间类型的后代。

20 世纪 20 年代，在亚洲西南部偏僻地区，农民还种植狗尾草作为粮食。谷子在人类的长期栽培和选择下发生变异，产生了很多变种。明代李时珍《本草纲目》里记载，谷子"种类几数十，有青、赤、黄、白、黑诸色"。而且，谷子在形态上也是多种多样的，有圆筒形穗、纺锤形穗、棒形穗、长条形穗、分枝形穗，以及其他各种穗形。食用的谷子叫狐尾粟，有籼、有粳。还有一种糯粟叫作秫，也叫赤粟，是普通谷子的变异类型，穗子和籽粒全是红色，在山东等地有大面积种植。明代陈嘉谟在《木草蒙筌》里记有：糯粟"煮粥炊饭最黏，捣饧造酒极妙"。表明在人类的积极干预下，谷子的类型丰富多样，绚丽多彩。

黍也是我国最早驯化的作物之一。黍就是北方地区特别是西北地区种植的黍子，粒比谷子大，脱粒后称为大黄米。黍分为黏与不黏两种：黏者称为黍，不黏者称为穄，也叫作糜。《仓颉篇》记载："穄，大黍也，似黍而不黏，关西谓之糜"。《说文》记载："糜，穄也。"有学者认为穄就是稷（也有学者认为稷

---

① 吴汝祚：《山东胶县三里河遗址发掘报告》，载《考古》1977 年第 4 期。

就是粟），可能是由于地域不同，发音不同。我国第一位农艺师，周族的祖先弃被奉为稷神，称为"后稷"。"后稷教民稼穑"，说的就是黍稷不但被最早驯化而且是主要的粮食作物。后来以"社稷"象征国家。《尔雅·稷》记载："稷为五谷之长，故陶唐之世，名农官为后稷。其祀五谷之神，与社相配，亦以稷为名，以为五谷不过遍祭，祭其长以该之。"可见黍稷在当时人们心中的地位十分重要。

黍稷与粟比较，其生长期更短一些、更耐旱、更耐杂草，被称为先锋作物。黍稷的地位被粟取代，主要原因是其产量较低、品质较差。

黄河流域最早驯化的是粟和黍，而不是别的作物，这同黄土高原的地理生态环境以及粟、黍的适应性广、耐干旱、耐瘠薄、抗逆性强等特点是分不开的。

黄土高原的东南部包括陕西中部、山西南部和河南西部，是典型的黄土地带。这一地带的黄土沉积后颗粒细、结构均匀一致，这充分表明是长时间的风力搬运而非其他自然力搬运所致。

这一带的气候，冬季严寒，夏季炎热，春季多风沙，雨量不多，年平均降水量在250～650 mm，且大部分集中在夏季，而夏季气温高，蒸发量大，所以，在这种条件下，只有抗旱性强、生长期短的作物如粟和黍才能适应良好，其他作物就很难适应。

另外，谷子耐储藏，我国历来就有"五谷尽藏，以粟为主"的说法。谷子具有坚实的外壳，在通风、干燥、低温的情况下，保存十年、几十年不易变坏。诸多原因使得粟和黍被认为是我国北方最早被驯化的作物，也是我国古代最为重要的粮食作物。

二、长江流域最早驯化的作物主要是稻

水稻是我国古代最为重要的粮食作物之一，中国是亚洲栽培稻的原产地之一。所以，在我国所有考古发现的农作物中，以稻为最多。

考古发掘发现的130多处新石器时代稻谷遗存，绝大部分分布于长江流域及其以南的广大华南地区。

据研究，距今1万年以前，长江流域及其附近地区的气候较现在更为温暖、湿润，大致相当于现在的珠江流域的气候，十分适合野生稻的生长。中国南方属于亚热带地区，雨量充沛，年平均温度17 ℃以上，为先民们驯育栽培稻提供了必需的种质资源和理想的气候条件。

长江流域、太湖地区和浙北一带，早在六七千年前已经普遍种植水稻，这要从当时的生态条件和气候条件来分析。像河姆渡遗址第四文化层的沉积时期，正处于冰期后的最适宜期（大西洋期），气候温暖湿润，森林茂密。遗址

南面的四明山生长着亚热带常绿、落叶阔叶林，如枫香、栎、栲、青冈、山毛榉等，林下地面的蕨类植物如石松、卷柏、水龙骨等生长繁盛，树木上缠绕生长着狭叶海金沙和柳叶海金沙，而现在仅分布于中国的广东、台湾，以及马来西亚、泰国、印度、缅甸等国。这说明当时的气候比现在更为温暖湿润。花粉谱中的水生草本植物则说明遗址附近存在湖泊和沼泽。遗址北面的 3～5 cm 耕土层下，有厚度不同的大片泥炭层，就是当年湖泊、沼泽水浅后淤积而成。随着湖泊、沼泽的消退，可以利用种植稻的范围也日益增大。

　　栽培稻来源于野生稻。我国的野生稻有普通野生稻、疣粒野生稻和药用野生稻 3 种，其中，普通野生稻与栽培稻的亲缘关系最密切。迄今，科学工作者发现，我国野生稻主要分布在北纬 25°以南的热带和亚热带，最北处的野生稻分布在北纬 28°13′12.45″（江西东乡），这也是世界上位置最北的野生稻。[①]

　　我国古籍中有不少关于野生稻的记述。如战国时期的《山海经》指出："西南黑水之间，有都广之野，后稷葬焉，爰有膏菽膏稻膏黍膏稷，百谷自生，冬夏播琴。"《三国志·吴书》黄龙三年记载："由拳野稻自生。"近年来的考察表明，分布在华南各地的野生稻，生长在淹水比较深的沼泽地，有横卧水中的匍匐茎和多年生宿根，容易落粒，跟籼稻杂交可以结实，被认为是现代籼稻的野生祖先；分布于安徽巢湖一带的野生稻，可以漂浮在深浅不同的水面上生长，穗有芒，籽粒短圆易落，颖片灰褐色，米色微红，古籍中称之为穞稻。《淮南子·泰族训》中记载："离先稻熟而农夫耨之。""离"就是"穞"，意思是说野生稻比栽培稻成熟早，因此农民把稻田里杂生的野生稻拔掉。穞稻，被认为是现代粳稻的野生祖先。

　　目前广东、广西等地还发现有大面积连片的野生稻，当地管它叫"鬼禾"。我国广大地区有野生稻存在的事实，不仅是野生稻驯化为栽培稻的有力证据，而且也证明我国是栽培稻的重要发源地。

　　关于稻起源问题，目前国内学者仍持有不同见解，大致有起源于云贵高原、起源于华南、起源于长江中下游和黄河下游地区等说法，也有主张多处起源说，这一问题仍有待于进一步研究。

三、其他作物的驯化

　　除了粟、黍和稻以外，还有许多植物原始农业时期已经驯化栽培。

（一）菽

　　菽即大豆，原产于中国，现今世界各国的大豆都是直接或间接从中国传去

---

① 广东农林学院农学系：《我国野生稻的种类及其分布》，载《遗传学报》1975 年第 2 卷第 1 期。

的，他们对大豆的称呼，几乎都保留了中国大豆古名——菽的语音（大豆拉丁语 soja；英语 soy；法语 soya；德语 soja）。全世界的大豆属共有 24 个种，分布于亚洲、大洋洲及非洲。其中中国的野生大豆公认是栽培大豆的祖先种。因为野生大豆和栽培大豆的染色体数相同 $2n=40$，而且两者的染色体形状、植物形态、地理分布和种子蛋白质的电泳分带模式等也都很类似，彼此间没有基因交流的障碍，可以自由杂交。其杂种第一代介于中间类型偏野生种，类似交错分布于栽培大豆田间和野生大豆地之间的半野生大豆（也称半栽培大豆）。

野生大豆在我国黄河流域、长江流域以及东北和西南地区有广泛的分布。据报道，除海南和新疆以外，各省（自治区、直辖市）均有分布。生长得繁茂的地方，如河南黄河两岸，至今还分布有供食用和饲料用的野生大豆。特别是黄河流域和东北地区，有很多类型的野生和半野生大豆，如山黄豆、山黑豆、野大豆、蔓豆等。由于大豆不易保存，因此考古发现较少。目前几处较早发现地都是在东北，黑龙江宁安市大牡丹屯遗址、牛场遗址，吉林永吉县乌拉街遗址都出土过大豆，距今 3 000 年左右。

野生大豆经过不断的人工选择，逐渐驯化为栽培种。

据《史记·周本纪》记载，后稷少年时"好种树麻菽，麻菽美"。《诗·大雅·生民》所谓"艺之荏菽，荏菽旆旆"，就是指驯化大豆这件事。相传后稷做过帝尧的农师，由此可见，中国对大豆的驯化很可能完成于新石器时代，只是文字记载较晚而已。

我国许多古农书里都有关于野生大豆的记载。公元 6 世纪，陶弘景著《名医别录》里说："大豆始于泰山平泽。"明代朱橚在《救荒本草》中说："山黑豆生于密县山野中，苗似家黑豆……采角煮食，或打取豆食皆可云。"

栽培大豆与野生大豆相比，种子变大，种子中的脂肪增多（蛋白质减少），植株从蔓生变为直立，株型变大，落粒性减弱，在生育期的变异上尤为突出，可以划分为极早熟、早熟、中早熟、中熟、中迟熟、迟熟和极迟熟等 7 类。

很多野生大豆都生长在沼泽低湿的地方，茎枝缠绕在芦苇等植物上，因此，凡生长有芦苇这一类植物的地方，往往都能找到野生大豆的家族。推测在远古时期，野生大豆源于沼泽低湿地区，芦苇是野生大豆的重要伴生植物。

野生大豆到现在仍保留着它的原始形态，植株蔓生，长达 3～5 m，茎秆细弱，尖端弯曲缠绕，主茎和分枝很难区分；叶窄花小，每荚有 2～3 粒种子，千粒重只有 20～30 g；成熟时豆荚爆裂而籽粒自落。因为野生大豆对不良环境条件的适应能力特别强，所以在沼泽低湿地带仍能繁茂生长。人们采集野生大豆作为饲料或牧草种植，这个过程还有保持水土的作用。我国科学家做过这样的试验，把栽培大豆和野生大豆杂交，有 25% 的杂交后代开花结实，由此可以证明，它们的亲缘关系是十分相近的。

大豆在营养上的特点是含有丰富的蛋白质（30％以上）和油脂（15％以上），氨基酸的组合优良，我国人民特别是在古代，主要以大豆作为蛋白质和油脂的补充来源，所以大豆在中华民族的健康发展和崛起中发挥了难以估量的作用。

（二）麻

麻类作物主要包括苎麻、大麻、黄麻、亚麻、苘（青）麻等。这些麻类各地还有其他名称，国外称苎麻为"中国草"，称大麻为"汉麻"。

苎麻是我国的古老栽培作物之一，它的纤维韧性强，质地轻，有光泽，不皱缩，是一种优良的纺织原料。我国的苎麻产品品质优良、种类繁多，在世界上享有盛誉。

古籍上的麻系指大麻，是新石器时代极为重要的纤维作物兼食用作物。麻子在古代列为"五谷"之一（春秋时期定义），说明它的食用、油用价值之重要。仰韶文化陶器底部常发现布纹，安特生认为最有可能是大麻布（1923）。瓦维洛夫则主张，华北可能是大麻原产地之一。近年来的研究也认为仰韶时期的纤维作物只能是大麻。山西襄汾陶寺龙山文化遗址，发现用府织物敛尸。[①]各地新石器遗址出土的纺织工具都以麻、丝为其对象，所以对于麻纤维的利用应有足够的估计。

最近，又有甘肃东乡林家马家窑文化遗址出土大麻的报道，并经扫描电子显微镜鉴定。这里出土的大麻已与现代栽培的相似，是迄今已发现的最早的大麻标本。证明中国栽培大麻已有近5 000年历史，并为瓦维洛夫的论点提供了物证。

苎麻原产我国，有悠久的栽培历史。在浙江钱山漾新石器时代遗址中，曾经发掘出几块纤维细致、经纬分明的苎麻布。这表明在距今4 700年前，我们祖先已经开始种苎麻，织布缝衣了。

殷墟出土的甲骨文中，已经有丝麻的象形文字。关于苎麻的最早文字记载，见于公元前6世纪的《诗经·陈风》，"东门之池，可以沤紵"。《礼记》中也有"紵麻之有膚"的记述。秦以前称"紵"，以后改称"苎"。《诗经》中记载"苎麻"就有20多处。"沤麻"这样一个古老简单的操作工序被古人赋诗讴歌，可见苎麻一定是人们极其熟悉的一种农作物。

（三）麦（大、小麦）

关于麦类是否我国本土作物直到现今学术界尚无共识论点，但主流观点认

---

① 高天麟，张岱海：《山西襄汾陶寺遗址发掘简报》，载《考古》1980年第1期。

为是外来作物。

一种观点认为麦是外来作物，至少不是中原作物。古籍中记载的麦，往往包括小麦和大麦。《诗经·大雅·生民》追述周始祖后稷儿时所种庄稼中有麦，说明黄河流域在原始社会末期可能已经种麦。但考古发掘迄今没有发现黄河流域原始社会时期的麦作遗存。可以推断，麦类在黄河流域中下游的种植比粟、黍晚，也比稻晚，很可能是后来引进的。中国早期禾谷类作物在汉字中都从禾旁，如黍、稷、稻等，唯"麦"字从来。"來"字在甲骨文中写作：禾、禾，是小麦植株的形象，有下垂的叶子，穗直挺，似强调其芒，这正是代表小麦的原字义。《诗经·周颂·思文》"贻我來牟，帝命率育"。毛传："來，小麦；牟，大麦也。"这里的"來"是小麦，"牟"是大麦。《说文》中"來，周所受瑞麦來麰。一來二缝（缝即夆，指麦芒），象芒束之形。天所來也，故为行來之來。"撇开这一传说的神秘外衣，它只是说明小麦和大麦并非黄河流域的原产，而是外地传入的作物。

中国迄今发现最早的麦作遗存在新疆。在距今 3 800 年左右的孔雀河畔古墓沟墓地中，墓主人头侧的草编小篓中往往有小麦随葬，10 多粒至 100 多粒不等，初步鉴定为普通小麦和圆锥小麦。[①]

古代文献记载，麦类确实很早为中国西北地区少数民族所栽培。如成书于战国时期的《穆天子传》记述，周穆王西游时，新疆、青海一带部落所馈赠的食品，往往是牛、羊、马与穄、麦并提。《汉书·赵充国传》和《后汉书·西羌传》都谈到羌族种麦的事实。西亚是国际上公认的小麦原产地，小麦很可能是通过新疆、河湟这一途径传进中原地区的。也有人认为新疆是小麦的原产地之一。[②]

还有一种观点认为，我国是世界上小麦的起源中心之一。1955 年，在我国安徽省亳县发掘的距今 4 000 年前新石器时代遗存中，有大量的小麦炭化籽粒。鉴定证明是我国最古老、最完整的普通小麦化石标本，称为中国古小麦。它比当地种植的现代小麦的籽粒略小。在殷墟出土的甲骨文中就有"麦"字和"來"字，以及卜辞"告麦"的记载。公元前 6 世纪我国著名诗歌《诗经》里有"爰采麦矣""禾麻菽麦"等诗句。这说明我国在公元前 6 世纪以前，黄河和淮河流域广大地区就已经种植小麦了。

笔者认为在中原地带尚没有发现野生小麦的存在，仅凭春秋时期的文字记载和一点孤证不能说明问题，小麦由外界传入的可靠性更大一些，最大可能为我国是小麦的次生起源中心。

---

① 王炳华：《对新疆古代文明的新认识》，载《百科知识》1984 年第 1 期。
② 颜济教授认为新疆可能是小麦的原产地之一。——作者附注

关于大麦的原产地，以往国际上也认为是西亚。近年来中国科学工作者在青藏高原发现野生二棱大麦、野生六棱大麦和中间型野生大麦，并通过实验证明野生二棱大麦是栽培大麦的野生祖先。1974年，我国科研人员跋山涉水，历尽艰辛，踏遍了青藏高原的平原和河谷，在四川西部甘孜藏族自治州金沙江流域、雅砻江流域，以及西藏的昌都、山南、拉萨和日喀则等地区的澜沧江流域、怒江流域、雅鲁藏布江两岸和它的主要支流年楚河、拉萨河、隆子河流域，都发现了野生大麦。科研人员采集到了世界上现有的3个野生种，即野生六棱大麦、野生二棱大麦、野生瓶形大麦，以及分属于这3个野生种的20多个类型的植株标本。

科研人员为了查明野生大麦和栽培大麦之间的亲缘关系，把采集到的3种野生大麦分别与现代栽培大麦杂交。杂交后代经过细胞遗传学鉴定，表明野生二棱大麦是纯合体，瓶形大麦是杂合体，六棱大麦既有纯合的，也有杂合的。这一试验表明，只有野生二棱大麦是真正的野生种，其他两种类型是从野生种进化到栽培种过程中的中间类型。因此，中国西南地区很可能是大麦起源地或起源地之一。

中原文化有关西藏的《旧唐书·吐蕃传》记载，古代藏族"其四时以麦熟为岁首"。这与中原地区华夏族以当地原产的禾（粟）熟为一年（甲骨文中的"年"字作为人负禾的形象）有类似的意思。

这种纪年法的出现当在天文历形成以前，而用以纪年的作物的栽培又应在这种纪年法形成以前。这表明大麦很可能是藏族先民最早种植的作物之一。《诗经》所谓"贻我来牟"，说明大麦（牟）和小麦（来）一样是从少数民族地区引入中原地区的。

除了以上介绍的几种作物外，我国最早驯化的植物还有薏苡、瓠（葫芦）、芥菜、菱角、甜瓜等，这里不一一介绍了。

第三节　史前作物栽培方式及特点

原始农业时期使用的生产工具，主要是由木、石、骨、蚌等材料制作的简陋工具，依靠人力耕作，栽培技术处于萌芽状态。我国原始农业时期实行的是撂荒耕作制，这一阶段可分为刀耕农业（刀耕火种）、锄耕（耜耕）农业和犁耕农业3个时期。

对原始农业时期土地的利用和耕作方式，学术界历来划分为锄耕和犁耕两个阶段，而把原始的刀耕火种同锄耕视为一回事。近来民族学和考古学的资料研究中，提出在锄耕农业之前还有一个刀耕农业的阶段，主张刀耕和锄耕不能混为一谈。[1][2]

刀耕农业又称砍倒烧光农业，俗称"刀耕火种"。刀耕农业的最大特点是"焚而不耕"，不需要翻土耕种。这是由于刀耕农业阶段因没有翻土锄草的工具，草荒与肥力比较，草荒是第一位的矛盾，所以刀耕之地一般都选择树木覆盖而草较少的环境，砍伐焚烧以后，乘杂草未侵入，抢种一季。中国南方新石器时代早期洞穴遗址，多数尚处于刀耕农业阶段。中国古代有关于"烈山氏"的传说。《国语·鲁语上》记载："昔烈山氏之有天下也，其子曰柱，能植五谷百蔬。"从其以"烈山"为氏，再联系古籍中记载："舜使益掌火，益烈山泽而焚之，禽兽逃匿。"可以推断"烈山氏"与刀耕火种有关系。

从有关"烈山氏"的传说看，黄河流域的原始农业也应经历过刀耕农业阶段。但由于这一地区覆盖着疏松肥沃的黄土，森林不多，不利于刀耕农业，使得这里的锄耕农业较早地发展起来。具有代表性的西安半坡遗址，面积约 50 000 m²，居住区位于西南，北面为一片公共墓地，居住区周围有保护安全的宽、深各 5～6 m 的大深沟，正是长期定居的见证。南方少数民族大多处于亚热带的深山老林中，这使得他们的刀耕农业得以相对地保持较久。

根据考古发掘和民俗学材料可以认为，人类在 2 万～1.5 万年以前就开始定向采集一定的植物食品，也就是说，在采猎时代末期，随着人类用火程度的加强，刀耕火种便作为最早的农业耕作形态逐渐产生。

应看到农业生产发展的地区差异和不平衡性，即刀耕农业和锄耕农业在空间分布上并存于不同地区和不同种族间，特别是处于隔离状态的地区和民族，其农业形态还一直停留在刀耕阶段。

云南怒江的独龙族，中华人民共和国成立前一直处于刀耕火种的阶段："江尾虽有牨牛，并不用之耕田，农器亦无犁锄。所种之地，唯以刀伐木，纵火焚烧，用竹锥地成眼，点种苞谷。若种荞麦、稗、黍之类，则只撒种于地，用竹帚扫匀，听其自生自实，名为刀耕火种，无不成熟。今年种此，明年种彼，将住房之左右前后土地分年种完，则将房屋弃之，另结庐居，另砍地种。其所种之地，须荒十年、八年，必须草木畅茂，方行复砍复种。"[3]

---

① 李根蟠，黄崇岳，卢勋：《试论我国原始农业的产生和发展》，见《中国古代社会经济史论丛》：第 1 辑．山西人民出版社，1981。

② 李根蟠，卢勋：《我国南方少数民族原始农业形态》，农业出版社，1987。

③ 夏瑚：《怒俅边隘详情》，见李根源《永昌府文征》。

刀耕农业阶段的主要标志是使用刀斧，对林木"砍伐烧光"，不翻土，实行砍种一年后撂荒的"生荒耕作制"。

刀耕农业阶段的原始人类迁徙无定，一般是砍种一年后撂荒易地，实行年年易地的粗放性经营。这一时期土地利用率极低，人工养地的能力也很差，在地力消耗殆尽以后，只得放弃，利用自然力自发恢复地力。因此，当时实行撂荒制其撂荒期较长，一般在十几年，甚至几十年。

锄耕农业阶段的主要标志是使用翻土工具（锄、耜、铲等），操作重点由林木砍伐转到土地加工，实行砍种后连种若干年再撂荒的"熟荒耕作"。"生荒耕作"和"熟荒耕作"都属撂荒耕作制范畴。锄耕农业阶段的人们已开始有村落，过着相对定居的生活。由于中国锄耕农业阶段使用的主要耕具为耒耜，故也可以把锄耕农业阶段称之为耜耕农业阶段。目前已发现的黄河流域和长江流域最早的新石器时代遗址，如河南裴李岗和浙江河姆渡，均分别出土有石铲和骨耜，表明它们都已由刀耕农业跨进了耜（锄）耕农业阶段，成为中国新石器时代农业的主要代表。

耒耜农业阶段，土地使用率提高，播种面积加大，谷物生产量增多，也为饲养家畜、禽提供了保障。在我国，距今 8 000 年左右就由刀耕农业过渡到锄耕农业。目前发现的较早期的农业遗址，大多数已经进入锄耕农业时期，如裴李岗、磁山、大地湾、彭头山、兴隆洼等遗址都有石锄或石铲之类的农具出土，并有大规模的定居遗址。

在犁耕农业时期，生产工具进一步发展，器型磨制精致，向小型化发展，穿孔技术比较发达，同期出现了一批新型的生产工具，主要是石犁的产生。这一时期土地利用率提高，已经采用连种几年撂荒几年的办法，在养地恢复地力上，采用半靠自然力半靠人力的措施。发达锄耕农业时期，史前人类聚落进一步发展，出现了城址、祭坛和青铜礼器等。这些文明因素的出现，是农业与手工业即将要分离的标志，是农业发展到一定阶段，阶级和国家出现的标志，是文明时代即将要到来的象征。

史前作物栽培的历史就是我国原始农业发生、发展的历史，虽然没有明确的文字记载，但是这些神话传说及许多考古发现足以证明：这些就是后来我华夏文明产生的滥觞。

──────────── 参 考 文 献 ────────────

陈文华，2007. 中国农业通史：夏商西周春秋卷 [M]. 北京：中国农业出版社 .
黄其煦，1982. 黄河流域新石器时代农耕文化中的作物 [J]. 农业考古（2）：13 - 15.
李根蟠，黄崇岳，卢勋，1981. 试论我国原始农业的产生和发展 [M]//中国古代社会经济史论丛：第一辑 . 山西：山西人民出版社 .

李根蟠，卢勋，1987. 我国南方少数民族原始农业形态 [M]. 北京：农业出版社 .

吴汝祚，1977. 山东胶县三里河遗址发掘简报 [J]. 考古（4）：2 - 3.

夏瑚，怒俅边隘详情 [M]//李根源 . 永昌府文征 .

张芳，王思明，2001. 中国农业科技史 [M]. 北京：中国农业科学技术出版社 .

第三章 传统农业的萌芽期
——传统农业粗放经营时期

　　大约公元前2070年，人类进入文明社会后，夏、商、西周、春秋约经历了1600年。中国由原始社会进入奴隶社会，相继建立了夏、商、周三个奴隶制王朝。公元前770年，周平王迁都洛邑，在这之前的周朝史称西周；之后的周朝史称东周，约相当于春秋战国时期。夏王朝的建立标志着我国历史正式进入文明社会。金属农具的出现与使用是原始农业向传统（古代）农业转变的关键因素。

　　夏商西周时期是我国传统农业的萌芽期，青铜时代逐步取代了石器时代，青铜农具的出现，是我国农具材料史上的一个重大突破，自此开始了金属农具代替石质农具的漫长过程。夏商西周时期的农具种类与原始农业时期相比较，最大区别是此时出现了中耕农具——钱和镈，这说明人们已经初步掌握了中耕除草技术。《诗经·臣工》记载："命我众人，庤乃钱镈。"钱即是后来的铲，而镈则是锄。从传说中的大禹治水开始，以防洪排涝为目的的沟洫体系逐步建立起来，与此相联系的垄作、条播、中耕除草和耦耕等技术相继出现并得到发展，轮荒（菑、新、畬）耕作制代替了撂荒耕作制，人们除了继续广泛利用物候知识外，又创立了天文历。

　　从典籍中可以比较清晰地看到新石器时代之后我国古代作物生产发展演变的脉络。例如，在《诗经》（前11世纪—前5世纪）中频繁地出现关于黍的诗，说明当时黍已经成为我国最主要的粮食作物，其他粮食作物如谷子、稻、大豆、大麦等也被提及。同时，《诗经》中还提到韭菜、冬葵、菜瓜、蔓菁、萝卜、葫芦、莼菜、竹笋等蔬菜作物，榛、栗、桃、李、梅、杏、枣等果树作物，桑、花椒、大麻等纤维、染料、药材、林木等作物。此外，《诗经》中对黍稷和大麦还有品种分类的记载。《诗经》和另一本同时期著作《夏小正》对部分植物的生长发育如开花结实等的生理生态特点有比较详细的记载，并且这些知识被广泛用于指导当时的农事活动。夏商西周春秋时期是我国传统农业的萌芽期，此时的农业技术虽然还比较粗放，但是已经基本摆脱了原始农业的耕作方式，精耕细作技术已经在某些栽培环节中应用。

这一传统农业粗放经营时期的作物与栽培技术被后人汇集成中国传统农学的奠基作——《吕氏春秋·上农》等四篇（成书于秦王政八年，前239），它是先秦时代农业生产和农业科技长期发展的总结，而且一定程度地反映了战国以前的作物栽培的情况。

公元前2070年，中国进入第一个阶级社会——奴隶社会。由于青铜器的出现，我国农具材料实现了重大突破，开始了金属农具替代石质、骨质农具的漫长过程。青铜农具比木、石、骨、蚌类农具，具有锋利轻巧、硬度高等特点，可以大大提高劳动效率，对推进农业生产和农业科技的发展起了巨大的作用。但是从考古发掘的情况来看，青铜器农具在这一时期所占数量还是比较少，木质、石质农具占主流。这一时期的农作物，经过长期的人工选择驯化也相对固定下来，人们开始用"五谷""九谷""百谷"等名词形容自己的栽培植物。作物种类是反映一定历史时期农业生产水平的一个重要方面。种类繁多，说明人类驯化植物为人工栽培的能力强，也是农业发达进步的重要表现。

第一节　栽培植物种类及农学思想

商周时期种植的主要作物有黍、稷（粟）、稻、來（小麦）、牟（大麦）、菽（大豆）、麻等，基本为粮食作物。

一、传统"五谷"的含义

"五谷"一词最早见于春秋时期《论语·微子》，篇中讲到，孔子带弟子出门远行，子路掉队了，碰到一位用木杖挑草筐的老农，便向前请问"夫子"的去向，老农讥讽地说："四体不勤，五谷不分，孰为夫子。"《周礼》中则是"九谷""六谷""五谷"杂称。

战国时期，"五谷"的概念便普遍起来，如《礼记·月令》："阳气复还，五谷无实"；《荀子·王制》："五谷不绝而百姓有余粮也"；《管子·立政》："五谷宜其地，国之富也"；《孟子·滕文公上》："五谷熟而人民育"……都提到"五谷"。由于地域、时间、认识的角度不同，史家对"五谷"的解释不一而足。如郑玄释"五谷"为"麻、黍、稷、麦、豆"，又释为"黍、稷、菽、麦、稻"；王逸释为"稻、稷、麦、豆、麻"；韦昭释为"麦、黍、稷、粟、菽"。综合各家之言，"五谷"中必有稷、菽、麦，这与3种作物在粮食中的地位是分不开的。至于"五谷"中麻、黍、稻之有无应该与地区作物构成的差异有关。还可以看出，"五谷"一词把"百谷"中粮食作物与其他作物区别开来。

古农书里有关"五谷"及其他作物品种的记载也很多，如：《吕氏春秋·

上农》等四篇中的"审时"篇介绍了麦、粟、菽的耕种与收获时机；《氾胜之书》记载了麦、黍、稻、豆、麻、枲（大麻雄株）、瓠、芋、稗、桑等作物的种植收获时期及方法；《齐民要术》中记载的农作物主要有：黍、穄、粱秫、豆、麻、麻子（黑芝麻）、大小麦、稻、胡麻、瓜类、瓠、芋、葵、蔓菁等。《王祯农书》中的"农桑通诀"和"百谷谱"则详细记载了当时黄河流域的种桑及农业种植情况，其中提到的主要农作物有粟、稻、麦、黍、穄、粱秫、豆、荞麦、胡麻、麻子、瓜（若干种）、瓠、芋、蔓菁、萝卜等。

现代农学统称之大田作物，即农艺作物，包括谷类作物、豆类作物、薯类作物、纤维作物、油料作物、糖料作物、绿肥作物、嗜好作物、染料作物、饲料作物等。大体上，前3类属于粮食作物，其他各类属于经济作物。据现今考察研究，大田作物主要是粮食作物（其中又以谷物和豆类为主，薯类应已有栽培，但未见明确记载，粮食作物往往以"谷"泛称之），经济作物中只有纤维作物（麻类）和与此有关的染料作物（蓝①）见于记载。即使是纤维作物，有的也没有和粮食作物分家，如大麻，不仅利用其纤维，而且大麻籽也供食用。油料、糖料等作物则付之阙如。"民以食为天"，我们的祖先首先是解决粮食问题，其次是解决穿衣问题，至于其他需要，是随着经济发展而逐步多样化，而大田作物的种类也因而日渐丰富。本时期大田作物构成的这一特点，正是当时社会经济发展水平比较低下的反映。

粮食作物的种类，原始社会时期可能相当多，直到夏、商、西周时期仍用"百谷"来形容。②但这时被记录下来的农作物种类则不到10种，这表明广泛种植的农作物种类在人为的淘选下已渐趋集中。

二、主要栽培植物

夏代的作物构成因为无文字，已经无可考证。但是农业生产的重要特点之一就是连续性，所以可从商代的作物构成中，窥见夏代及以前的作物构成的大致情况。

人类历史发展到商代，文字的祖先——甲骨文出现，这为记录人类光辉灿烂的历史提供了极大地便利。

甲骨文中表示农作物的字有：

🌾：即禾字，表现了粟穗攒聚下垂的特点，是粟的原始象形字，但在卜辞

---

① 《夏小正》中有人工栽培"蓝"的记载。

② "百谷"，在早期的古书中，如《诗经》的《豳风·七月》、《小雅·信南山》、《小雅·大田》、《周颂·噫嘻》、《周颂·载芟》、《周颂·良耜》及《尚书》中的《尧典》、《洪范》和《周易·离象传》、《左传》（襄公十九年）等均有提及，以后才出现"九谷""八谷""六谷""五谷"等名称。

中一般已作为谷类的共名。

𧰧、𧯋：《甲骨文编》释粟，谓从禾从米；于省吾释为𧰼，谓从禾从齐（𠫔），亦即稷[1]。哪种解释更为确切，尚可研究，但它在甲骨文中作为粟的专名使用是无疑义的。

𣁋、𣁌：即黍字[2]，上部穗形披散，正是黍的特点。

𣏌：即來字[3]，是表示小麦的原始象形字，但在卜辞中已多用作行來之來。又有异体字作𣏍。

麥：从來从足，即麥字[4]，在甲骨文中用作小麦的专名。也有人认为卜辞中的麦字指大麦。

𣎆[5]：这是卜辞中表示作物的一个字。唐兰、胡厚宣释为稻[6]，但也有释作酉、穛、秬、菽等的[7]，但至今未有一致看法。

𥝢：从禾从余，当是秭字。[8] 秭是稻的别种，即糯稻。[9]

𥞥：于省吾释作秜，认为是野生稻[10]。

《诗经》中记载的农作物名称相当多，据统计共 21 个，按其在诗中出现的先后为序：蕡、麦、黍、稷、麻、禾、稻、粱、荏菽、苴、穀、芑、藿、粟、秬、秠、穈、秫、來、牟。其中"穀"在《诗经》中是作为谷物通称或作"善"解[11]，不是专指某种具体的谷物。余下 20 个名称，多数是同物异名，如稷、禾是粟的别称，粱、穈、芑是粟的品种，秬、秠是黍的两个品种，秫是稻的一个类型，麦和来通常同指小麦；荏菽和藿都是指大豆，藿是豆叶，苴、蕡指大麻籽。

稷是什么作物，学术界长期争论不一。有的学者训稷为黍属之不黏者，即穄。这是因为隋唐以后稷、穄音近而被误认为一物的缘故。其实稷与穄的古音

---

① 《甲骨文字释林》释"粟、黍、來"，中华书局，1979。

② 《甲骨文编》312－314 页。

③ 《甲骨文编》251 页。

④ 《甲骨文编》252 页。

⑤ 《甲骨文编》314 页。

⑥ 参见《甲骨文商史论丛》第二集上册。

⑦ 郭沫若释酉，杨树达释穛，均见《卜辞求义》27 页；陈梦家释秬，见《殷墟卜辞综述》527 页；于省吾释菽，见《商代的谷类作物》。

⑧ 卜辞中有："丁酉卜：在 ［ ］（地）……秭黈弗悔?"（《甲骨文合集》三七五一七），意思是秭中长了稗草是否有害？参见王贵民：《商代农业概述》，《农业考古》1985 年第 2 期。

⑨ 《集韵》："秭……穧稻也。"因为秭是糯稻，《诗经》中的"秭"多用于酿酒。参见游修龄：《稻作文字考（二）》，《浙江农业大学学报》1983 年第 1 期。

⑩ 《甲骨文字释林》："释秜"，中华书局，1979。

⑪ 《诗经·大雅·桑柔》："朋友已语，不胥以哉。"毛亨训："敄"，为"善也"。

并不相同①，隋唐以前学者释稷为粟，明确无误②。异说是隋唐以后才发生的③。从新石器时代以迄隋唐，粟一直是我国主要粮食作物，稷被尊为五谷之长，这与禾由粟的专名转变为谷类共名一样，是粟在粮食作物中地位较高的反映。用"社稷"一词代表江山、国家，可见稷在当时经济社会中的地位。而古人言"五谷"者，多有"稷"而无"粟"，《周礼·职方氏》《礼记·月令》所载主要粮食作物中亦有"稷"无"禾"，《吕氏春秋·审时》《睡虎地秦简·仓律》中则有"禾"而无"稷"，而其余作物各书所载大略相同。显然，古书中的"稷"就是禾、就是粟，否则，于文献记载、于考古发现，都是讲不通的。④ 至于有人把稷解释为高粱，更是难以成立的。

据考证，《夏小正》中只有黍而没有稷，殷商时期甲骨文中"黍"字出现过 300 多次，"稷"字仅出现过 40 多次。

归纳起来，商周时代的主要粮食作物，也是当时主要的大田作物，不外乎黍（黄米）、稷（谷子）、稻、來（小麦）、牟（大麦）、菽（大豆）、麻（大麻）等 7 种。明代以前，中国的粮食作物种类，大致也是如此，只不过品种增加了不少。这说明中国粮食作物的种类至此基本奠定了基础。

但商周时期这 7 种农作物，在农作物的结构中所处的地位是不同的。和新石器时代一样，这时在粮食作物中黍、稷仍占主要地位。据于省吾统计，殷墟卜辞中卜黍之辞有 106 条，卜稷之辞有 36 条，其在卜辞中出现的次数大大超过其他粮食作物。在《诗经》中，有 19 篇讲到黍，有 18 篇讲到稷，其余作物出现的次数都较黍、稷为少⑤；《尚书》中提到的粮食作物，主要也是黍、稷，例如《盘庚》篇说："惰农自安……不服田亩，越其罔有黍、稷。"《酒诰》篇说："其艺黍、稷，奔走事厥考厥长。"所有这些，都说明黍、稷在夏商西周时期仍是主要的粮食作物。

把黍和稷相比较，稷的地位更重要。卜辞中卜黍次数虽比卜粟（稷）次数多，这是由于黍为贵族常用以酿酒，又能耐旱抗逆，是新垦农田的先锋作物，因而受到统治者重视的缘故。稷在《诗经》中出现次数稍少于黍，如加上其别称禾、苗、粟以及粱、秬、芑等与粟的同物或不同品种的别称，则其出现次数

---

① 穈字段氏列于十五部（脂部），而稷字列于一部（之部），无通转可言。

② 《尔雅》郭舍人注，《汉书》服虔注，《尔雅》孙炎注，《国语》韦昭注，《穆天子传》郭璞注以至贾思勰《齐民要术》，都认为稷就是粟。毛亨、郑玄等实际上也是这样主张的。

③ 苏恭等《唐本草》载："本草有稷不载穄，稷即穄也。"这是以稷为穄的开始。

④ 关于这个问题，可参考高润生：《尔雅谷名考》；齐思和：《毛诗谷名考》《中国史探研》；邹树文：《诗经黍稷辨》，见《农史研究集刊》第 2 册，科学出版社，1960；游修龄：《论黍和稷》，《农业考古》1984 年第 2 期。

⑤ 据齐思和《毛诗谷名考》统计，《诗经》中所见的谷物名称次数是：黍 19，稷 18，麦 9，禾 7，麻 7，菽 6，稻 5，秬 4，粱 3，芑 2，秠 2，來 2，牟 2，稌 1。

超过黍，大体与粟在粮食作物中的地位相当。稷产量比黍高，平民常食，种植也更为普遍，自新石器时代中期以来就是黄河中下游地区最主要的粮食作物。"稷"成为农神的尊号，"社稷"成为国家的代称，粟的原始象形字"禾"则成为谷物的共名，这都是稷的特殊地位的反映。

稻原是热带和亚热带的作物，新石器时代，主要分布于长江流域以南的广大地区，零星见于黄河流域。夏商西周时期进一步被引向北方。据《史记·夏本纪》记载，夏禹治水后，曾"令益予众庶稻，可种卑湿"，即在低湿地区发展稻生产。这可以说是我国历史上第一次在黄河流域有组织地推广稻。商代稻在黄河南北均有种植，郑州白家庄商代遗址、安阳殷墟遗址中都有稻谷遗存发现。西周以后，北方的稻又有进一步的发展，《诗经》中有六篇记载稻的诗歌：

《豳风·七月》："十月获稻，为此春酒。"

《小雅·甫田》："黍稷稻粱，农夫之庆。"

《周颂·丰年》："丰年多黍、多稌。"

《鲁颂·閟宫》："有稷有黍，有稻有秬。"

《小雅·白华》："滮池北流，浸彼稻田。"

《唐风·鸨羽》："王事靡盬，不能艺稻粱。"

其中《小雅》和《周颂》所反映的地区是周的京畿附近，即今西安一带。豳，在今陕西彬县、旬邑一带；鲁，在今山东曲阜；唐，在今山西太原。也就是说，在西周时代，稻已北移至今山东、山西、陕西一带。但是，稻在商周时代的黄河流域，并不是主要的粮食作物，可能仅是"十月获稻，为此春酒"的一种酿酒原料，所以直到春秋时代稻还被视为珍贵食品："食夫稻，衣夫锦，于汝安乎？"[①]

麻在新石器时代已被利用或栽培，到夏商西周时期成为一种相当重要的作物。古代所说的麻，即今日桑科的大麻，它结的籽实，古代称为苴，是当时的粮食之一；茎部的韧皮是古代重要的纺织原料。所以麻在古代既是粮食作物又是纤维作物。《诗经·豳风·七月》："九月叔苴……食我农夫。"苴，就是当粮食用的大麻籽。《诗经·陈风》中提到"沤麻"和"绩麻"[②]，说的就是沤制大麻纤维和利用其纤维绩成纱或线以备织布。这种由大麻纤维织成的布，现已在河北藁城台西商代遗址、陕西泾阳高家堡早周遗址、河南浚县辛村西周遗址中发现。[③] 其中在泾阳高家堡早周遗址发现的麻布，系平纹组合，其组织密度为

---

① 《论语·阳货》。

② 见《东门之池》和《东门之枌》。

③ 河北省博物馆、文管处台西考古队、河北省藁城县台西大队理论小组：《藁城台西商代遗址》，文物出版社，1977；葛今：《泾阳高家堡早周墓葬发掘记》，《文物》1972年第7期；郭宝均：《浚县辛村》，科学出版社，1976。

"每平方厘米经 13 根、纬 12 根",组织比较紧密。这不但反映了大麻纤维在夏商西周时期的广泛利用,同时也说明远在 3 000 年前,我国的麻纺技术已达到了一定的水平。

《诗经·陈风·东门之池》中还有"东门之池,可以沤纻"句,《禹贡》豫州贡品中也有"纻"。徐光启认为这里的"纻"是指大麻中的一种,非南方出产的苎麻[①]。据报道,近年在陕西扶风杨家堡西周墓中出土了苎麻布,究竟是南方传入的还是本地所产,尚待研究。不过直到元代仍然是"南人不解刈麻,北人不知治苎"(王祯:《农书》)。

属于豆科的葛,是当时被广泛利用的植物纤维,《诗经》中多次提到。如"葛之覃今,施于中谷""南有樛木,葛藟累之""葛藟荒之""葛藟萦之""绵绵葛藟,在河之浒""葛生蒙楚""莫莫葛藟,施于条枚"等句[②],反映出葛在当时是常见的,可能是野生或半野生的植物。另《诗经》对葛还有"维叶莫莫,是刈是濩,为絺为綌,服之无斁"[③]"葛屦五两""纠纠葛屦"[④]"蒙彼绉絺是绁袢也"[⑤] 等记载,是指利用葛来制衣和作屦。用葛织成的布,当时有 3 种:絺、綌、绉。毛传释为"精曰絺,粗曰綌""絺之靡者为绉"。可知絺是细葛布,綌是粗葛布,绉是精葛布,这也反映了当时纺织技术之一斑。

《诗经·卫风·硕人》:"硕人其颀,衣锦褧衣。"《说文》引裴注《诗经》作苘,即苘麻,俗名青麻。是当时人民的衣着原料之一。《硕人》虽是春秋时诗,但苘麻的利用当在其时以前。

來、牟是小麦、大麦的古称。《广雅·释草》:"小麦,䅘也,大麦,麰也。"甲骨文中有"來"字,但不见"牟"字。有人认为甲骨文中的麦字指大麦。《诗经》中有"贻我来牟,帝命率育"[⑥]的明确记载。西周时期的小麦遗存,在安徽亳县钓鱼台已有发现[⑦],云南剑川海门口遗址(约 3 000 多年)也有麦穗出土。不过,当时有关麦的记载不多,反映了当时麦类播种面积还不大,在粮食作物中所占的地位还不是十分重要。

学术界一般认为小麦起源于外高加索及其邻近地区,史前时期即传入我

---

① 徐光启的主要根据是苎麻是南方特产。贾思勰的《齐民要术》也没栽种苎麻的方法等。石声汉同意这种看法,认为《诗经》中的"苎"是大麻中的纤维洁白者。参见《农政全书校注》卷 36。

② 见《诗经》的《周南·葛覃》《周南·樛木》《王风·葛藟》《唐风·葛生》《大雅·旱麓》等篇。

③ 《诗经·周南·葛覃》。

④ 前句见《诗经·齐风·南山》,后句见《诗经·魏风·葛屦》。

⑤ 《诗经·鄘风·君子偕老》。

⑥ 《诗经·周颂·思文》。

⑦ 杨建芳:《安徽钓鱼台出土小麦年代商榷》,载《考古》1963 年第 11 期。但据考古所实验室《放射性碳素测定年代报告(三)》,其年代为(2440±90)年前,(2370±90)年前。

国。也有的学者认为我国是小麦的起源地①。笔者认为史前传入的可能性较大，原因是欧亚大陆一体，没有太多障碍，不像美洲大陆的作物传入我国那么遥远、艰难。

麦子的本土化起先遇到了一系列的障碍，但它在漫长的历史过程中，逐渐淘汰了中国原有的一些农作物，比如大麻，就是在这个过程中最终退出了主食作物的行列，而麦子则成为数一数二的粮食作物。在中国的农业历史中，麦子是本土化最早、也是最为成功的外来农作物。

菽是大豆的古称，亦称"荏菽"，在新石器时代可能已有栽培。但是，直到这一历史阶段才见于记载。《诗经·大雅·生民》："厥初生民，时维姜嫄……载生载育，时维后稷……艺之荏菽，荏菽旆旆。"说的就是周族的祖先后稷种大豆的故事，这个故事也见于《史记·周本纪》："弃为儿时，屹如巨人之志，其游戏，好种树麻菽，麻菽美，及为成人，遂好耕农，相地之宜，宜谷者稼穑焉。民皆法则之，帝尧闻之，举弃为农师，天下得其利。"文中所说的弃，即《诗经》中的后稷。如果这个传说可信的话，则在帝尧时代（原始社会末期）我国已经栽培大豆。目前我国最早的大豆实物，是山西侯马出土的春秋时期的大豆。

由此可见，夏商西周时期，黍、稷在粮食生产中仍占主要地位；麻虽也作粮食，但主要还是利用它的纤维作为衣被原料；稻主要在长江流域栽培，虽然已传到黄河流域，但在北方仍被视为粮食中的珍品，栽培并未普遍；麦、豆都是这时初见记载的作物，栽培面积也应该不是很大。这便是夏商周时期先民们栽培主要农作物的一个大体轮廓。

三、主要农学思想

夏商西周时期，是由原始农业向传统农业过渡时期，虽然先秦时期的农书多已失传，但从有文字记载的史料中，还是可以发现传统农业形成发展的轨迹。从甲骨文中对有关农业零散的记叙，逐步形成涓涓细流，到后来的《诗经》等文献对当时农业生产状况逐渐有较为系统的描述。《诗经》是我国最早的一部诗歌总集，其中描述农事的诗有21首之多，涉及当时农业的各个方面；《禹贡》则是我国最早的土壤学著作，对全国的土壤进行了分类，为后来农业

---

① 曾雄生先生认为：麦子不是中国土生土长的农作物，而是在漫长的历史发展过程中逐渐成为国人的主食。它经历了一个由北向南的延伸过程，逐渐本土化的过程，适应中国风土人情的过程。在麦子进入中国的最初阶段，被认为是有毒的，吃了麦子，容易得上"风壅"之证，还要煮小米粥喝来解毒，而南方人习惯吃米，也认为吃麦子吃不饱。所以，麦子最初在五谷中的排列并不靠前，但是它对环境气候的适应性强，产量稳定，所以在长时期的农业生产发展中，最终和稻子并列，成为国人的主食之一。

种植必须辨别土壤、因地制宜提供了依据；最早的农业历书《夏小正》，强调农业生产必须不违农时，适应和利用自然气候条件是获取丰收的基本条件。这些思想的积累为后来天、地、人"三才"理论的提出提供了思想基础。

第二节　栽培方式及特点

我国夏商西周时期的耕作制，是由撂荒耕作制向轮荒耕作制过渡的时期。大约在商代和西周前期通行了以"菑、新、畬"为代表的轮荒耕作制；及至西周中后期和春秋战国时期则发生了由"菑、新、畬"耕作制向田莱制和易田制的转变。莱田，就是开垦后轮休耕种的……这些轮休田，统称莱田。古时实行易田制（即轮耕制），一般是不易之地家百亩，一易之地家二百亩，再易之地家三百亩。以上所说井田之制，当为在不易之地所实行者，是比较典型的。

一、休闲耕作制

原始社会实行撂荒耕作制，这一历史时期逐步由撂荒耕作制过渡到休闲耕作制。发展到西周，出现了菑、新、畬的土地利用方式。

《诗经·小雅·采芑》："薄言采芑，于彼新田，呈此菑亩。"

《诗经·周颂·臣工》："嗟嗟保介，维莫（暮）之春，亦又（有）何求，如何新畬。"

《周易·无妄·六二爻辞》："不耕获，不菑畬，则利有攸往。"说明殷末周初在农业生产中有两种基本农活：一类是在撂荒地上从事垦田和治地，即所谓"菑畬"；"耕获"是为了取得当年的好收成，而"菑畬"则是为了给下一年的"耕获"准备好耕地。

关于菑、新、畬，《尔雅·释地》解释说："田，一岁曰菑，二岁曰新田，三岁曰畬。"所谓"田"，是指已经开垦利用的土地。[1] 所以这里说的是一块农田在3年中所经历的3个不同利用阶段。

第一年，将丛生于田中的草木灾杀之，故称菑，亦称"反草"[2]。但"反草"并非对生荒地的垦治，因为《诗经》中"菑亩"与"新田"对举，菑与亩相连，表明它是经过整治的耕地，而非生荒。菑是反草而不播种，故《说文》训"菑"为"不耕田"。上古"耕"和"种"密切不可分，"不耕"犹言"不种"。陈奂《诗毛氏传疏》说："不耕为菑，犹休不耕为莱。"由此可见，菑为

---

① 《说文》："树谷曰田"；《释名》："已耕者曰田。"

② 《诗经·小雅·采芑》正义引孙炎《尔雅》注："菑，始灾杀草木也。"《诗经·大雅·皇矣》释文《韩诗》说："反草曰菑。"《尔雅·释地》郭璞注："今江东呼初耕地反草为菑。"

一种休闲田。

第二年，休闲田重新种后，称"新田"。即《诗正义》引孙炎说："新田，新成柔田也。"亦简称"新"。

第三年，耕地经一年耕种后，土力舒缓柔和，故称"畲"。《周易·无妄》释文引董遇说："悉耨曰畲。"

总之，"菑、新、畲"这种轮荒耕作制就是撂荒复壮和垦田治地的过程，是以三年为一个周期的一年休闲两年耕种的休闲耕作制度。

这种耕作制是较粗放的土地利用方式。当时人工施肥尚未实行（起码是尚未广泛实行），石、木、骨、蚌等粗制农具仍然被大量使用，难以达到深耕细作，耕地要想连续种植而又长期保持肥力是不可能的，所以耕地连续种植两年后，土地肥力渐竭或已竭时，就需休闲。但这种休闲耕作制比原始社会的撂荒耕作制已有明显的进步：第一，耕地闲置的期限大大缩短，实行耕播和休闲有计划的轮换，提高了土地利用率；第二，休闲地不像撂荒地那样抛弃不管，不仅有计划地利用自然力恢复地力，而且采取诸如"反草"等措施，用人工的干预促进地力的恢复（参阅本章第三节）。不论是何种耕作制度，处理用地和养地的关系都是其重要的核心问题之一，休闲耕作制的出现，是人们在处理用地和养地关系方面的重大进步。

夏、商、西周时期休闲耕作制逐步代替撂荒耕作制，这是由于社会上产生了提高土地利用率的要求和农业生产技术的进步，也是农田沟洫制度形成的必然结果。因为人们费了很多劳动修建起了沟洫垄亩，自然不肯轻易撂荒；同时，被纵横交错的沟洫划分成条条块块的农田，不适宜实行与刀耕火种相关联的撂荒耕作制，这也是显而易见的。[①]

二、垄作和条播的出现

垄作是夏、商、西周时期农业生产技术的突出特点，它的出现是与沟洫制度密切相关的。

作为农田形式的垄，古称"亩"。"亩"字原写作畮，亦写作畂，形异义同，基本上表达了两种概念：一是作为耕地面积单位，偏于农业经济言；二是

[①] 对"菑、新、畲"学术界有不同的解释。已故农史学家石声汉先生认为菑、新、畲是"利用着的土地"撂荒复壮的三个阶段：收获后撂荒，旧茬还在地里，称为菑（茌的古写法）；旧茬被卷土重来的天然植被所吞没，地力正在复壮，称畲；已长出小灌木，可作重新垦辟对象的称"新田"。（马宗申：《略论"菑、新、畲"和它所代表的农作制》，《中国农史》1981年第1期）。此外，还有：一是认为"菑、新、畲"是开垦荒地的不同阶段的名称（杨宽：《古史探微》，中华书局，1965；张政烺：《卜辞裒田及其相关诸问题》）；二是认为"菑、新、畲"是一种撂荒耕作制度（《中国农学史》上册）；三是认为"菑、新、畲"是"三田制"（徐中舒：《西周田制和社会性质》，《四川大学学报》1956年第2期）。

表示农田结构形式，偏于农业技术言。在亩所表达的这两种意义中，表示农田结构形式似乎更古老些。

《庄子·让王篇》陆德明释文引司马（彪）注："垄上曰亩，垄中曰畎。"《国语·周语》韦昭注曰："下曰畎，高曰亩。亩、垄也。"《周礼·考工记》郑玄注："垄中曰畎。"据此可知，亩就是一种高出地面的畦畴，也就是后世所说的垄。

从先秦古籍看，亩总是和畎联系在一起的。清代程瑶田认为，亩是在修筑农田沟洫时产生的。他说："有畎然后有垄，有垄斯有亩，故垄上曰亩。"这种说法是颇有道理的，因为畎（田间小水沟）的修筑，必然会使田内形成许多长短不等、宽狭不同、高于原来田面的畦畴。这种畦畴，古人称之为亩，即所谓"下曰畎，高曰亩"。因此，亩实是古代兴修农田沟洫时的一种产物。

我国农田沟洫起源很早，亩的出现也应是很早的。《孟子·告子下》说："舜发于畎亩之中"，尧舜时代可能已有畎亩。史称禹"尽力乎沟洫"，畎亩应有所发展。不过初期的"亩"，是自然形成的，没有固定的形状和明确的规格，带有原始性质。到了西周时期，关于亩的记载更多，修亩也有了一定的规格和技术要求，作为农田结构形式的亩发展到了一个新的阶段，形成了具有比较完整意义的垄作。

如上所述，有关西周的典籍有大量疆田的记载，反映了当时普遍修沟作垄。《诗经》中屡有"俶载南亩"之类的记载[1]，所谓"南亩"，是大田的代称，"俶载南亩"就是在田垄上进行耕作。

当时作亩，已有一定的行向要求，如"南亩""南东其亩"[2] 等。所谓"南亩"，就是将垄修成南北向；所谓"南东其亩"，就是将垄修成南北向和东西向。这种行向，是根据"土宜"来决定的，也就是根据地势的高低、水流的方向和是否向阳等来决定的。关于这个问题，《左传》记载得甚为明白：成公二年（前605）晋伐齐，齐战败，晋要挟齐国，欲使"齐之封内，尽东其亩"，齐国派去和谈的代表宾媚人说："先王疆理天下，物土之宜，而布其利，故《诗》曰'我疆我理，南东其亩'。今吾子疆理诸侯，而曰尽东其亩而已，唯吾子戎车是利，无顾土宜，其无乃非先王之命也乎？"宾媚人所说的先王，是指西周的天子；所说"我疆我理，南东其亩"，是引用《小雅·信南山》中诗句，这就表明，西周时期我国已根据"土宜"来起垄。

西周以后，垄作日渐普及，亩逐渐趋向于规格化，出现了以宽六尺，长六

---

[1] 《周颂·载芟》《周颂·良耜》《小雅·大田》。
[2] 《小雅·信南山》："我疆我理，南东其亩。"

百尺为一标准亩的趋向。《司马法》："六尺为步，步百为亩。"① 《韩诗外传》："广一步，长百步为亩。"反映的就是这一情况。由于亩的大小逐渐固定，以亩为单位来计算土地面积也比较方便，这样，亩就由原来的耕作方式，逐渐演变成了一种土地面积单位。中国土地面积上所使用的基本计量单位——亩，就是这样发展而来的。

与垄作相联系，出现了条播。《诗经·大雅·生民》："艺之荏菽，荏菽旆旆，禾役穟穟，麻麦幪幪，瓜瓞唪唪。"这是有关作物播种和疏密的记载。毛传："役，列也。""禾役"指禾苗的行列。"穟"当通"遂"，是通达的意思。禾行通达，当然是为了通风和容易接受阳光。这反映了至迟于西周时期已实行了条播。

三、耦耕

夏、商、西周时期，在大田耕作中广泛采取协作劳动的方式。

商代有所谓劦田。劦，甲骨文中作劦，为三耒同耕之形。"三"在古代代表多数，故劦田当是三人或三人以上的一种协作劳动。在商代，奴隶主驱使奴隶劳动就是使用这种方式。殷墟卜辞"王大令众人曰劦田"，便是这一情况的实录。

西周时期则流行耦耕。《诗经》中有所谓"十千维耦"② "千耦其耘"③ 的记载。《周礼·地官·里宰》记有：当时"以岁时合耦于锄，以治稼穑，趋其耕耨。"《逸周书·大聚》也谈到了"兴弹相庸，耦耕俱耘"④ 等。

二物相配对、相比并谓之耦。在农业生产上的耦耕则是以两人为一组的协作劳动方式。从有关资料看，它与使用耒耜和修建沟洫有关。《周礼·考工记》："匠人为沟洫，二耜为耦，一耦之伐，广尺深尺谓之𤰕。"⑤ 郑玄注："古者耜一金，两人并发之，其垄中曰𤰕，𤰕上曰伐，伐之言发也。"他在《周礼·地官·里宰》注中又说："考工记曰：耜广五寸，二耜为耦。此言二人相助，耦而耕也。"由此可见，当时修建农田沟洫，是采用两人为一组、各执一耜、相并挖土的方式进行的。这大概是耦耕的原始方式。

采取这种劳动协作方式，与耒耜的使用有关⑥。耒是一种尖锥式农具，耜虽改成扁平刃，但刃部较窄（一般不及现代铁锹宽度的一半），由于手推足跞，入土比较容易，但是要挖出较大土块则有困难，实行多人并耕可以解决这个问

---

① 引自《周礼·地官·小司徒》，郑玄注。

② 《周颂·噫嘻》。

③ 《周颂·载芟》。

④ 在先秦古籍中，耦通偶，有合、谐、匹、阳、媲、对、并、两等诸义。

⑤ 《说文》："耦，耒广五寸为伐，二伐为耦。"

⑥ 《礼记·月令》季冬之月，"命农耦耕事，修耒耜，具田器。"也反映了耦耕与使用耒耜的关系。

题。甲骨文中的 囲 田也就是使用耒耜并耕的反映。但在修建沟洫的劳动中，最
合适的是实行二人二耜的并排，人多了反相互妨碍。正如清代程瑶田所说，
"必二人并二耜而耕之，合力同奋，刺土得势，土乃迸发。"① 因此，耦耕又是
以农田沟洫制度的存在为前提的。中国农田沟洫出现得很早，耦耕的出现也不
晚。例如《荀子·大略》："禹见耕者耦，立而式。"《汉书·食货志》："后稷始
圳田，二耜为耦。"耦耕的开始很可能要溯源到夏禹时代或其前。② 不过，它
的广泛流行当在西周农田沟洫系统大发展的时期，并延续到春秋时代。③

　　耦耕不限于挖掘农田沟洫，也推行于垦耕、除草、播种等各种农事中。
《周颂·载芟》："载芟载柞，其耕泽泽，千耦其耘，徂隰徂畛。"毛传："除草
曰芟，除木曰柞。"郑笺："隰谓新发田也，畛谓旧田有径路者。"所以这里的
"千耦其耘"实际上包括了新垦地和休闲复耕地的芟除草木和修治畛亩等工作。
《左传》昭公十六年载郑子产说："昔我先君桓公与商人皆出自周，庸次比耦以
艾杀此地，斩之蓬蒿藜藿而共处之。"《国语·吴语》："譬如农夫作耦，以艾杀
四方之蓬蒿。"这些记载表明，在垦荒中也是实行"比耦"（"作耦"）的。又
《论语·微子》载"长沮桀溺耦而耕"，桀溺在回答子路问话后，"耰而不辍"。
这是在耕播覆种中实行耦耕，而当时播种包括了播前松土（耕）和播后覆种
（耰）这两个不可分割的工序。而《周礼·地官·里宰》说"合耦"是为了
"以治稼穑，趋其耕耨"，则包括了一切农事活动在内。

　　在农事活动中广泛协作，是这一时期农业的又一显著特点。这显然与农具
简陋，单个农民力量不足有关。当时还大量使用石、木、骨、蚌制作的农具，
即使有了部分的青铜农具，单个农民也难以独自完成全部农田作业，因此就必
须实行这种在低生产力水平下的劳动协作。至于这种协作之所以采取耦耕的方
式，仍然与沟洫制度的存在有关。当修建农田沟洫的劳动使耦耕成为习惯后，
自然就推广到各种农活中去。以后，随着铁农具的普及和牛耕的逐步推广，单
个农民生产能力大大增强，而农田沟洫制度又发生了根本变化，耦耕也就在我
国历史上消失。④

---

　　① 《沟洫疆理小记·耦耕义述》。
　　② 《世说新语》载："昔伯成耦耕，不慕诸侯之荣馥。"伯成是尧舜禹时代人物，这时可能已有耦耕。
　　③ 《国语·吴语》《论语·微子》《说苑·正谏》诸篇。
　　④ 关于耦耕，学术界有不同解释。除二人二耜并耕说外，影响比较大的还有以下几种：一种认
为是二人相向同用一耜，一人推耜入土，另一人拉绳发土（孙常叙：《耒耜的起源和发展》，《东北师大
科学集刊》1956 年第 2 期）；一种认为是一人耕地，另一人碎土（耰）（万国鼎：《耦耕考》，《农史研究
集刊》第 1 册，1959）；一种认为是在许多农活中实行的以两人为一组的简单协作，没有固定的方式
（《中国农学史》上册，1984）。此外，还有认为"耦"是二耜相连的一种工具名称的等，不一。

四、耘耔

"耘"指中耕,"耔"指培土,这两个农作环节往往同时进行。夏、商、西周时期,作物的田间管理中耕、除草受到普遍的重视。

刀耕农业阶段,这一工作主要在播种以前即造田和整地这一阶段进行。进入锄耕农业阶段后,开始注意清除播种后的田间杂草。耘耔技术于是萌芽。

在播种以前清除田内的杂草,一般还比较容易,或是放火烧荒,或是用耜翻压便可解决。播种以后,清除田间杂草就不那么容易,因为田内禾、草杂生,既不能放火烧,又不能用耜翻,而且有些伴生杂草在苗期形态长得几乎和作物一模一样,要将它和作物区别开来,使莠不乱苗亦非易事。夏商时期,人们能将这些似苗实草的杂草明确地区分开来,说明当时对稂、莠等一类杂草形态的识别,已有较高的水平。

当时,田间的杂草主要有荼、蓼、莠、稂等。《诗经》中"其镈斯赵,以薅荼、蓼;荼、蓼朽止,黍稷茂止""不稂不莠"等诗句[1],具体地反映了当时人们与杂草斗争的情况。莠和稂是谷田或黍田内重要的伴生杂草。

耘耔技术在商周时代有了较大的发展,并出现了专门的金属中耕农具——钱和镈,在商代遗址中已发现了这类工具的遗物。商代卜辞中有:"在囧荷来告黄,王弗稷?"(《甲骨文合集》33225。辞意是:在囧地有名荷的人来报告田中长了稗草,商王是否还去种稷?)中耕除草活动亦已出现,如卜辞中有:"其弗蓐?"(《甲骨文合集》9492)、"辛未贞:今日茵(p63)田?"(《甲骨文合集》28087)、"臣燊"(《甲骨文合集》9498反)等。蓐、茵、燊都代表"耨"字,表示田间除草活动,这是已知最早的有关中耕的明确文字记载。

关于西周时期中耕活动的记载更多。例如《诗经·小雅·甫田》:"今适南亩,或耘或耔,黍稷薿薿。"毛传:"耘,除草也;耔,雍(壅)本也。"反映了人们早已明确认识到耘耔对作物生长所起的良好作用。《周颂·载芟》:"厌厌其苗,绵绵其蔍。"毛传:"蔍,耘也。"《说文》:"穮,耕禾间也。"穮与蔍通,也就是今天所说的中耕。《国语·周语上》载虢文公对周宣王说,春播后农夫就要抓紧中耕,"日服其镈,不懈于时"。当时周天子不但在春耕时要举行籍礼,在中耕时也要举行籍礼[2]。反映了中耕在西周时期的农事活动中的重要性。

西周时期人们对中耕除草十分重视,并且在实践中普及应用这项十分重要

---

① 《诗经·周颂·良耜》《诗经·小雅·大田》。

② 《国语·周语上》:"王治农于籍,蒐于农隙,耨获亦于籍。"孙作云认为《诗经·小雅·甫田》就是周王行耨礼时的乐歌(《诗经与周代社会研究》,中华书局,1966)。

的措施。在春旱多风的黄河中下游地区，中耕作用不但能除草护苗，而且可以防旱保墒，使收获有所保证，这是中耕备受重视的原因。同时，耘耔技术的产生，又和一定的播种方式有关。在撒播的情况下，田里长满作物，是难以进行锄草和培土的。而在条播和点播的田里，行间有一定的间距，才便于操作。所以条播和点播的存在，应是耘耔技术得以产生和发展的重要前提条件。西周时期，我国垄作获得了发展，它不但便于排水，也适合于实行条播，从而也便于田间除草培土。耘耔技术之所以会在西周时期发展起来，这也是重要原因之一。耘耔（中耕）技术的产生，是我国栽培技术史中的一大进步。

第三节　栽培种植区域

一、夏代种植区

　　夏王朝自公元前 21 世纪开始，至公元前 18 世纪而亡。夏的控制区主要是黄土地带，土壤疏松肥沃，适宜于原始农耕。夏王朝的势力范围大致是西起今河南西部、山西南部，东至今河南、河北、山东三省交界处。

　　在先秦诸子心目中，夏代之前有个"虞"代，即尧舜时代。《左传》《国语》《周礼》及先秦诸子多将虞、夏、商、周四代并提。由于夏代的统治中心在豫西和晋西南地区，因此其农业开发自然也应该在这一区域内。这一地区相当于《禹贡》所划分的"冀州"和"豫州"，这两个州的土质并不是最好的（冀州是"厥田惟中中"，豫州是"厥田惟中上"），但是其贡赋却是最高的（冀州是"厥赋惟上上"，豫州是"厥赋惟上中"），可见这两个州在当时农业生产比较发达，才能提供更多的赋税。不过由于文献资料太少，难以详尽了解其农业生产的具体情况。只是从《夏小正》中寻觅的一点零星材料，知道当时种植的粮食作物有黍和麦，使用的农具是耒耜，饲养的家禽家畜有鸡、羊、马，此外还从事采集和捕捞以及养蚕桑等。不过考古工作者在这一地区发现了近百处夏文化遗址，从而对夏代农业区的面貌有进一步的了解。

　　目前考古界确认的夏文化遗址是分布在豫西（主要是豫西的北部）和晋西南地区的"二里头文化"；经过发掘的有河南郏县七里铺，洛阳东干沟、矬李、东马沟，偃师二里头、灰嘴、高崖，渑池鹿寺，汝州煤山，郑州洛达庙、上街，淅川下王岗；山西夏县东下冯，翼城感军等遗址。根据考古界得出的研究结果，"二里头文化"分为两个类型：豫西地区以二里头遗址为代表，晋西南地区以东下冯为代表。晋西南地区属于汾河下游，豫西地区属于伊、洛、颍、汝诸水流域。既然这两个地区的文化属于不同类型，其居民的生活方式自然会有差异，那么其农业生产也就各有特色。所以，夏代的农业区或许可以划分为晋西南和豫西两个区。

夏代虽然已经进入青铜时代，考古学家也在二里头文化遗址中发现了许多青铜兵器、工具、礼器和乐器，但没有发现青铜农具（这是由于当时青铜数量少、贵重）。主要还是使用石器、骨器、角器和蚌器，如整地农具有石铲、骨铲、蚌铲，收割农具有石刀、石镰、蚌镰。木质的耒耜等工具也在使用。虽未出土粮食作物，但是根据文献记载以及这一地区新石器时代的考古资料判断，应该种植有粟、黍稷、麻、麦、豆以及稻等。饲养的家畜家禽有猪、狗、鸡、羊、牛、马等。总的来说，是以种植业为主，畜牧业为副，渔猎为辅的生产结构。从考古发掘的实物分析，晋西南地区和豫西地区的农业发展水平基本一致。

若从自然条件方面观察，这两个农业区还是有差异的。豫西自孟津县以东为巨大的黄河冲积扇地区，地势较平坦，土壤肥沃，地下水丰富，至今仍然是河南省的主要农业区。晋西南则位于黄土高原之上，地势较高，气候较冷，降水量较少，无霜期也较短。虽然因处汾河下游的黄河边上，灌溉便利，土质肥沃，但从总体上看，该地区的自然条件要逊于豫西地区。《禹贡》中最为精彩的部分是有关于"冀州"和"豫州"的记载。豫州的描述是："厥田惟中上，厥赋惟上中"，这就是说，豫州的土地列为中上等，但是其贡赋却是上中等，处于第二位。关于冀州的描述是："厥田惟中中，厥土惟白壤，厥赋惟上上"，这说明冀州的贡赋当时处于第一位。从《禹贡》中描述的贡赋情况可以断定，晋西南、豫西应该是夏王朝的两个农业繁荣区域。夏族先在晋西南一带虞舜版图内建立政权，到后来却迁都东移至豫西一带，并在那里发展壮大，可能是因为豫西的自然环境条件比晋西南更优越，更有利于农业生产的发展和人类居住的缘故。

二、商代种植区

商王朝的势力范围在今山西西南、河南、河北南部、山东、安徽西北、湖北北部一带，商王朝统治的势力范围比夏朝有所扩大，主要是东面向黄河下游的华北平原发展，南面则扩展到长江中游的江汉平原，这个范围大体上就是《禹贡》书上所说的豫州、冀州、青州、兖州以及徐州、荆州一部分。邹衡先生曾根据考古发掘的材料，将早商文化划分为4个类型：一为二里岗型，以郑州二里岗遗址为典型代表，其分布范围大体上包括了今天的河南全省、山东大部、山西南部、陕西中偏东部、河北西南部和安徽西北部；二为台西型，以河北省藁城县台西遗址为典型代表，其分布地域主要在河北省境内，其北已抵河北中部的拒马河一带，南约与邢台地区相邻；三为盘龙城型，以湖北省黄陂区盘龙城遗址为典型代表，主要分布在湖北省中部和东部长江以北地区；四为京当型，以陕西省扶风县壹家堡遗址和岐山县京当铜器墓为典型代表，分布地域大抵在陕西省中偏西部。由于二里岗型的商文化分布最广,所反映的生产水平最高,因而它在这 4 个类型中明显起着主导作用,也对早商王朝直接控制区的文化具有一定的代表作用,其他 3 个类型的分布区则可能只是早商王朝控制的边远据点。而晚商遗址的分布地域大体同早商文化相似。

据此,陈文华先生将商王朝的重点农业区划分为:河南省、山西南部、河北西南部、山东省、安徽西北部、陕西中偏东部。

(一) 河南省

又可分为两个主要农业区,一是以黄河为轴心的北部农业区,一是以淮河为轴心的东南部农业区。这两个农业区地处黄淮平原,属于华北平原的西南部,海拔在 100 m 以下,土壤肥沃,地下水源丰富,自古至今一直是重要的农业区。河南是商代的统治中心,自然也是农业最发达的地区。由于所处纬度不同,北部的黄河处于北纬 35°附近,降水量较少;南部的淮河位于北纬 32°～33°之间,南部的气候较北部温暖,无霜期较长,降水量也较大,因而北部以旱作为主,南部(特别是淮河以南)则主产水稻。

(二) 山西南部

山西省的商代遗址,无论是早期还是晚期都是以南部和西南部为多,而且其文化面貌都与河南相接近,说明这里是商代统治的中心地区之一,也是商代的主要农业区。晋西南的自然条件前面已经提到,晋东南地区则因太行山、太岳山间有断层陷落而形成长治盆地,是山西省的六大盆地之一,适宜从事农业。由于东南部的经度处在东经 113°左右,比西部偏东 2°,因而其降水量比西部要多些,依次向西北部递减,所以其自然条件要略优于西南部地区。无疑,晋东南的农业开发可以提供更多的粮食,对商王朝政权的巩固会产生积极的作用。

(三) 河北西南部

这一带属于华北平原,其商文化面貌与河南安阳的商文化无异,显然是商王朝直接统治的地区。因地处太行山东麓,分布着大小河流,如漳河、清漳河、滏阳河、沙河等,地势平坦,土质肥沃,海拔低(50～200 m),经度处在东经 114°～116°之间,所以气温较高,降水量也较大,也是适合发展农业的地区。因紧邻商王朝的都城安阳殷墟,且同为华北平原一部分,所以必然为商王朝所开拓而成为重要的农业区。

(四) 山东省

商文化主要分部于鲁西、鲁北和鲁南地区,对山东半岛地区的影响很微弱。因此商代的农业区主要是在山东的内陆地区。这里是华北平原的一部分，鲁西、鲁北地区是由黄河冲积而成的平原，绝大部分海拔在 50 m 以下。因经度偏东，处于东经 116°左右，又靠近黄海和渤海，受海洋性气候影响较大，属于半暖温带季风气候，较华北平原其他地区温和湿润，降水量也较大，鲁西平原年降水量为 600～700 mm，因而也是适合发展农业的地区。

（五）安徽西北部

安徽省的商代遗址有近百处之多，主要分布在淮北和江淮地区，江淮地区较为集中。淮北平原是华北大平原的一部分，一般海拔 20～40 m，大部地表由淮河及其支流冲积物覆盖。淮河以北为暖温带半湿润季风气候，淮河以南为亚热带湿润季风气候，全年无霜期要比山东多 1 个月，淮北的年降水量 700～800 mm 以上，江淮地区则可多达 1 000 mm 以上。淮北地区毗连中原，属于旱作农业区，江淮地区则可稻麦兼种。

（六）陕西中偏东部

陕西发现的商代遗址，多集中在关中东部，分布范围已达西安、铜川一带。这里是关中平原，也称渭河平原，由河流冲积而成，海拔 300～600 m，土壤肥沃，为古称"八百里秦川"的主要部分，属于暖温带半干旱—半湿润季风气候，是黄土高原中部最适合发展农业的地区，主要种植黍稷、粟、麦等旱地粮食作物。

总的来说，商代的农业生产水平应较夏代为高，除了继续使用石制农具外，已经出现了一些青铜农具，特别是青铜镈、锸之类的掘土工具的发明，无疑会使开垦农田的效率大大提高。大规模组织奴隶或农民集体劳动，有利于劳动经验的积累和生产技术的提高，再加上版图的扩张，几个重点农业区的开发，既为商王朝提供了大量的农业产品，有利于政权的巩固，也为高度发达的青铜文明奠定了雄厚的物质基础。

三、西周时期种植区

西周统治的范围比商代更为广阔，从考古资料判断，它几乎遍布黄河与长江两大流域的中下游地区以及部分上游地区。邹衡先生曾根据各地西周文化的不同特点，将它们分为西方、东方和南方三大类型。西方类型主要分布在陕西省的泾渭地区和甘肃省东部的部分地区，还有山西省的霍州以南和河南省的洛阳以西地区，这里是西周王朝的腹地。东方类型包括 3 个地区：一是洛阳以东黄河两岸的河南省中部地区，这里是周王朝的畿内之地；二是燕山以南、太行山东麓的河北省西半部和河南省北部、东部以及山东省西南部地区，这里是燕、卫、宋、曹等封国领地；三是山东半岛及其以南地区，这里主要是齐、鲁两国的封地。南方类型是西周文化向南方发展并在长江流域居于统治地位，包括顺汉水而下直至湖北省境内，这里在商末周初曾经是所谓荆蛮之地。再者是顺淮水而下从河南省中部直达安徽省的江淮之间，这里在商末周初是所谓的淮夷之地。

据此，陈文华先生将西周的农业区分为下面几个区域：陕西省泾渭地区、甘肃省东部部分地区、山西省南部地区、河南省洛阳以西的中部地区、河南省洛阳以东中部地区、河北省中南部地区、河南省北部地区、河南省东部地区、山东省西南部地区、山东半岛及其以南地区、湖北省江汉地区、安徽省的江淮地区。

总的来看，西周时期的农业区不但从黄河中游扩展到下游，而且还扩展到长江中下游的北部地区，也使西周的农业生产结构发生变化，即在以旱作为主的情况下增加了水稻种植的比重。

四、春秋时期的农业区

春秋时期，周王朝已失去对全国的控制力，许多地处边陲的较大诸侯国都将封地内的大片土地垦为良田，农业生产得到进一步发展，各诸侯国经济迅速发展，形成具有明显地方特色的列国文化。邹衡先生从考古学的角度将其分为七种文化：①秦文化，主要分布在陕西和甘肃的泾渭流域；②晋文化，主要分布在山西、陕西东部、河南西部和北部以及河北西南部；③燕文化，主要分部在北京及以易县为中心的河北中部；④齐鲁文化，主要分布在山东境内；⑤楚文化，主要分布在以湖北为中心的长江中游及部分下游地区；⑥吴越文化，主要分布在长江下游的江浙地区；⑦巴蜀文化，主要分布在四川境内。

陈文华先生在此基础上加上周王朝本身拥有的小地盘将春秋时期的农业区概括为：①周王畿农业区；②秦农业区；③晋农业区；④燕农业区；⑤齐鲁农业区；⑥楚农业区；⑦吴越农业区；⑧巴蜀农业区。

综观春秋时期农业区的开发，最主要的成就是黄河下游旱作农业的发展和长江中下游稻作农业的兴盛，前者的结果是齐鲁等强国的出现，后者的结果是楚、吴、越等国的强大，这对当时的农业生产、社会发展和历史进程都产生了深远的影响。

─────── 参 考 文 献 ───────

白寿彝，1994. 中国通史：第三卷　上古时代［M］. 上海：上海人民出版社.
陈文华，2007. 中国农业通史：夏商西周春秋卷［M］. 北京：中国农业出版社.
程瑶田，清（乾隆）. 九谷考［M］.
程瑶田，清（乾隆）. 畎浍异同考［M］//皇清经解.

李济，1929. 安阳发掘报告：第 4 册 ［R］.

罗振玉，1933. 殷墟书契续编：二、二八、五 ［R］.

闵宗殿，1983. 垄作探源 ［J］. 中国农史（1）：40 - 45.

王贵民，1985. 商代农业概述 ［J］. 农业考古（2）：25 - 36.

许顺湛，1957. 灿烂的郑州商代文化 ［M］. 郑州：河南人民出版社.

夏纬瑛，1981.《诗经》中有关农事章句的解释 ［M］. 北京：农业出版社.

于省吾，1957. 商代的谷类作物 ［J］. 东北人民大学人文科学学报（1）：81 - 107.

于省吾，1979. 甲骨文字释林 ［M］. 北京：中华书局.

邹衡，1980. 夏商文化研究 ［M］//夏商周考古学论文集：第二部分. 北京：文物出版社.

胡厚宣，1954. 甲骨文商史论丛：第二集（上册）［M］. 石家庄：河北教育出版社.

咸阳市文管会，咸阳市博物馆，咸阳地区文管会，1980. 秦都咸阳第三号宫殿建筑遗址发掘简报 ［J］. 考古与文物（2）：25.

第四章 传统农业精细经营的形成期
——北方旱作农业形成发展时期

春秋战国时期，特别是战国时期，是奴隶社会向封建社会转变时期，也是传统农业由粗放经营向精细经营转变的时期。这一时期的主要特点体现在：冶铁业的产生和发展以及牛耕的出现，为农业生产的进步起到了巨大的推动作用，也使我国的农业耕作技术逐渐由粗放过渡到精细。一直到西晋灭亡之前，我国的经济中心都是在北方地区，先进的农耕技术也出现和发展在北方。虽然时常受到北部游牧民族的侵蹂，但是并没有影响北方精耕细作旱作技术的形成与发展。

第一节 北方旱作技术形成发展的基础

一、铁农具的出现是传统农业精耕细作技术的前提

秦汉时期，我国冶铁技术在战国时期基础上获得巨大发展，铁农具进一步普及。汉代《盐铁论·水旱篇》记载："农，天下之大业也。铁器，民之大用也。"《盐铁论·农耕篇》记载："铁器者，农夫之生死也。"可见，农业生产与铁制农具已经密不可分。铁农具为后来的畜力——牛耕及精耕细作技术的提高提供了技术保障。

西汉中期，搜粟都尉赵过推行耦犁，是中国牛耕史上划时代的大事。同时还发明了耧车等重要农业生产工具。

中国传统农业的基本特征是：金属农具和木制农具代替了原始的石器农具，铁犁、铁锄、铁耙、耧车、风车、水车、石磨等得到广泛使用；畜力成为生产的主要动力，极大提高了劳动生产率；一整套农业技术措施逐步形成，如选育良种、积肥施肥、兴修水利、防治病虫害、改良土壤、改革农具、利用能源、实行轮作制等。

耕作制度在春秋战国时期发生了很大变化，从西周时期的休闲制度逐步向连种制过渡，大抵春秋时期尚是休闲制与连种制并存，到了战国时期连种制已经占主导地位。《氾胜之书》记载，到汉代北方地区已经出现"禾—麦—豆"

两年三熟制。这与铁农具的发明推广和使用是分不开的。

二、基本农学思想的形成

西汉末年（公元前1世纪）著名古代农学家——氾胜之所编撰的《氾胜之书》问世。此书是继《吕氏春秋·任地》等四篇之后最重要的农学著作，一般认为是我国最早的一部农书。作者氾胜之，氾水（今山东曹县北）人，汉成帝时，曾为议郎，在今陕西关中平原地区教民耕种，获得丰收。该书是他对西汉黄河流域的农业生产经验和操作技术的总结，主要内容包括耕作的基本原则、播种日期的选择、种子处理，以及个别作物的栽培、收获、留种和贮藏技术、区种法等。就现存文字来看，对个别作物的栽培技术的记载较为详细，它是在铁犁牛耕基本条件下，对我国农业科学技术的一个具有划时代意义的新总结，是中国传统农学的经典之一。《四民月令》是东汉后期叙述一年例行农事活动的专书，是东汉大尚书崔寔模仿古时月令所著的农业著作，成书于2世纪中期，叙述田庄从正月直到十二月中的农事活动，对古时谷类、瓜菜的种植时令和栽种方法有所详述，亦有篇章介绍当时的纺织、织染和酿造、制药等手工业。另一部重要农学巨著是中国杰出农学家贾思勰所著的一部综合性农书《齐民要术》，成书于6世纪。《齐民要求》把各种生产项目和各个生产环节的科学技术知识熔为一炉，把古今农业生产和农业科技资料汇为一体，并且完整地保存下来的百科全书式著作，这对我国乃至世界后来的农学思想有极为深远的影响。

中国传统农业延续的时间十分长久，大约在战国、秦汉之际已逐渐形成一套以精耕细作为特点的北方旱作传统农业技术体系。农作制表现在，轮荒耕作制向土地连种制过渡，在其发展过程中，尽管生产工具和生产技术有很大的改进和提高，但就其主要特征而言，没有根本性的变化。中国传统农业技术的精华在这期间基本形成，对世界农业的发展有着积极的影响。重视、继承和发扬传统农业精耕细作技术，使之与现代农业技术合理地结合，对保障农业可持续发展具有十分重要的现实意义。

第二节　主要传统作物

这一时期黄河中下游地区的大田作物变化特点是：菽（大豆）地位迅速上升，至春秋末年和战国时期，菽已经和粟并列为主要粮食作物。这在中国农业发展史上是空前的。大豆这时上升为主粮，是由多种因素所促成。从大豆本身看，它比较耐旱，具有一定的救荒作用。西汉时期的《氾胜之书》记载："大豆保岁易为，宜古之所以备凶年也。"而且它营养丰富，既能当粮食又能作蔬菜。《战国策·韩策》："韩地……五谷所生，非麦而豆，民之所食，大抵豆饭藿羹。""藿"就是豆叶。这些大概是大豆在当时迅速发展的重要原因。从耕作制度的发展看，春秋战国正是从休闲制向连种制转变时期，面临着在新的土地利用方式下，如何保养地力的问题。大豆的根瘤有肥地作用，它参加与禾谷类轮作，有利于在连种条件下用地与养地相结合。人们在实践中获得的这种经验，是大豆在当时迅速发展的又一原因。

这一时期，除了本土驯化的作物以外，由于对外交流增多，使得许多域外作物得到交流和引进。例如，从公元前138年开始，张骞先后两次出使西域，开辟了著名的"丝绸之路"——西汉王朝同西域的往来通道，双方出现了珍稀物种或农牧业物产互通有无，"殊方异物，四面而至"的场面。根据《汉书》《史记》以来的史书、方志本草类文献记载，从西域诸地传入的各种作物主要有：苜蓿、葡萄、石榴、胡麻（芝麻、亚麻）、大蒜、葱、胡桃（核桃）、胡豆（蚕豆）、胡荽（芫荽）、莴苣①、金桃（猕猴桃）、胡瓜（黄瓜）、蓖麻、胡椒等。另一种重要的作物高粱（非洲高粱）大约也是4世纪前后从非洲经印度传入我国。

一、主要作物的品种分布及地位

春秋战国时期黄河中下游地区的大田作物，和夏、商、西周时期一样，粮食作物占绝对支配地位，除粮食作物外，只有纤维作物见于大田栽培。但粮食作物的种类，虽然基本如故，但其构成却发生了颇大的变化。变化特点是：菽（大豆）地位迅速上升，至春秋末年和战国时期，菽已经和粟并列为主要粮食作物。这在中国农业发展史上是一"空前绝后"的现象。

以菽、粟并提代表民食，屡见于这一时期的有关典籍中。例如《墨子·尚贤中》："耕稼树艺聚菽粟，是以菽粟多而民足乎食。"《孟子·尽心上》："圣人治天下，使有菽粟如水火。菽粟如水火，而民焉有不仁者乎？"《荀子·王制》："工贾不耕田而足菽粟。"《战国策·齐策》："无不被绣衣而食菽粟者"。如此种种，都说明菽在战国时期已是一种极重要的粮食作物。

大豆这时上升为主粮，是由多种因素所促成。从大豆本身看，它比较耐旱，具有一定的救荒作用。从耕作制度的发展看，大豆的根瘤有肥地作用，它与禾谷类轮作，有利于在连种条件下用地与养地相结合。

大豆在中原地区的迅速发展，还与其另一新品种"戎菽"的传入有关。《逸周书·王会解》记载，"山戎"曾向周成王贡献特产"戎菽"。"山戎"是与东胡族有密切关系的少数民族，春秋时居燕国之北。《管子·戒》："（齐桓公）

---

① 本文根据多方资料印证认为莴苣是汉代引进的，但是梁家勉先生认为莴苣是隋代引进的。

北伐山戎，出冬葱与戎菽，布之天下。"这大概是产于山戎地区的一个新品种，因其品质较优，适应性较强，受中原人民喜爱，又符合当时从休闲制向连种制过渡的需要，从而得到迅速推广。

麦也是这一时期发展较快的一种作物。据《诗经》《周礼·职方氏》等文献记载，麦在黄河下游平原地区种植已经不少。如《诗经》中《鄘风·桑中》："爰采麦矣，沬之北矣。"又《鄘风·载驰》："我行其野，芃芃其麦。"又《王风·丘中有麻》："丘中有麦……将其来食。"这些都是反映春秋初年，河南鄘（卫）、王（洛邑）等地情况的诗歌，看来麦田的面积相当可观。《礼记·月令》："仲秋之月……乃劝种麦，毋或失时，其有失时，行罪无疑。"反映了当时人们对发展种麦的重视。

推广冬麦（时称宿麦），既能利用晚秋和早春的生长季节，避免与别的作物争地，同时又能"续绝继乏"①，解决青黄不接缺粮的困难。由于冬麦在栽培中具有这些优点因而受到人们的重视。冬麦，我国在西周以前已经存在，但由于它所要求的栽培条件比较高，所以一直未能得到发展。到春秋战国时期，由于铁农具的广泛应用，牛耕的初步推行，水利的兴修，肥料的施用，才使麦类栽培有较大的发展。

在菽、麦发展的同时，黍的地位似乎相对下降，"黍稷"的首粮地位已被"菽粟"所代替。当时人们以黍配鸡饷客，说明黍是较为珍贵的。②但在北方，黍仍然保持其主粮地位。《孟子·告子下》："夫貉，五谷不生，唯黍生之。"《穆天子传》记载，周穆王西征时沿途部落多以穄麦相饷。穄也是黍类，黏者为黍，不黏者为穄。

在当时粮食作物的构成中，居于最主要地位的仍然是粟。《礼记·月令》载，季春行冬令"首种不入"，郑玄注："旧说首种谓稷。"《论语》中粟作为民食、作为俸禄③，《周礼·地官·仓人》："仓人掌粟之入藏"，郑玄注："九谷尽藏焉，以粟为主。"凡此种种，都表明粟是当时粮食作物中的主要作物。

西周以前，中国粮食作物以黍稷为主，但其他粮食作物种类可能相当多。商周时代粮食作物种类经过长期的人工选择和"天择"，虽有逐渐集中趋势，但仍然沿袭着"百谷"之称。到了春秋战国时期，开始出现"五谷"的概念，这表明当时主要粮食作物的种类初步有了定型。

秦汉时期，这一时期的大田作物仍然以粮食作物占支配地位，主要粮食作物的种类与先秦时期基本一致，但是各种作物所占的比例有所变化。有些粮食

---

① 《礼记·月令》，郑玄注。
② 《论语·微子》："杀鸡为黍而食之。"
③ 《论语》卷三《雍也》："子华使于齐，冉子为其母请粟。"

作物虽然种植时间相当久远，但是有关人工栽培的明确记载，秦汉时期才出现。粮食作物之外，经济作物的种类比先秦时期多，而且出现了一些大面积栽培的记录。

《氾胜之书》以禾、秫、稻、黍、小麦、大麦、大豆、小豆、麻为"九谷"，其中，秫是禾的别类，大、小麦属于麦类，大、小豆属于豆类，归并起来仍然是《吕氏春秋·审时》中提到的禾、稻、黍、麦、菽、麻六种作物。这与《四民月令》《淮南子·坠形训》《急就篇》的记载是一致的。从考古发掘情况看，不少地区出土的汉代遗址发现了当时的农作物遗存，有些遗址的陶仓或简册上还书写着农作物的名称，概括起来，主要有粟、稻、小麦、大麦、黍、豆等几种，出土的物证和文献的记载是相互吻合的。

在这些粮食作物中，粟（禾、稷、秫）是黄河中下游地区的主要粮食作物，当时人们称"稷"为"五谷之长"[1]，考古发现的有关遗物遗迹也多。陕西米脂东汉画像石牛耕田的上方，刻画着成熟的粟，说明粟是该地区最主要的谷物。在陕西咸阳、河南洛阳、湖北江陵、湖南长沙、江苏徐州、广东等地都有粟的发现，可见，粟的种植在当时是相当普遍的。

稻是长江流域及其以南地区的主要粮食作物，这一地区以"饭稻羹鱼"[2]著称。从长沙马王堆汉墓的谷物遗存和谷物名称看，这里确以种稻为主，有籼稻、粳稻，其中还有粳型糯稻。在华北地区，随着农田水利的发展，稻田有扩大的趋势。洛阳等地发现稻谷的遗存，陕西、河南、河北、山东等省均有种稻的记载。东汉时张堪，引潮白河水灌溉，在"弧奴（今顺义牛栏山一带）开稻田八千余顷"，这是北京地区种稻最早的确切记载。[3]

菽（大豆）在秦汉时期也是重要粮食作物。秦二世皇帝元年（前209）下令"下调郡县，转输菽粟、刍稿"[4]，可见，直到秦汉之际，菽仍与粟并列为主粮。汉代大豆种植仍然很普遍，但地位已逐渐下降。《氾胜之书》曰："大豆保岁易为，宜古之所以备凶年也。计家口数，种大豆，率人五亩，此田之本也。"氾胜之呼吁发展大豆生产，但按他设想，以五口之家种百亩田算，大豆也只占耕地面积25%。豆饭粗粝，是贫民或荒年粮食。另外，大豆的利用也逐渐向副食品加工的方向发展，从而慢慢退出主粮地位。

麦类，尤其是冬麦这一时期获得进一步推广。原因是农田水利和旱地防旱保墒耕作技术有了较大发展，人们也进一步认识到冬麦的"接绝续乏"、防灾

---

① 《风俗通义》第八引《孝经》（按指《孝经援神契》）语，许慎《五经异义》亦引此语。稷即粟。
② 《史记·货殖列传》。
③ 《后汉书·张堪传》。
④ 《史记·秦始皇本纪》。

救灾的作用。粮食加工工具——石转磨的推广，使麦食加工更为精细化，也是麦类种植发展的重要原因。黄河下游地区在春秋战国时期种麦已颇为广泛。《淮南子·坠形训》等提到"东方""其地宜麦"，表明汉代黄河下游麦作继续发展。汉武帝元狩三年（前120）"劝（关东）有水灾郡种宿麦"，也是关东种植麦类一例。关中地区冬麦发展较黄河下游地区迟。董仲舒（公元前179—前104）曾上书汉武帝，"今关中俗不好种麦，是岁失《春秋》之所重，而损生民之具也。"并建议武帝令大司农"使关中民益种宿麦，令毋后时"①，于是在关中地区大力推广冬麦种植。西汉末年氾胜之"教田三辅"，把推广冬麦的先进栽培技术作为工作重点之一②。所以后来《晋书·食货志》中有赞扬氾胜之"督三辅种麦，而关中遂穰"的话。新中国成立以来，黄河流域汉代麦作遗存发现较多。在南方，如长沙马王堆汉墓出土了大、小麦遗存，说明麦类在汉代确实获得相当普遍的推广。冬麦是秋种夏熟作物，在利用晚秋和早春的生长季节，提高复种指数方面有重要意义。冬麦的推广，为轮作复种的发展创造了条件。

大麻，除利用雄麻（枲）茎的表皮作纺织原料外，也种植雌麻（苴麻），以麻籽作粮食，这在汉代文献和考古中都获得了证明。不过它在粮食作物中已处于次要地位。

除上述粮食作物外，汉代还有一些用以备荒的作物，《氾胜之书》中提到的稗即其中之一。稗原是与野生稻共生的一种禾本科植物，在人类驯化栽培稻以后，稗成为稻田中的一种伴生杂草而存在③；同时，人们也有把它作为一种谷物来栽培。④ 由于稗的籽实小，去壳难，成熟先后不齐，容易落粒，一直不能成为重要粮食作物。但它生存竞争能力强，能耐水旱，所以可作重要的备荒作物。《孟子·告子上》："五谷者，种之美者也；苟为不熟，不如荑稗。"汉代及后来相当一段时间内，人们仍然种稗备荒，丰年亦可作牲畜饲料。

芋，也是一种十分古老的作物。但人工栽培芋的明确记载首见于《氾胜之书》⑤，书中有专节述种芋法。芋别称"蹲鸱"，据《史记·货殖列传》载：秦破赵时（前222），拟令赵人卓氏他迁。卓氏曰："吾闻汶山之下沃野，下有蹲

---

① 《汉书·食货志上》。

② 《晋书·食货志》。

③ 《齐民要术·水稻》引《淮南子》说："薕先稻熟，而农夫薅之者，不以小利害大获。"高诱注："薕，水稗。"

④ 现代一些保留原始农业成分的民族，如我国云南的独龙族，仍然种稗作粮食，据说稗是他们最早种植的粮食作物之一。

⑤ 《管子·轻重甲》有"次日薄芋"句，或谓芋古本作芋，薄芋即播种。但芋而言薄，意义未明，故暂不作种芋的最早记载。

鸥，（饵之）至死不饥。"张守节《史记正义》云："蹲鸱，芋也。"又引《华阳国志》云："汶山郡安上县有大芋如蹲鸱也。"由此可见，先秦时，芋在临邛、汶山等地早已供人食用，虽不能确证其为栽培植物，但其产地既以肥沃平野见称，其物又为当地人的食粮。因此，成为当时的人工栽培物产，自然是意料之中的事。可见，人工栽培芋，很可能远在氾胜之之前。

芋原于热带、亚热带的沼泽和多雨森林地，非常耐水、耐阴，经过人工选择，又培育出如同陆稻一样的山芋，可以种于旱地。国外文献笼统地说芋原产于东南亚，向中国、日本传播，但野芋仅见于我国南方各地。文献上说日本是芋的多样性次中心，但日本没有野芋。我国西南边疆的一些少数民族地区至今仍有野生芋分布，并传说芋是他们最早栽培的作物之一。有如上述，先秦时四川地区早已盛产芋。在湖南长沙和广西贵港汉墓中也发现了芋。芋大概是中国南方民族最古老的粮食作物之一。在黄河流域，周代山东有莒国，《说文》："齐人谓芋为莒。"以芋为国名，说明芋的重要性，同时亦可见其栽培历史的悠久。不过，汉代及其后，芋在中原地区已逐步转为副食或蔬菜。

菰，是我国古代"六谷"之一，又名苽、蒋，其籽实名雕胡。《周礼·天官·食医》："凡会膳食之宜，鱼宜苽。"《玉篇·艸部》中苽、菰、蒋三字并列，"菰"下注云"同上（苽字）"；"蒋"下注云"其实雕胡也"。可见中国古代很早（至少商周时期）就食用菰了。但最早记载菰的人工栽培却出现于《氾胜之书》。又《西京杂记》载："会稽人顾翱，少失父，事母至孝。母好食雕胡饭，常帅子女躬身采撷，还家导水凿川自种，供养每有赢储。"张衡《七辩》把"会稽之菰"与"华芗重秬、滍皋香秔""冀野之粱"等同列为"滋味之丽者"[1]。可见长江下游地区是当时菰的重要产区。《淮南子·原道训》："浸潭苽蒋"，高诱注："浸潭之润，以生苽蒋。"上古薮泽沮洳很多，大概是菰成为重要粮食作物原因之一。

大田作物构成的变化，反映在经济作物方面主要是原有的纤维作物和染料作物生产的发展。如大麻，齐鲁地区栽桑麻者有达千亩之多的[2]。大麻既在黄河流域普遍栽植，同时也推广到了南方一些地区，如长沙马王堆一号汉墓就有大麻子和麻布出土。《氾胜之书》和《四民月令》把利用韧皮纤维或利用籽实的麻分开叙述，又都谈到麻田施基肥[3]，可见对纤维用麻生产的重视。汉代的大麻不但用以织布，而且已成为造纸原料。汉代栽培的染料有蓝、卮、茜和地黄。蓝和地黄的种植见于《四民月令》。蓝是古老的染料作物，汉代某些地方，

---

① 《全上古三代秦汉三国六朝文》。
② 《史记·货殖列传》。
③ 《齐民要术·种麻》引崔寔《四民月令》："正月粪畴，畴，麻田也。"

如陈留，种蓝已成为大规模的专业化生产。[①] 卮即栀子，是一种常绿灌木或小乔木，果实可作黄色染料。茜古称茹藘，可作红色染料。据《史记·货殖列传》记载，当时大城市郊区也有种植卮茜达千亩之多的。这也反映出秦汉时期，人们的衣服颜色开始丰富多彩起来。

二、其他作物

汉代，经济作物中又增加了新的种类，作为油料作物的芝麻和作为饲料作物的苜蓿已从西域地区引进中原[②]。《四民月令》中已载有种植胡麻（芝麻）。另一种油料作物（苏子）的栽培亦见于记载，不过当时似乎还是充当调料的蔬菜。苜蓿的种植在汉代已有相当规模。从《四民月令》看，药用植物多系采集野生植物，但也有人工栽培的，如葶苈、莨菪子，它们与芜菁、芥、冬葵等并列，大概还属于园圃种植的范围。[③]

原产于中国南方的糖料作物甘蔗和特种作物茶树，种植的范围亦有扩展。中国是甘蔗的原产地之一，最早种植甘蔗的应是南方百越民族。至迟战国时期已从岭南地区向北扩展到湖北，并见于文献记载，当时人们称之为"柘"[④]。到了汉代，甘蔗的栽培地区似乎更广。张衡的《南都赋》中所列举的园圃作物中就有"藷蔗"（薯蔗），薯蔗就是甘蔗。[⑤]《说文》中"藷"字和"蔗"字均指"藷蔗"。可见东汉时期河南的南阳地区已种甘蔗，虽然只是局限在园圃内的小规模生产。所以东汉杨孚《异物志》云："甘蔗远近皆有，交趾所产甘蔗特醇好。"[⑥] 茶也是起源于中国，原产地当在巴蜀。汉代湖南亦产茶，而且四川的茶叶生产已向商品化发展。

第三节　域外作物的引进

公元前 138 年始，张骞先后两次出使西域，开辟了西汉王朝同西域的往来通道——著名的"丝绸之路"，东西方出现了珍稀物种或者农牧业物产互通有无，"殊方异物，四面而至"的场面。这一时期，除了本土驯化的作物以外，由于对外交流增多，使得许多域外作物得到交流和引进。根据《汉书》《史记》以来的史书、方志、本草类文献记录，从西域诸地传入的各种作物主要有：苜

---

① 赵岐：《蓝赋序》，见《全上古三代秦汉三国六朝文》。
② 据《梦溪笔谈》说，胡麻即芝麻，是张骞通西域后传入中原的。
③ 《四民月令》："四月……收芜菁、收芥、亭历、冬葵、莨菪子。"
④ 《楚辞·招魂》。
⑤ 《全上古三代秦汉三国六朝文》。
⑥ 《齐民要术》卷十。这里所说的交趾，似指交趾刺史部，包括中国岭南地区和越南北部。

蓿、葡萄、石榴、胡麻（芝麻）、大蒜、胡葱、胡桃（核桃）、胡豆（蚕豆）、胡荽（芫荽）、莴苣、金桃（猕猴桃）、胡瓜（黄瓜）、蓖麻、胡椒等。另一种重要的作物高粱（非洲高粱）也是 4 世纪前后从非洲经印度传入我国的。陈祖槼《作物源流考》中对域外作物的引进与传播做了详细考证，现摘录几种如下。

一、苜蓿

《史记·大宛列传》："宛左右以蒲陶为酒，富人藏酒至万余石，久者数十岁不败。俗嗜酒，马嗜苜蓿。汉使取其实来，于是天子始种苜蓿、蒲陶肥饶地。及天马多，外国使来众，则离宫别观旁尽种葡萄、苜蓿极望。"

《汉书·西域传》："罽宾地平，温和，有目宿，杂草奇木，檀、榱、梓、竹、漆。""宛王蝉封与汉约，岁献天马二匹。汉使采蒲陶、目宿种归。天子以天马多，又外国使来众，益种蒲陶、目宿离宫馆旁，极望焉。"

《齐民要术·种苜蓿》引《汉书·西域传》："罽宾有目宿。""大宛马，武帝时得其马，汉使采苜蓿种归，天子益种离宫别馆旁。"引陆机《与弟书》："张骞使外国十八年，得苜蓿归。"引《西京杂记》："乐游苑自生玫瑰树，下多苜蓿。苜蓿，一名'怀风'，时人或谓'光风'；光风在其间，常肃然自照其花，有光彩，故名苜蓿为'怀风'。茂陵人谓之'连枝草'。"

1. 释名　苜蓿，《汉书》作目宿，《尔雅》作牧宿，《尔雅翼》作木粟，其名译自大宛语音。故名家著述，随意改作，不求定字，初译当为目宿，后以其为草本之植物，从草作苜蓿。郭璞改作牧宿，谓其宿根自生，可饲放牛马。罗原改作木粟，称其米可炊饭，乃附会之词。《西京杂记》曰："一名怀风，又名光风，谓风在其间亦萧萧然，日照其花有光采，茂陵人谓之连枝草。"此皆后起之名，因其性状而称之。

2. 传入　汉以前，中国不知有苜蓿，武帝通西域始传其种入中国。《汉书》《大宛列传》载，马嗜苜蓿，汉使取其实来，天子益种苜蓿肥地，离宫馆旁极望焉，使者为谁，史书未明言。晋张华、陆机任日方始言使者为张骞；《博物志》云："张骞使西域得蒲陶、胡葱、苜蓿。"陆机与帝书曰："张骞使外国十八年，得苜蓿种归。"《述异记》（缺失），骞使于西域，皆归功于张骞。劳费更定传入之年为武帝元朔三年（前 126），即骞还汉之年（见劳费著《中国与波斯文化考》），然骞通西域，自离大宛归汉相隔三年，去时百余人，回时仅有二人，中途且为匈奴扣留一岁余，还时不得不出于逃亡，在此种情形之下，骞实不能携归，后骞虽至西域，仅至乌孙而止，未尝再履大宛。骞卒后，大宛马始至中国，因马而及苜蓿。《汉书》泛称汉使，当另有所指，然至迟应在李广利伐大宛以前，武帝元鼎、元封中，公元前 2 世纪之末（见《万国鼎农史随笔——苜蓿正误条》，《金陵学报》，第 2 卷第 3 期，1932 年 11 月出版）。

3. 分布　苜蓿为官方传入之植物，最初由政府试种于陕西长安禁地，《大宛列传》所谓天子始种苜蓿、葡萄，离宫别馆，苜蓿极望是也。其后推行于北方诸省，南方栽培不广。《西京杂记》："乐游苑自生玫瑰树，其下有苜蓿，茂陵人谓之连枝草。"乐游苑在陕西长安，茂陵今陕西兴平市。《述异记》称张骞苜蓿园在洛阳。《别录》载长安有苜蓿园，北人甚重之。颜师古《汉书》注曰："今北道煮州旧安定北地之境，往往有苜蓿，皆汉时所种也。"清程瑶田《释草小记》："三晋为盛，秦齐鲁次之，燕赵又次之，江南人不识也。"

《中国农业科学技术史稿》第 214 页："苜蓿也是从西域引进中原，在《四民月令》中亦作蔬菜栽培。"

二、葡萄

据《酉阳杂俎》前集卷十八记载："蒲萄，俗言蒲萄蔓好引于西南。"庾信谓魏使尉瑾曰："我在邺，遂大得蒲萄，奇有滋味。"陈昭曰："作何形状？"徐君房曰："有类软枣。"信曰："君殊不体物，可得言似生荔枝。"魏肇师曰："魏武有言，末夏涉秋，尚有余暑。酒醉宿醒，掩露而食。甘而不饴，酸而不酢。道之固以流味称奇，况亲食之者。"瑾曰："此物实出于大宛，张骞所至。有黄、白、黑三种，成熟之时，子实逼侧，星编珠聚，西域多酿以为酒，每来岁贡。在汉西京，似亦不少。杜陵田五十亩，中有蒲萄百树。今在京兆，非直止禁林也。"信曰："乃园种户植，接荫连架。"昭曰："其味何如橘柚？"信曰："津液奇胜，芬芳减之。"瑾曰："金衣素裹，见苞作贡。向齿自消，良应不及。"

贝丘之南有蒲萄谷，谷中蒲萄，可就其所食之，或有取归者即失道，世言王母蒲萄也。天宝中，沙门昙霄因游诸岳，至此谷，得蒲萄食之。又见枯蔓堪为杖，大如指，五尺余，持还本寺植之遂活。长高数仞，荫地幅员十丈，仰观若帷盖焉。其房实磊落，紫莹如坠，时人号为草龙珠帐。

《本草纲目》卷三十三"葡萄"："《汉书》言张骞使西域还，始得此种，而《神农本草》已有葡萄，则汉前陇西旧有，但未入关耳。"

三、胡椒

《酉阳杂俎》前集卷十八记载："胡椒，出摩伽陀国，呼为昧履支。其苗蔓生，极柔弱。叶长寸半，有细条与叶齐，条上结子，两两相对。其叶晨开暮合，合则裹其子于叶中。形似汉椒，至辛辣。六月采，今人作胡盘肉食皆用之。"

又《广志》："胡椒出西域。"（注：《齐民要术·种椒》引用，但《艺文类聚》和《太平御览》未引用。)

四、胡麻

《齐民要术·胡麻》引《汉书》:"张骞外国得胡麻。今俗人呼为'乌麻'者,非也。"

1. 释名　中国古只有大麻,称脂麻曰胡,相传来自大宛,故名,以别于原有之大麻。宋时名为油麻,苏颂《图经本草》始著录,沈括《梦溪笔谈》亦以此释胡麻。又名脂麻,宋寇宗奭《本草衍义》、郑樵《通志》皆有记载。脂麻,油麻以其多脂油故名。脂芝音相谐,世俗传写,误作芝麻。杜宝《拾遗记》隋大业四年改胡麻曰交麻。《翻译名义集》名为"阿提目多伽"。

2. 传入　《梦溪笔谈》卷二十六《药议》之"胡麻":"胡麻直是今油麻,更无他说。予已于《灵苑方》论之。……张骞始自大宛得麻油种麻,故以胡麻别之,谓汉麻为大麻也。"

郑樵《通志》亦谓本出大宛,张骞传入。《太平御览》引不知撰人之《本草经》亦称张骞携胡麻、胡豆归中国。此皆宋人之记载。惟苏恭《唐本草》不载来源,更无张骞带归之说。《本草纲目》引陶弘景《别录》,只云生西域大宛,是知张骞带回之说。宋后始成熟,前此不盖不信。

《大宛列传》载胡麻,陶弘景所云本生大宛一语,不知有无所本。疑弘景知苜蓿、葡萄由大宛传入,胡麻同为西域作物,遂亦谓其生大宛。宋苏颂《图经本草》,但称生胡中。古者"胡"多指波斯,脂麻在波斯栽培甚久,中国脂麻由波斯传入,自无问题。

胡麻之名,见于《史记》《汉书》,后魏贾思勰《齐民要术》始详其种植方法,并引汉桓帝时人崔寔之言曰:"胡麻二月三月四月五月时雨降可种之",盖通西域以后在汉代随苜蓿、葡萄传入中国者。

古人不只称脂麻为胡麻,亚麻亦有胡名,此外原生于中国之植物,亦有名为胡麻者。脂麻、亚麻生于干燥壤土,脂麻尤适于沙土。《别录》曰:"胡麻一名巨胜,生上党(山西东南部)川泽,秋采之,青蘘,巨胜苗也,生中原(河南)川谷。"其所言为湿地植物,当作今脂麻或亚麻。故西方学者如斯图亚特等疑此为楚生于水地植物。又《太平御览》卷九八九引《淮南子》:"汾水濛浊,而宜胡麻。"骞还汉在元朔三年(前126),相距只四年,其时西域方通植物犹未传入,此所谓胡麻,当另有所指,亦作脂麻。经多方考证一般北宋之前见诸记载"胡麻"应为"脂麻"或称"芝麻",之后所称一般指"亚麻"。

《中国农业百科全书·农作物卷》第811页:"据考证,中国的芝麻最初可能是由印度和巴基斯坦等地引入，其栽培历史至少有2 000余年。"

五、胡蒜

《本草纲目》卷二十六"葫"："时珍曰：按孙恤唐韵云：张骞使西域，始得大蒜、胡荽。则小蒜乃中土旧有，而大蒜出胡地，故有胡名。"

《本草纲目》卷二十六"蒜"："家蒜有二种：根茎俱小而瓣少辣甚者，蒜也，小蒜也；根茎俱大而瓣多，辛而带甘者，葫也，大蒜也。……又孙恤唐韵云：张骞使西域，始得大蒜种归。据此小蒜之种，自蒚移栽，自古已有。……大蒜之种，自胡地移来，至汉始有，故《别录》以葫为大蒜，所以见中国之蒜小也。"

又见《齐民要术》引《博物志》："张骞使西域，得大蒜、胡荽。"

六、胡葱

《本草纲目》卷二十六"胡葱"："按孙真人《食忌》作胡葱，因其根似胡蒜故也，俗称'蒜葱'，正合此意。元人《饮食膳要》作回回葱，似言其来自胡地，故曰胡葱耳。"

1. 释名 胡葱系孙思邈《千金食治》作葫葱。元和斯辉《饮膳正要》谓之回回葱。明李时珍《本草纲目》名为蒜葱，以其根似蒜，其叶似葱。清屈大均《广东新语》名为丝葱。俗称大葱，此外又有小葱、麦葱、浅葱、龙须葱、岛葱等名。

2. 传入 胡葱原产地不详。传亦归功于张骞。《太平御览》卷九九六引《博物志》曰："张骞使西域所得葡萄、胡葱、苜蓿。"此为外来植物，当无可疑。唐时四川有栽培，见孟诜《食疗本草》，今处处有之，南方尤多。

七、胡荽

《本草纲目》卷二十六"胡荽"："张骞使西域始得种归，故名胡荽。今俗呼为蒝荽，蒝乃茎叶布散之貌。俗作芫荽之芫，非矣。"

1. 释名 《说文》："葰"，姜属，可以香口，当是今之蒝荽。一名胡荽，最初见于《齐民要术》。此物由西域传入，故名。石勒讳胡，胡名香荽（唐成藏器《本草拾遗》）。《外台秘要》作胡菜，《湘山野录》作圆荽，《农政全书》《群芳谱》作蒝荽，李时珍曰："蒝乃茎叶布散之貌"，取其形状而名之。或作芫荽之芫，系音之讹。

2. 传入 中国古无蒝荽，相传由张骞自西域带回，其说见于晋张华《博物志》。北魏贾思勰《齐民要术》卷三《种蒜第十九注》引《博物志》曰："张骞使西域得大蒜、胡荽"，唐贞观年间释玄应《一切经音义》卷二十四，宋释文莹《湘山埜录》卷中，陈彭年《广韵》卷四十八，高承《事物纪原》卷十，明罗颀《物原》《食原第十》，清汪汲《事物原会》卷三十，皆载有征引。而今本《博物志》不载，明李时珍亦信为骞所传入，西人布勒士奈得据《本草纲目》著《中国植物学》亦具此结论。惟各家除引《博物志》外，别无可孜佐证。张骞传入云云，只可认为一种传说，不可认为信史。

蘘荷不载于汉《史记》《汉书》，东汉张仲景《金匮要略》卷三记载，是否仲景原文，未能断定；而许氏《说文》有"蒩"字，则汉时已传入。劳费根据言语学上理由，断为由波斯传入。

八、胡豆

《本草经》："张骞使外国，得胡豆。"

《广雅·释草》："胡豆，䟆䠙（音绛双）也。"

缪启愉给《四民月令》辑释认为："胡豆，大概是指䟆䠙（音绛双），即豇豆。"

九、核桃

中国核桃相传由张骞自西域带归，惟此说不载于《史记》《汉书》，晋张华（魏明帝太和六年至晋惠帝永康元年，232—300）《博物志》始言之。《博物志》写于张骞死后几百年，其记张骞携归之植物，除核桃外尚有葫、大蒜、安石榴等不载于《汉书》之植物，其说殆不可信。

宋《图经本草》亦载张骞携归，苏颂曰："此果本出羌胡，汉张骞遣西域还，始得其种，植之秦中，后渐生中土。"苏颂之言，盖据嘉祐（1056—1064）《补注本草》，后者未有肯定语，只谓"云张骞从西域将来"，后人见《汉书》载汉使采苜蓿、葡萄之事，张骞为通西域之第一人，凡来自西域之作物遂一一归功于张骞，不知张骞藉逃亡得归。根据前说，苜蓿、葡萄尚难带归，遑论载于《汉书》之核桃乎？然此果虽非张骞携归，乃亦来自西域，可谓受张骞通西域后之影响西传入之。

《博物志》卷六："张骞使西域还乃得胡桃种。"

《本草纲目》卷三十"胡桃"："颂曰：此果本出羌胡，汉时张骞使西域始得种还，植之秦中，渐及东土，故名之。"

"颂曰：胡桃生北土，今陕、洛间甚多。……出陈仓者薄皮多肌，出阴平者大而皮脆……汴州虽有而食不佳。江表亦时有之，南方则无。"

《中国农业百科全书·农业历史卷》第141页记载："近年结合考古发掘进一步研究后，确认中国栽培的核桃起源于中国的西部、北部及云南。历史上核桃主要分布在北方，优良的核桃品种也大都产于北方。"

十、安石榴

《齐民要术·安石榴》引《博物志》："张骞使西域得自安石国。"（注：在今《博物志》中没有找到此条。）

又见《齐民要术·安石榴》引陆机《与云弟书》："张骞为汉使外国 18 年，得塗林。塗林，安石榴也。"

佟屏亚《果树史话》第 114 页："石榴沿着新疆、甘肃、陕西这条路线进入内地。"

十一、胡瓜（黄瓜）

《本草纲目》卷二十八"胡瓜"："张骞使西域得种，故名胡瓜。"

1. 释名 黄瓜原名胡瓜。陈藏器《本草拾遗》曰："北人避石勒讳，故呼黄瓜。"杜宝《拾遗记》称，"隋大业四年避炀帝讳，改名黄瓜。"二说互异，未知孰是。至今相沿，多称黄瓜。宋苏轼诗有"紫李黄瓜村路香"，陆游诗有"白苣黄瓜上市稀"等句。俗以黄王音相近，讹作王瓜，而《固安县志》反以黄瓜为王瓜之俗名，可谓以讹传讹。又俗以《礼记月令》之王瓜即此，误矣。《月令》之王瓜为另一种植物。

2. 传入 《齐民要术》首载黄瓜栽培法。其传入之历史，明以前书皆不载。李时珍《本草纲目》始称张骞携回，《续通志》（卷昆虫草木略），据《纲目》亦归功于张骞，李时珍盖从"胡"字立说，张骞传入之不可信，无待辩证，但为外来植物亦可无疑。此瓜亦有传自波斯可能，但无文献上之证据耳。

十二、高粱

高粱的起源是个复杂的问题。一种观点认为是起源于非洲，大约在汉唐时期从印度及西亚地区传入我国；另一种观点认为高粱是中国起源。以第一种说法更为普遍。

康德尔（A. De. Condolle，1886）认为，高粱起源于非洲，以后传入印度，通过印度传到中国。他说，第一次提到高粱的中国著作出现在公元 4 世纪。这与《博物志》提到的晋代首先在四川种植蜀黍即高粱是相吻合的。

Burkill（1953）提出，高粱是经古也门通路，由非洲传入中国。Doggett（1965）认为，大约在公元前 2000 年或至少前 1 000 年，高粱栽培种从非洲传到印度，从印度再传到中东，公元前 700 年已传到叙利亚，仅在 1000 年前传到中国。de Wet 和 Huckabay（1967）则认为，高粱最迟于 1 世纪传到中亚。双色高粱是从印度传入中国的，从印度随着亚洲海岸线的海上贸易传到中国。在明朝有从中国到东非的航海记录（15 世纪），但是也有更早提到在唐朝到达东非的说法。8 世纪的中国硬币已在东非的 Kilwa 发现（Coupland，1938），而大批在东非发掘的中国陶器也有记载。由此路线传播的一个高粱族是琥珀色茎的一些甜高粱。这些高粱高秆，有倾向一边相当松散的穗，籽粒几乎没有什么用途，可用于饲草和制糖浆。它们与在东非海岸发现的甜高粱有关，有 16 份这种品种大约于 1857 年由 Peter Wray 从产地带到美国（Snowden，1936）。

J. H. Martin（1970）认为，高粱由非洲传入印度后横跨南亚而传播，于 13 世纪传到中国，然后逐步形成了中国和日本的特殊高粱类型。Zeven 和 Zhukousky（1975）指出，高粱起源的基本中心是非洲，次级中心是印度，而中国沿海一带的甜高粱多半由海上贸易而传入。

Ball（1913）提出，印度、缅甸、中国和朝鲜沿海的高粱与中国内陆的高粱是很不同的。这些中国高粱是由印度经陆路传到中国的品种发展而来的，这大约发生于 10～15 世纪之前。高粱沿着丝绸之路传播也是可能的，J. Hutchinson 指出，棉花（*Gossypium herbaceum*）就是沿着这一线路传播的，而高粱通常也种在适于棉花生长的自然生态条件下。

对于中国高粱由非洲经印度传入的说法，中国学者也提出了类似的看法。齐思和（1953）指出，现在在华北和东北种植很广泛的高粱是外来的植物，大约在晋朝以后中原始有，而到了宋朝以后种植才逐渐普遍。他认为高粱大概是西南少数民族先行种植，以后普及于全国。胡锡文（1959）在其主编的《中国农学遗产选集·粮食作物》一书中，肯定高粱和玉米都是外国传来，不是中国原产。他认为在先秦和两汉的文献中，既无蜀黍的记载也无高粱的叙述，最早见于张华的《博物志》（3 世纪），其次是陆德明的《尔雅释文》（7 世纪）。

关于认为高粱（指中国高粱）起源于中国的学者，当首推俄国驻华使馆医官、植物学家 E. Bretechneider。他根据中国高粱的独特性状和广泛用途，指出“高大之蜀黍为中国之原产”。

瓦维洛夫（N. I. Vavilov，1935）认为，中国是栽培植物最古老和最独立起源中心之一，并用高粱的汉语谐音 kaoliang 代表起源于中国的栽培高粱。

关于中国起源说主要是由于 20 世纪 50 年代以来，中国陆续出土了一些重要的关于高粱的文物，促使人们重新思考高粱起源的问题。

1955 年，东北博物馆在辽宁省辽阳市三道壕西汉村落遗址中发现了一小堆灰化高粱。同年，山西省文物局在石家庄市市庄村发掘的战国时期赵国遗址里，也发现了两堆灰化高粱粒。1957 年，中国科学院考古研究所在陕西省西安市西郊的西汉建筑遗址中发现土墙上印有高粱秆扎成的排架状痕迹。1959 年，南京博物院在江苏省新沂市三里墩的西周文化层遗存中发现一段炭化高粱秆，还有大量高粱叶的痕迹。根据这些出土文物，万国鼎（1961）先生指出，高粱在西周至西汉这一时期内已经分布很广，辽宁、河北、陕西和江苏等地都有栽培。1972 年，河南省郑州市博物馆在郑州东北郊的大河村仰韶文化遗址中，发现了陶罐装的炭化高粱籽粒。应用 ^{14}C 同位素测定后，表明这些籽粒距今 5 000 多年。李璠根据他的研究结果证实这些出土炭化籽粒是高粱。同时他还认为，中国华北北部和河南一带有半野生型"风落高粱"的存在，华南、西南又有拟高粱（S. prupinquum）的分布，故可以认定中国也是栽培高粱的原产地之一。

笔者认为，尽管目前中国境内仍有野生高粱存在，中国古代有野生高粱的生长，但并没有直接被驯化成栽培高粱，而是当非洲的栽培高粱经印度传入中国后与当地的野生高粱杂交，其后代逐渐被栽培驯化成现代多样性的中国高粱。

中国高粱有许多特性与非洲、印度高粱不同。中国粒用高粱茎秆髓质成熟时水分少，为干燥型，且糖分含量少或基本不含糖；叶片主脉大多为白色；气生根发达，分蘖力较弱。中国高粱的颖壳质地多属软壳型，下颖有明显条状脉纹，质地多为纸质，上颖多为革质；无柄小穗椭圆形，籽粒多呈龟背状，裸露程度较大，易脱粒。中国高粱的分布也不同于非洲高粱，前者主要在温带，在日照长 12～14 h 多数可正常成熟，后者则多在热带和亚热带，在同样日照条件下则成熟期明显推迟或不能成熟。

从中国高粱杂种优势利用的实践也证明中国高粱与非洲、印度高粱明显有别。中国高粱与南非（Kafir）、西非（Milo）、赫格瑞（Hegari）高粱杂交所得杂种一代的杂种优势最为显著，表明这些高粱与中国高粱在遗传上差异很大。事实上，从中国高粱与非洲高粱植株形态，如花序和株型等就能很容易地把它们区分开来。

上述研究结果，一方面说明中国高粱不同于非洲、印度高粱，尽管这些差异尚不能作为代替区别中外高粱不同起源的遗传学证据，但可作为研究它们起源异同的重要线索。另一方面，也说明中国高粱类型丰富，进化程度高。在中国若没有长期栽培高粱的历史，只在短短的几百年间就形成如此进化，如此不同于非洲高粱的众多类型，是完全不可能的。

我国北魏时期著名农学家贾思勰在《齐民要术》中将高粱也列于"非中国（中原地区）物产者"。唐启宇先生也认为，高粱是从非洲传入的。

笔者根据多方面观察更倾向于现在栽培的高粱是从非洲传入的观点。高粱自 4 世纪传入一直到 13 世纪时，其用途广泛，籽实可以充粮食和饲料，秸秆用以织箔、夹篱，其梢葶可作帚[①]。到 17 世纪高粱谷粒用来酿酒，梢作帚，

[①] 《务本新书》《王祯农书》。

茎编席①。高粱的抗旱力在黍之上，在华北、东北栽培较多，有"作物骆驼""先锋作物"之美誉。

第四节　作物栽培的主要方式及特点

春秋战国后期，是奴隶社会向封建社会转变时期。这一时期，农业生产方式由粗放农业向精细农业发展。由于冶铁业的出现，铁制农具的推广普及，推动了农业生产迅速发展。生产力的进步，导致了生产关系的变革，井田制的土崩瓦解和土地私有制的产生，为我国精耕细作农业技术体系的产生，提供了物质保证和制度保证。大田作物的精耕细作技术开始发生。

一、北方轮作复种和间套作的萌芽

轮作和复种是两件事，但是二者有着内在的技术联系和经济发展阶段的外部推动。社会人口增加使人均土地资源减少，客观上需要提高单位面积的生产率，而轮作和复种即是实现途径之一。民族学材料表明，某种形式的轮作的出现比复种要早。《吕氏春秋·任地》："今兹美禾，来兹美麦。"就是一种轮作的方式。复种是在连种制的基础上发展起来的。战国时期已从休闲制过渡到连种制，当时冬麦在黄河流域某些地区已有一定程度的推广，不同播期和熟期的作物品种亦已出现，黄河流域已经具备了某些实行复种制的条件。《荀子·富国》所云："分是土之生五谷也，人善治之，则亩数盆，一岁而再获之。"指的可能就是复种。但从总体来看，当时黄河流域不是人多地少而是人少地多，还没有提高复种指数的迫切要求，复种制即使出现，也未必普遍推行，可能只是个别的现象。

到了秦汉时期，黄河中下游地区连种制已经定型，轮作复种也有明确记载，间作混作亦已出现。

从《氾胜之书》的记载看，当时黄河流域主要实行一年一熟的连种制。书中也谈到"田二岁不起稼，则一岁休之。"② 即因耕作管理不善，地力衰退而连续两年长不好庄稼的田，让它休闲一年，自行恢复地力。这应是比较特殊的情况下采取的措施，一般情况下则是连年种植。某些采取精耕细作措施的耕地可实行两年三熟制。书中谈到区种麦时说"禾收、区种"，即谷子收获后接着用区种法种冬麦。如果第二年麦子收获后再种一茬禾，这就是两年三熟制。不过这是在人工深翻灌溉的区田中实行的。据《氾胜之书》记载，一般麦田是

---

① 《食物本草会纂》《致富全书》。
② 《氾胜之书今释》。

要实行夏耕的，"凡麦田，常以五月耕，六月再耕，七月勿耕！谨摩平以待种时。"[①] 这与《四民月令》的有关记载一致。当时冬麦的主要作用仍是"接绝续乏"，而不是增加复种。不过两年三熟制确已出现。郑玄注《周礼·地官·稻人》引郑众说："今时谓禾下麦为芟下麦，言芟刈其禾于下种麦也。"郑玄在《周礼·雍氏》注中又说："又今俗谓麦下为夷下，言芟夷其麦以种禾、豆也。"[②] 郑玄是东汉末年人，郑众是东汉初年人。上述材料也说明东汉时期"禾—麦—豆"两年三熟制是可能存在的[③]。

这一时期，间作、套种和混作也已经萌芽。《氾胜之书》中就有瓜、薤、小豆之间的间作套种和桑、黍之间的混作。氾胜之在区种瓜条中说："区种瓜，二亩为二十四科（坎），区方圆三尺……以三斗瓦瓮埋著科中央……种瓜，瓮四面各一子……又种薤十根，令周迴瓮，居瓜子外。至五月瓜熟，薤可拔卖之，与瓜相避。又可种小豆于瓜中，亩四五升，其藿可卖。"这是瓜、薤、小豆之间的间作套种。氾胜之在种桑法中又说："每亩以黍、椹子各三升合种之。黍、桑当俱生，锄之，桑令稀疏调适。黍熟获之。"

二、北方防旱保墒耕作技术的发展

秦汉时期黄河流域土壤耕作的理论和技术较集中地反映在《氾胜之书》中。该书首先提出："凡耕之本，在于趣时，和土。"这是土壤耕作的总原则。所谓"趣时"，就是要求抓紧土壤耕作的适宜时机进行耕作；所谓"和土"，就是要求人们通过土壤耕作的手段，改善土壤结构，使其既不过松、又不过紧，达到疏松柔和的状态，这样才能为农作物生长发育创造一个良好的土壤环境。《氾胜之书》又说："得时之和，适地之宜，田虽薄恶，收可亩十石。"这也包括了因时耕作和因土耕作的要求在内。至于这些原则的具体运用，则有以下要点。

（一）适时耕作的经验

《氾胜之书》总结了春耕、夏耕、秋耕适期耕作的经验。所谓"春冻解，地气始通，土一和解。"说的是，土壤在春初解冻以后，空气和水分开始通达，土壤呈疏松柔和状态。这正是春耕的适宜时期。但是，这适耕期比较短促，稍

① 《氾胜之书今释》。
② 孙诒让《周礼正义》引，此注未见于十三经注疏本《周礼》。
③ 张衡《南都赋》中描述南阳地区物产时有"冬稌夏穱，随时代熟"句，有人据《集韵》中"稌，稯稻也，穱，稻下种麦也"的解释，认为"冬稌夏穱，随时代熟"就是稻麦复种一年两熟。但上引诗句是泛指南阳地区情况，非指同一田亩中冬夏两熟。而且在当时南阳地区的自然条件和社会经济条件下，夏收的麦是无法与冬天收获的稻复种的。故尔这一解释恐难成立。游修龄认为穱即《齐民要术》中的"瞿麦"，是指燕麦（详见所著《释穱》，《农史研究》：第 5 辑，农业出版社，1985）。

纵即逝，因此必须准确掌握。其方法就是将一个一尺二寸长（汉尺）的木桩，埋一尺在地里，留二寸在地面，等到立春以后，土块散碎，向上堆起，把地面上的木桩盖没，同时上年留在地里的陈根，也可以用手拔出来，这就是春耕的适宜时期。否则，立春以后 20 d，"和气"消失，土块就坚硬起来。如在适期春耕，"一而当四，和气去（才）耕，四不当一。"

"夏至，天气始暑，阴气始盛，土复解。"是说夏至时天气开始热起来，土壤水分比较充足，土壤又呈现出和解的状态，这是夏耕的适宜时期。这一时期恰好是耕麦田的时候。"凡麦田，常以五月耕，六月再耕，七月勿耕……五月耕，一当三，六月耕，一当再；若七月耕，五不当一。"

"夏至后九十日，昼夜分，天地气和。"是说夏至后 90 d，也就是秋分的时候，白天和黑夜的时间长短相当，气候和土壤都处于最良好的状态，这正是秋耕的适期。

《氾胜之书》在分别阐述了春耕、夏耕、秋耕的适期后，总结说："以此时耕田，一而当五，名曰膏泽，皆得时功。"这就是说，凡是在适期内耕地，耕一次能抵得上耕五次，这时候耕的地又肥沃又湿润，这都是赶上时令的功效。

《氾胜之书》还总结了耕作不适时的教训："春气未通，则土历适不保泽，终岁不宜稼……秋无雨而耕，绝土气，土坚垎，名曰腊田；及盛冬耕，泄阴气，土枯燥，名曰脯田。脯田与腊田，皆伤田。"这是说，在春初尚未解冻，地气尚未通达的时候，不适于耕地，如果在这个时候耕地，就会耕起许多大块，悬空透风跑墒，导致干旱，这样一年也长不好庄稼。在秋天已经无雨的时候耕地，就会使土壤水分散失殆尽，耕起的土块就会坚硬干燥，这种田叫作腊田；在深冬时耕的地，会使土壤水分损失掉，这样土壤就会很枯燥，这种田叫作脯田。脯田和腊田都是耕坏了的田。

（二）因时耕作和因土耕作

《氾胜之书》继承和发展了战国时期《吕氏春秋》的"上农、任地、辩土、审时"等篇中总结的因时耕作和因土耕作的经验，进一步将其具体化。氾胜之曰："春地气通，可耕坚硬强地黑垆土，辄平摩其块以生草，草生复耕之，天有小雨，复耕。和之，勿令有块，以待时。所谓强土而弱之也。""杏始华荣，辄耕轻土、弱土，望杏花落，复耕，耕辄蔺之，草生，有雨泽，耕重蔺之，土甚轻者，以牛羊践之，如此则土强，此谓弱土而强之也。"氾胜之总结的因时耕作和因土耕作的经验有丰富的内容。

（1）土壤有强土和弱土的不同，耕作要分别土壤性质的不同，确定其耕作目标，要使强土变弱，弱土变强，以改善土壤结构状况。

（2）为了实现强土变弱和弱土变强的耕作目标，要根据土壤性质的不同，确定适宜的耕作时期。坚硬强地黑垆土，适耕期比较短促，必须抓紧在春天地气通达以后及时耕作，否则这种土壤在水分散失以后，土块就会变得很坚硬，难以耱碎耱平，耕作质量没有保证；轻土、弱土可以适当晚耕，在杏花盛开的时候耕地，杏花落时再耕。

（3）为了实现强土变弱和弱土变强的耕作目标，还必须因土壤性质的不同，采取相应的耕作方法。强土，要在耕后及时耱碎耱平，不使地面留有大土块；弱土，要在耕后注意镇压。

（4）不论是强土还是弱土，也不管是初耕、再耕或是三耕，都要在草生和有雨的时候进行，这样才有利于灭草肥田和保墒抗旱。

（三）及时耱压以保墒防旱

为了在关中地区气候干旱的条件下，夺取农业的丰收，氾胜之总结了及时耱压以保墒防旱的耕作经验。

（1）坚硬强地黑垆土，容易耕起大土块，如不及时耱碎耱平，就会造成大量跑墒，引起干旱。因此，对这类土壤，必须及时耱之使碎使平。氾胜之在谈到春耕"坚硬强地黑垆土"时，就强调"平耱其块""勿令有块"，在谈到夏耕时，又强调"谨耱平以待种麦时"，在谈到大麻地的耕作时，再强调"平耱之"。

（2）轻土、弱土，土性松散，缺乏良好的水分传导，所以供水能力较差。这种土壤在耕松以后，如不加强镇压，就不能使耕层土壤有足够的水分，以保证种子发芽和禾苗生育的需要。因此，氾胜之在谈到轻土、弱土的耕作时，就一再强调"耕辄蔺之""耕重蔺之""土甚轻者，以牛羊践之"。其目的就在于提墒保苗。

（四）积雪保墒得到重视

秦汉时期，积雪保墒已得到了人们的重视。当时，不论是冬闲田还是冬麦田，都已实行积雪保墒。氾胜之在谈到冬闲田的积雪保墒时说："冬雨雪止，较以〔物〕蔺之，掩地雪，勿使从风飞去。后雪，复蔺之，则立春保泽，虫冻死，来年宜稼。"在说到冬麦田积雪保墒时，又说："冬雨雪止，以物辄蔺麦上，掩其雪，勿令从风飞去。后雪，复如此，则麦耐旱，多实。"可见，我国在汉代不仅重视积雪保墒，而且已经认识到它不仅有抗旱作用，还有防虫、保护越冬作物的效果。

综合上述可知，我国在秦汉时期，已经初步奠定了北方旱地保墒防旱耕作技术体系的基础。适时耕作以蓄墒，耕后耱平以保墒，加强镇压以提墒，积雪蔺雪以补墒，是这一耕作体系不可缺少的4个环节。在这4个环节中，蓄墒占有重要的地位，因为只有蓄住天上水，才能增加地下水，所以蓄墒是保墒的基础，在多蓄墒的基础上，又必须保好墒，否则蓄墒也常丧失它的意义；保好墒的目的在于用墒，而提墒则是用墒的前提。因此，在多蓄墒、保好墒的基础上，还必须注意提墒和用墒。此外，在干旱地区蓄墒不足的条件下，还必须注意积雪以补墒。只有保证蓄墒、保墒、提墒、补墒，综合运用，配套成龙，才能使保墒防旱的耕作技术发挥其最大的作用。

《氾胜之书》记载的土壤耕作技术在中国北方旱地防旱保墒耕作技术体系的形成过程中占有重要地位。春秋战国时期已提出"深耕疾耰"和"深耕熟耰"的土壤耕作要求，但由于当时牛耕尚未推广，耕和耰都仍然与播联系在一起，没有成为独立于播种之外的作业。《吕氏春秋》"任土"虽有"五耕五耰"的话，但不够具体明确。而《氾胜之书》所反映的土壤耕作作业已不再依附于播种。无论禾田的春耕或麦田的夏耕，都是在播种之前多次进行的。这显然是牛耕推广和耕作技术进步的结果。同时，碎土平土也不光是覆种工作的一部分。每次耕完都要求及时"耱"或"蔺"一遍，汉代不但有人工碎土覆种的耰，而且有牛拉的碎土平土和碎土镇压的工具。《氾胜之书》中"耱"的作业是从先秦的耰发展而来的，到魏晋南北朝被称为"耢"。可见《氾胜之书》中的旱田防旱保墒耕作技术比先秦时代进了一大步。但该书没有耙田的记载，大概当时牛拉的耙尚未出现。因此，秋耕蓄墒的作用未能充分发挥。书中虽然谈到秋耕，但相比之下对春耕要重视得多。因为秋耕后不经过耙，表层以下的土块不破碎，不但难以蓄墒，而且还易跑墒，往往形成"绝土气、土坚垎"的"腊田"。可见，《氾胜之书》中的土壤耕作技术仍有一定局限性，古代以耕、耙、耢为特点的旱地防旱保墒的耕作技术体系在汉代尚未最终形成。

三、南方的"火耕水耨"和再熟稻的出现

汉代文献中有不少关于南方实行"火耕水耨"的记载，如"楚越之地，地广人稀，饭稻羹鱼，或火耕而水耨"[①]，"荆、扬……伐木而树谷，燔莱而播粟，火耕而水耨"[②]，"江南之地，火耕水耨"[③] 等。直到魏晋南北朝时期仍然如此。可见在很长时期内，"火耕水耨"是南方常见的一种耕作方式。

什么是"火耕水耨"呢？东汉人应劭曰："烧草，下水种稻，草与稻并生，高七、八寸，因悉芟去（其草），复下水灌之，草死，稻独长，所谓火耕水耨

---

① 《史记·货殖列传》。
② 《盐铁论·通有》。
③ 《汉书·武帝纪》。

也。"① 唐人张守节曰："言风（按，《玉篇》：'飔，非凤切，音风，焚也。'）草下种，苗生大而草生小，以水灌之，则草死而苗无损矣。"② 清沈钦韩曰："火耕者，刈稻了，烧其稿以肥土，然后耙之。《稻人》职'夏以水珍草而芟夷之'。《齐民要术》：'二月冰解地干，烧而耕之，仍即下水，十日，块既散液，持木砍平之，纳种，稻苗长七、八寸，陈草复起，以镰浸水芟之，草悉脓死，稻苗渐长，复须薅。'"③ 根据以上介绍和有关记述，不妨对"火耕水耨"作出以下解释。

第一，有别于黄河中下游地区已经形成的精耕细作的旱地耕作技术，是比较粗放的耕作方式，是适合当时南方地广人稀、气候温暖、水源丰富等社会经济与自然条件的耕作方式。所谓"火耕水耨，为功差易"④ "火耕水种，不烦人力"⑤ "往者东南草创人稀，故得火田之利"⑥，都说明了这种情况。

第二，不同于原始用于旱地的刀耕火种，它主要是应用于水田；同时它也不是最原始的水田耕作方式，已经带有若干进步的元素。从民族学材料看，原始的水田耕作是利用天然低洼积水地，用人或牛把草踩到水中，把土踩松软，撒上稻种，不施肥，亦不除草，草长起来则用水淹之，水随草长。而火耕水耨已利用草莱的灰烬为天然肥料，并进行中耕除草，它是以粗具农田排灌设施为前提。因为水稻收获后，如不及时把水放干，草莱就长不起来，不能收火田之利；水稻播种后，如不及时灌水，则不能满足水稻生长需要，也不能奏水耨之功。因此，火耕水耨往往与破塘蓄水灌溉工程相结合。

第三，不能把"火耕水耨"看成是一种僵死的模式。因为它只涉及当时水田生产中的两个环节，而并未言及全部生产过程。在保持火耕水耨基本特点的水田农业中，可以容纳不相同的实际内容。如火耕，既可指实行休闲制的农田耕前的烧荒，烧后灌水直接播种，也可以指实行连年种植制的农田在耕前把禾稿烧掉，烧后再行耕作整治。又如水耨，可以是水随草高的淹灌法（见张守节《史记正义》），也可以是刈草或拔草后用水把草淹死。后一种方法近代还在实行。农田排灌系统也可以在这过程中获得发展。在"火耕水耨"的范围内，水稻耕作技术也是在发展的。

汉代中原人已习见集约化的旱作农艺，他们观察南方农业时首先注意到"火耕""水耨"等不同于北方旱作农业的特点，并以此概括南方农业，这是不

---

① 《史记·平准书》集解引。
② 《史记·货殖列传》正义。
③ 《前汉书疏证》卷二：武帝元鼎二年"火耕水耨"条。
④ 《文献通考》卷二：记晋后将军应詹表语。
⑤ 《全上古三代秦汉三国六朝文》陆云《答车茂安书》。
⑥ 《晋书·食货志》载杜预疏。

足为奇的。但实际上南方农业发展是不平衡的，实行比较粗放的"火耕水耨"耕作方式的只是一部分农田。考古发掘表明，长江中下游地区早在原始时期即有相当发达的稻作农业，犁耕和铁农具的使用也相当早，这一地区出土的秦汉时期文物十分丰富，部分地区的农业生产技术已达到相当水平。

秦汉时期南方地区还出现了水稻的一年两熟制，也就是再熟稻。杨孚《异物志》中就有"交趾稻夏冬二熟，农者一岁再种"[1] 的记载。这里的交趾应指交趾刺史部，包括今广东、广西和越南北部。汉代广东、广西地区种双季稻已经有了地下的物证。在广东佛山澜石东汉墓发现的一个陶俑田模型中，有若干在田间从事劳动的陶俑，有的在收割，有的在脱粒，有的在扶犁耕田，有的在插秧，收割、脱粒、犁地、插秧在不同田址中同时进行[2]，生动地展示了双季稻抢种抢收的场面。这说明汉代广东、广西的某些地区农业生产技术已达到相当高的水平。广东、广西如此，长江流域的农业技术水平自然也不会很低。

第五节　外来作物对当时社会的影响

这一时期引进的作物主要是蔬菜、瓜果类，对主体耕作制度影响不大，但是，对人们的饮食结构影响较大。

一、对农牧业的影响

汉代引种的苜蓿主要作为饲料，对当时的畜牧业，特别是对于当时及后来的军马养殖业，产生了深远的影响。

汉时因马而求苜蓿，其后亦采其嫩者充盘飧。北魏贾思勰《齐民要术》曰："为羹甚香。"宋寇宗奭《本草衍义》曰："用饲牛马，嫩时人兼食之。"唐薛令之诗："朝日上团团，照见先生盘，盘中何所有，苜蓿长阑干。"唐时凡驿马给地四顷，莳以苜蓿。[3] 宋陆游诗："苜蓿堆盘莫笑贫"；宋唐庚诗："绛纱谅无有，苜蓿聊可嚼。"元初更广种苜蓿以防饥馑。《元史·食货志》："至元七年颁农桑之制，令各社布种苜蓿，以防饥年。"

苜蓿为豆科作物，有肥田之功，其见知于中国人，不知始于何时。《齐民

---

① 见前引沈钦韩《前汉书疏证》。《水经注》卷三十六"温水"引"俞益期与韩康伯书"："九真太守任延，始教耕犁，俗化交土，风行象林。知耕以来，六百（杨守敬认为'六百'应作'四百'）余年，火耨耕艺，法与华同。名白田，种白谷，七月火作，十月登熟；名赤田，种赤谷，十二月作，四月登熟，所谓两熟之稻也。"这实际上也是一种火耕水耨法。可见火耕水耨并非与两熟制绝对相排斥的。

② 《太平御览》卷八百三十九"稻"引《异物志》；《初学记》卷二十七所引，标明为杨孚《异物志》；《隋书·经籍志》著录有东汉杨孚《异物志》。

③ 《唐书·百官志》。

要术》最初详其栽培法,《群芳谱》始言其肥田效用。

梁家勉先生也认为:"苜蓿也是从西域引进中原,在《四民月令》中亦作蔬菜栽培。"

二、对医药的影响

许多引进的作物具有药用价值。例如苜蓿、波斯枣、无花果、胡桃等。《本草纲目》卷二十七《菜部》记载:

苜蓿(别录上品)

[释名]木粟《纲目》。光风草。时珍曰:苜蓿,郭璞作牧宿。谓其宿根自生,可饲牧牛马也。又罗愿《尔雅翼》作木粟,言其米可炊饭也。葛洪《西京杂记》云:乐游苑多苜蓿。风在其间,常萧萧然。日照其花有光采。故名怀风,又名光风。茂陵人谓之连枝草。《金光明经》谓之塞鼻力迦。

[集解]弘景曰:长安中乃有苜蓿园。北人甚重之。江南不甚食之,以无味故也。外国复有苜蓿草,以疗目,非此类也。诜曰:彼处人采其根作土黄芪也。宗奭曰:陕西甚多,用饲牛马,嫩时人兼食之。有宿根,刘讫复生。时珍曰:杂记言苜蓿原出大宛,汉使张骞带归中国。然今处处田野有之(陕、陇人亦有种者),年年自生。刈苗作蔬,一年可三刈。二月生苗,一棵数十茎,茎颇似灰藋。一枝三叶,叶似决明叶,而小如指顶,绿色碧艳。入夏及秋,开细黄花。结小荚圆扁,旋转有刺,数荚累累,老则黑色。内有米如穄米,可为饭,亦可酿酒。罗愿以此为鹤顶草,误矣。鹤顶,乃红心灰藋也。

[气味]苦,平,涩,无毒。宗奭曰:微甘、淡。诜曰:凉。少食好。多食令冷气入筋中,即瘦人。李鹏飞曰:同蜜食,令人下利。

[主治]安中利人,可久食。别录:利五脏,轻身健人,洗去脾胃间邪热气,通小肠诸恶热毒,煮和酱食,亦可作羹。孟诜:利大小肠。宗奭:干食益人。苏颂:根气味寒,无毒。

主治:热病烦满,目黄赤,小便黄,酒疸,捣取汁服一升,令人吐痢即愈。苏恭:捣汁煎饮,治沙石淋痛。

《本草纲目》卷三十一《果部》记载:

无漏子(拾遗)

[释名]千年枣(开宝)。万年枣《一统志》。海枣《草木状》。波斯枣《拾遗》。番枣《岭表录异》。金果《辍耕录》。木名海棕《岭表录异》。凤尾蕉。时珍曰:无漏名义未详。千年、万岁,言其树性耐久也。曰海,曰波斯,曰番,言其种自外国来也。金果,贵之也。曰

棕、曰蕉，象其干、叶之形也。番人名其木曰窟莽，名其实曰苦鲁麻枣。苦麻、窟莽，皆番音相近也。

［集解］藏器曰：无漏子即波斯枣，生波斯国，状如枣。珣曰：树若栗木。其实若橡子，有三角。颂曰：按刘恂《岭表录异》云：广州有一种波斯枣，木无旁枝，直耸三四丈，至颠四向，共生十余枝，叶如棕榈，彼土人呼为海棕木。三五年一着子，每朵约三二十颗，都类北方青枣，但小尔。舶商亦有携本国者至中国，色类沙糖，皮肉软烂，味极甘，似北地天蒸枣，而其核全别，两头不尖，双卷而圆，如小块紫矿，种之不生，盖蒸熟者也。时珍曰：千年枣虽有枣名，别是一物，南番诸国皆有之，即杜甫所赋海棕也。按段成式《酉阳杂俎》云：波斯枣生波斯国，彼人呼为窟莽。树长三四丈，围五六尺。叶似土藤，不凋。二月生花，状如蕉花。有两甲，渐渐开罅，中有十余房。子长二寸，黄白色，状如楝子，有核。六七月熟则紫黑，状类干枣，食之味甘如饴也。又陶九成《辍耕录》云：四川成都有金果树六株，相传汉时物也。高五六十丈，围三四寻，挺直如矢，木无枝柯。顶上有叶如棕榈，皮如龙鳞，叶如凤尾，实如枣而大。每岁仲冬，有司具祭收采，令医工以刀剥去青皮，石灰汤沦过，入冷热蜜浸换四次，瓶封进献。不如此法，则生涩不可食。番人名为苦鲁麻枣，盖凤尾蕉也。一名万岁枣，泉州有万年枣，即此物也。又嵇含《南方草木状》云：海枣大如杯碗，以比安斯海上如瓜之枣，似未得其详也。巴丹杏亦名忽鹿麻，另是一物也。

［气味］（实）甘，温，无毒。

［主治］补中益气，除痰嗽，补虚损，好颜色，令人肥健（藏器）。消食止咳，治虚羸，悦人。久服无损（李时珍）。

无花果（食物）

［释名］映日果《便民图纂》。优昙钵《广州志》。阿驵（音楚）。时珍曰：无花果凡数种，此乃映日果也。即广中所谓优昙钵，及波斯所谓阿驵也。

［集解］时珍曰：无花果出扬州及云南，今吴、楚、闽、越人家，亦或折枝插成。枝柯如枇杷树，三月发叶如花构叶。五月内不花而实，实处枝间，状如木馒头，其内虚软。采以盐渍，压实令扁，日干充果实。熟则紫色，软烂甘味如柿而无核也。按《方舆志》云：广西优昙钵不花而实，状如枇杷。又段成式《酉阳杂俎》云：阿驵出波斯，拂林人呼为底珍树。长丈余，枝叶繁茂，叶有五丫如蓖麻，无花而实，色赤类椑柿，一月而熟，味亦如柿。二书所说，皆即此果也。

又有文光果、天仙果、古度子，皆无花之果，并附于左。

［附录］文光果出景州。形如无花果，果肉如栗，五月成熟。天仙果出四川。树高八九尺，叶似荔枝而小，无花而实，子如樱桃，累累缀枝间，六七月熟，其味至甘。宋祁《方物》赞云：有子孙枝，不花而实。薄言采之，味埒蜂蜜。古度子出交广诸州。树叶如栗，不花而实，枝柯间生子，大如石榴及楂子而色赤，味醋，煮以为粽食之。若数日不煮，则化作飞蚁，穿皮飞去也。

实：气味甘，平，无毒。主治开胃，止泻痢（汪颖）。治五痔，咽喉痛（时珍）。

叶：气味甘、微辛，平，有小毒。主治五痔肿痛，煎汤频熏洗之，取效（震亨）。

另外，还有许多从域外引进具有药用价值的栽培物种：西瓜、葡萄、胡葱、胡蒜等，对我国医学事业的发展，改善人民健康状况也起到了很大的推动作用。

《开宝本草》[①]：胡桃味甘平无毒，食之令人肥健，润肌黑发。取瓢烧令黑未断烟，和松脂研，傅瘰疬疮。又和胡粉为泥，拔白须发。以内孔中，其毛皆黑，多食利小便，能脱人眉，动风故也，去五痔。外青皮染髭及帛皆黑。其树皮止水痢，可染褐。仙方取青皮压油和詹糖香涂毛发，色如漆。生北土。云张骞从西域将来。其木春研皮中出水，承取沐头，至黑。

《图经本草》[②]：胡桃生北土。今陕、洛间多有之。大株厚叶多阴。实亦有房。秋冬熟时采之。性热不可多食。补下方亦用之。取肉合破故纸捣筛，蜜丸，朝服梧桐子大三十九。又疗压扑损伤。捣肉和酒温顿服便差。崔元亮《海上方》疗石淋，便中有石子者。胡桃肉一升，细米煮浆粥一升，相和顿服即差。实上青皮染发及帛皆黑。其木皮中水，春所取，沐头至黑。此果本出羌胡。汉张骞使西域还，始得其种，植之秦中，后渐生东土。故曰陈仓胡桃，薄皮多肌。阴平胡桃，大而皮脆，急捉则碎。江表亦尝有之。梁《沈约集》有《谢赐乐游园胡桃启》乃其事也。今京东亦有其种，而实不佳。南方则无。

三、对饮食结构的影响

引进作物中，除了少部分作为饲料作物，绝大部分是可直接食用的，这就

---

① 北宋·李昉撰（974）。原书佚。下文资料据《植物名实图考长编》卷十七引。
② 北宋·苏颂等撰（1061）。原书佚。下文资料据《重修政和证类本草》卷二十三引。

大大改善了人们的饮食结构。古代文献中对此有颇多记载，《元史·食货志》记载关于苜蓿的饲料："至元七年颁农桑之制，令各社布种苜蓿，以防饥年。"

《救荒本草》卷下[①]：果部，实可食。

胡桃树：一名核桃。生北土。旧云张骞从西域将来，陕洛间多有之。今钧郑间亦有。其树大株，叶厚而多阴。开花成穗，花色苍黄。结实外有青皮包之，状似梨。大熟时，沤去青皮，取其核是胡桃。味甘性平。一云性热无毒。

采核桃沤去青皮，取瓤食之，令人肥健。

《竹屿山房杂部》卷一[②]：胡桃烧酒。暖腰膝，治枕寒痼冷，补损益虚。烧酒：四十斤；胡桃仁：汤退皮一百枚；红枣子：二百枚；炼熟蜜；四斤。

上三件入酒，瘗倚厉切土中七日。去火毒。

《竹山与山房杂部》卷九：胡桃，实有肉，核有仁，仁有皮。去肉（编者按：肉疑当为皮）用仁，甘香。十月种之，宜大石重压其根使实。生子不脱落。

《格物总论》：原书未见，撰人及成书年代不详。《留青日札》《树艺篇》《山堂肆考》《广群芳谱》《格致镜原》《渊鉴类函》等均引有此书，书名作《格物论》或《格物总论》。可见成书最晚当在《留青日札》（1572）以前。下列资料据《渊鉴类函》卷四〇三引。

胡桃生北土，陕洛间多有之。大株厚叶多阴，实青瓤白，味甘壳薄者为佳。食之令人肥健。秋冬熟时采之。

《大唐西域记》中关于果树、蔬菜的记载如下。

由于气候和土质的因素，西域的园圃业较为发达，不仅盛产各种水果，而且也生产和种植一些蔬菜、花卉等。这一点在玄奘的记述中也有明确的反映。

1. 果树　玄奘在书中共谈到了 22 种水果，如葡萄、柰、梨、胡桃、庵没罗果、般茂遮果、般梭娑果、香枣、屈石榴、桃、杏、乌淡跋罗果、那罗鸡罗果等，其中种植葡萄、柰的国家最多。这些水果绝大多数都是本地物产。

葡萄：主要出产于阿奢尼国、屈支国、素叶水城、笈赤建国、乌仗那国、钵铎创那国、商弥国、斫句迦国等地。

柰：即绵苹果。它和梨一样，主要出产于阿耆尼国、屈支国、钵铎创那国、淫薄健国、斫句迦国。

胡桃：形状像桃子的其他果子。它主要出产于钵铎创那国和淫薄健国。

庵没罗果：据叶静渊考证，即现今的芒果。它主要出产于半笈嗟国和秣菟罗国。秣菟罗国不但家家栽种庵没罗果，而且形成了两个品种。一个品种果实

---

① 明·朱橚撰（1406）。

② 明·宋诩撰（15 世纪）。

比较小，它"生青熟黄"；另一个品种果实较大，无论生熟"始终青色"。

般茂遮果：主要出产于半笈嗟国和吠舍厘国。

般梭娑果："大如冬瓜，熟则黄赤，剖之中有数十小果，大如鹅卵，又更破之，其汁黄赤，其味甘美。或在树枝，如众果之结实；或在树根，如茯苓之在土"，较贵重。主要出产于奔那伐弹拿国和迦摩缕波国。

屈石榴　屈支国和古印度。即现今我国的新疆库车、印度和巴基斯坦、孟加拉国北部，都有所种植。

桃、杏　主要产于屈支国。香枣、乌淡跋罗果、那罗鸡罗果，分别产于阿耆尼国、半笈嗟国、迦摩缕波国。

柑橘　古印度都种植。庵饵罗果、末杜迦果、跋达罗果、劫比他果、阿末罗果、镇杜迦果、乌昙跋罗果、那利蓟罗果等也有所出产。

2. 蔬菜　关于蔬菜，文中提到了 7 种蔬菜，但对于种植这些蔬菜的具体国家和地区却很少记述，仅模糊地说古印度，即现今印度、巴基斯坦和孟加拉国所属的一些地区，出产姜、芥、瓜、葫芦、荤陀菜等蔬菜，同时也稍产葱和蒜。

总之，秦汉时期的外来作物，虽然没有从根本上改变我国的种植结构，但是在一定程度上推动了我国当时的种植业、畜牧业的发展，改善了当时的医药状况，提高了人们的生活水平。

──────────── **参 考 文 献** ────────────

李根蟠，卢勋，1983. 怒族解放前农业生产中的几个问题［J］. 农业考古（1）：160－171.

卢勋，1983. 黎族合亩地区的农业生产方式［M］// 农史研究. 北京：农业出版社.

轻工业部甘蔗糖业科学研究所，广东省农业科学院，1963. 中国甘蔗栽培学［M］. 北京：农业出版社.

陕西省博物馆，陕西省文管会写作小组，1972. 米脂东汉画像石墓发掘简报［J］. 文物（3）：69－73.

唐启宇，1986. 中国作物栽培史稿［M］. 北京：农业出版社.

万国鼎，1980. 氾胜之书辑释［M］. 北京：农业出版社.

王仲殊，1984. 汉代考古学概说［M］. 北京：中华书局.

周可涌，1957. 甘蔗栽培学［M］. 北京：科学出版社.

第五章

传统农业精细经营的发展期
——南方稻作农业形成发展时期

    根据司马迁《史记·货殖列传》的记载,汉朝的江南地区仍是"地广人稀,饭稻羹鱼,或火耕而水耨",可见那时的江南地区虽有广袤的土地,却因人口稀少和生产力的不发达而得不到很好的开发。至魏晋南北朝时期,北方由于受到游牧民族的侵蹂和统治,长期处于动乱之中,南方则相对和平稳定。北人大批南下,不仅给南方带来了大批的劳动力,也带来了许多先进的工具与生产技术,使江南地区的土地开发形成了一个高潮。所谓"地广野丰,民勤本业,一岁或稔,则数郡忘饥。会土带湖傍海,良畴亦数十万顷,膏腴上地,亩值一金,鄠、杜之间,不能比也。"[①] 描述的就是南朝刘宋时期江南土地得到初步开发的景象。但是,魏晋南北朝时期江南土地的开发大多数还局限于"带湖傍海"的条件优越地区,许多丘陵山地及湖沼地带还没有得到普遍的开发和利用。唐宋时期,特别是安史之乱和靖康之乱以后,北方人口陆续不断地大量南迁,对土地的需求量急剧增加,其垦殖的范围自然就要扩大到条件较为艰难的山陵及湖沼地区。

    这一历史时期由于南北方战乱不断出现,政治经济中心不断转移,出现了南北方数次大融合,给作物品种交流、农业生产技术推广带来了机遇。唐玄奘出使印度,给东西方文化交流和作物相互引种带来了方便。南方水田稻作技术的快速发展,得益于东晋及南北朝时期人口大量南移,北方先进的栽培技术和农耕文化随着政治经济中心南移,促进了南方稻作技术的发展。尤其是小麦种植及其技术南扩,推进了稻麦轮作制的形成,大大提高了南方的粮食产量。而这段时间北方主要在游牧民族的控制之下,农作技术发展相对放缓。

第一节　南方稻作技术形成的基础

一、经济重心南移

    这段时期我国出现了两次较大规模的人口南移,使得整个农业经济结构发

---

① 《宋书孔季恭传附论》卷五四。

生了根本性变化。

第一次是东晋及南北朝时期，农作制度又有所发展。因为北方战乱，人口大量南移，北方荒芜土地较多，复种制进展不大，轮作制有了较大发展，特别是南方轮作跨入了新的阶段。

第二次唐宋时期，由于中原战乱，北方人口大规模南下的迁徙浪潮接连不断，南迁的人口大都聚集在江南运河区域。这些南迁人口中，大多是北方的农民，他们有的成为侨置郡县的自耕农，有的沦为士族地主的依附人口，也有许多知识分子。北人南下不但给南方带来了先进的工具和技术，而且在南迁的人口中，有许多都是文化素质较高的人士，即所谓"士君子多以家渡江东"[①] "平江、常、润、湖、杭、明、越号为士大夫薮，天下贤俊多避地于此。"[②]

二、大运河推动南方农业发展

大运河的逐步开通和利用，加快了南方农业和经济的发展。北方人口大批南移，极大地增加了江南运河区域的劳动力，也大大提高了江南人口的整体素质，这是促进江南运河区域农业发展的最重要的条件。同时，北方人口的不断南迁，使江南运河区域人口激增，原有耕地无法支撑陡然增加的人口需求，于是，耕地骤然间宝贵起来，越江而来的北方士族地主和南方士族地主，为了获得大片耕地，开始了大规模的土地兼并活动。他们凭借着朝廷的优容，纷纷"占夺田土""封略山湖"，把一些无主荒原和山林沼泽，尽行囊括，占为己有，造成"山湖川泽，皆为豪强所专"的局面[③]。通过这种方式被占夺的田土和山湖川泽，常常是跨川连县，幅员数十里及至二三百里。这股抢占山泽之风，开始主要集中在都城——建康附近和太湖地区，后来逐步向南发展，直至会稽郡。这一带，恰恰是江南运河及水利工程分布密集之地，山林易于开垦，土地浇灌便利。所以，不久之后这一带就成了新兴南方经济区的核心部分。

东晋及南北朝时期，运河区域的农作物产量比两汉时有明显提高。东汉时中原一带的亩产量通常在三石左右。[④] 到东晋及南北朝时，中原良田亩产已可达十余石[⑤]；南方水稻亩产也在六斛以上。[⑥] 南朝时，南方运河区域粮食产量

---

① 《旧唐书·权德舆传》卷一四八。

② 《建炎以来系年要录》卷二十。

③ 《宋书·武帝纪》。

④ 《后汉书·仲长统传》。

⑤ 《齐民要术·收种》。

⑥ 《三国志·吴书·钟离牧传》。

又有了大幅度提升，旱地亩产通常在数石至十石之间，水田亩产则可达六石至二三十石不等。① 三吴一带成了全国粮食的主要产区，以至于"一岁或稔，则数郡忘饥"②。其农业生产水平已经超过北方，这正是古代中国经济重心南移的一个标志性转变。

隋唐以前，我国已形成了一些不同的农业经济区域，从大的方面讲，可以划分为黄河中下游经济区和长江中下游经济区。秦汉时期，我国的经济重心在黄河流域的中下游地区，而长江中下游地区的经济则比较落后。汉魏之际由于长期的战乱，黄河流域中下游富庶地区的经济受到严重摧残，特别是"永嘉之乱"（公元311年即永嘉五年，随后晋室南迁并于公元317年东晋在南京建都）以后至十六国时期，这一地区的经济被破坏得更加严重。从北魏开始，黄河流域的经济又逐步得到恢复，农业生产有了较大的发展，出现了"府藏盈积"的状况③，这就为隋朝的强盛和统一奠定了物质基础。

隋、唐都以关中地区为王业之本，在北魏以来经济基础之上，竭力经营，大力发展关中的经济，使这个古老的农业区又重新得到了开发，关中地区以及关东地区又成了隋朝和唐朝前期的经济重心。但自"安史之乱"以后，北方地区的经济逐渐凋敝，而江淮地区的经济则得到了长足的发展，南方经济开始逐步赶上和超越北方，我国的经济重心又开始南移。

隋唐以前的经济区，由于受地理条件复杂性的制约，造成局部地理条件的独立性，使经济的发展出现了不平衡。在古代交通不便的情况下，这种特点就更加显著。隋代的大运河，是适应政治、经济发展的需要而产生的，而大运河的开通，将黄河中下游的经济区与长江中下游的经济区沟通起来，打破了原来经济区的封闭性，在运河一线逐渐形成了一个大的经济带，运河区域的经济区也就随之产生。

三、主要农学思想

成书于唐末的《四时纂要》，分四季十二个月，是列举农家应做事项的月令式农家杂录。书中资料大量来自《齐民要术》，少数则来自《氾胜之书》《四民月令》，是一部对农业生产技术和社会经济发展研究，都起着承上启下作用的重要农书。宋代陈旉编撰的《农书》，是第一部系统讨论南方稻作技术的农学著作，是我国南方水田精耕细作技术体系成熟的标志。

① 郑学檬：《简明中国经济通史》（第三章第一节），黑龙江人民出版社，1984。
② 《宋书·孔季恭传》。
③ 《魏书·食货志》。

第二节　主要传统作物

这一时期，虽然北方战乱，政治经济中心开始南移，但在早期，特别是南北朝时期大田作物基本是延续汉代种类，然而也有一定的发展。这主要表现在：①作物构成和分布发生了某些变化；②有些作物前代虽已存在，但具体的栽培记载则出现在本时期，特别是一些原产于少数民族地区的作物。作物结构出现重大变化是发生在南方地区稻作技术迅速提高的唐代（在本章第四节介绍）。

一、粮食作物

这一时期见于文献记载的粮食作物种类颇多。《齐民要术》设专篇论述的有谷（稷、粟、附稗）、黍、穄、粱、秫、大豆、小豆、大麻、大麦、小麦（附瞿麦）、水稻、旱稻等。这是当时北方地区的主要粮食作物种类，与两汉时代大体一致。上述排列的顺序应是各种作物在粮食生产中不同地位的反映。

从中可以看出，粟仍然是最主要的粮食作物。《齐民要术·种谷》："谷，稷也，名粟。谷者，五谷之总名，非止谓粟也。然今人专以稷为谷，望俗名之耳。""谷"由粮食作物的共名（先秦汉代均如此）演变为粟的专名，这本身就说明粟在粮食生产中的重要地位。所以《齐民要术》对粟的品种及其栽培方法都记载得特别详细。

黍、穄和豆类的地位比汉代似有所回升。究其原因，大约是由于北方战乱，荒地较多，北魏在恢复农业生产中，将黍、穄用作开垦荒地的先锋作物。豆类这时种类增多，用途也更广，且广泛用于与禾谷类作物轮作。大豆可充粮食，可作豆制品，还可作饲料，即《齐民要术》所谓"荍"。小豆除食用和用于轮作外，还常用作绿肥。因此，豆类的地位也相应提高。

曹魏时代，由于大量兴建陂塘和实行火耕水耨，北方的水稻种植有所扩展，但这种发展趋势因西晋时废除部分质量低劣的陂塘，改水田为旱地而受到抑制。北魏时黄河流域一般只在河流隈曲便于浸灌的地方开辟小块稻田。水稻在北方粮食作物中只占次要地位，生产技术亦远逊于旱作。黄河流域何时开始种植陆稻（旱稻），还不清楚[①]，但从《齐民要术》已列专篇讲述旱稻种植技术看，旱稻在粮食作物中占有一定地位，其栽培历史亦不会太短。近年认为，

[①] 《管子·地员篇》："五臬其种陵稻。"尹知章（旧题"房元龄"）注："陵稻谓陆生稻。"历来被认为是旱稻的最早记载。但据游修龄考证，"陵"是水稻的一个品种（《我国水稻品种资源的历史考证》，《农业考古》1981 年第 2 期）。

张衡《南都赋》中"冬稌夏穱"中的"穱",是指燕麦。燕麦适应能力较强,对不良土壤和不利的气候条件都能适应,可以春播,籽粒好吃,除食用外,籽粒和茎秆都是好饲料,在荒地较多的古代,曾有比较广泛的分布和栽培。但总的来看,这一时期北方的麦作未见显著发展。

在南方,水稻始终是最主要的粮食作物,而且随着南方农田水利的兴建而继续发展。除水稻外,南方也有旱地作物。如谢灵运《山居赋》提到的"蔚蔚丰秋,苾苾香秔……兼有陵陆、麻、麦、粟、菽,候时觇节,递艺递熟"①。值得注意的是,这一时期麦类在淮南和江南初步推广。东晋元帝大兴元年(公元318)诏称:"徐扬二州,土宜三麦(小麦、大麦、元麦),可督令熯地投秋下种……勿令后晚。"② 南朝宋文帝元嘉二十一年(公元444)诏令也要求"南徐、克、豫及扬州、浙江西属郡,自今悉督种麦,以助阙乏。"③ 南齐徐孝嗣上表提到淮南地区,"菽麦二种,盖是北土所宜。彼人便之,不减粳稻。"④ 这些记载表明,麦类在南方某些地区确实获得了推广。

值得一提的还有高粱。以往有学者根据某些文献记载,认为高粱是元以后才从西方逐渐传入中国的,近年来由于考古发掘中不断有发现高粱遗存的报道,又有人提出黄河流域也是高粱的原产地之一。⑤ 但中国古代文献中缺乏中原地区早期种植高粱的明确记载,先秦两汉时期的"高粱"遗存也需要做进一步的鉴定。根据现有材料,黄河流域原产高粱的可能性不大,但有关高粱的记载在本时期确实出现了。如曹魏时张揖的《广雅》载:"藋粱,木稷也。"晋郭义恭《广志》亦有"杨禾似藋,粒细也,折右炊,停则牙(芽)生。此中国巴禾、木稷也"⑥ 的记载。晋张华《博物志》也提到"蜀黍"⑦。这些都是中国对高粱的早期称呼⑧,其特点是以中原习见的作物如黍、稷、粱、禾等,并加上说明其产地或特征的限制词,故《齐民要术》将它列入"非中国(指中原地区)物产者"。尤其是"巴禾""蜀黍"之称,反映它可能是由中国巴蜀地区少

---

① 《宋书・谢灵运传》。

② 《晋书・食货志》。

③ 《宋书・文帝纪》。

④ 《南齐书・徐孝嗣传》。

⑤ 何炳棣认为中国是高粱原产地之一(《黄土与中国农业的起源》,香港中文大学出版社,1969年)。胡锡文认为,"古之粱秫即今之高粱"(《中国农史》1981年第1期)。不同意高粱起源于中国并对若干考古报告中提到的"高粱"遗存表示怀疑。

⑥ 《齐民要术》卷十引,又见《太平御览》卷八三九引。

⑦ 《博物志》载:"地三年种蜀黍,其后七年多蛇。"康熙版《广群芳谱》、王念孙《广雅疏证》所引相同。李时珍引作"地种蜀黍,年久多蛇",文异而意亦同,今有些辑本文字和内容引述不一。

⑧ 王祯:《农书・百谷谱集之二》"蜀黍"作"蜀黍",述其形态颇详。

数民族开始种植的。[①]

二、经济作物

《齐民要术》所载大田作物中的经济作物有纤维（枲麻）、染料（红蓝花、栀子、蓝、紫草）、油料（胡麻、荏等）、饲料（苜蓿等），虽多数已见于前代文献，但较系统地论述其生产技术还是从这一书开始，也有第一次见于记载的。现以《齐民要术》材料为主，并参照其他记载，将这一时期的重要经济作物介绍如下。

中国对植物油脂的食用晚于动物油脂。种子含油量较高的大麻和芜菁，虽然种植较早，但很长时期内并不专门利用其油脂，油脂仅是其综合利用中的一个次要方面，还不能算油料作物。后来驯化了"荏"（白苏子），中原又先后引入了胡麻和红蓝花，大麻和芜菁籽也间或用于榨油，这才有了真正的油料作物。

"荏"始见于西汉或稍前一些人的记述。《礼记·内则》："雉，芗无蓼。"郑玄注："芗，苏、荏之属。"《氾胜之书》中提到区种"荏"，《四民月令》中有种"苏"记载，可见其时确有荏和苏的种植[②]。在黑龙江宁安牛场、大牡丹、东康等地相当于汉代挹娄遗址出土的炭化谷物中发现了"荏"[③]，这大概是迄今最早的"荏"的实物遗存。不过，这时的"荏""苏"是否用以榨油尚不得而知。胡麻和红蓝花，据晋张华《博物志》所载，均是张骞出使西域后传入中原的。《氾胜之书》和《四民月令》中谈到了种胡麻，《史记·货殖列传》中有大面积种红蓝花（茜）的记载。《齐民要术》中胡麻和红蓝花都列了专篇，胡麻篇紧接粮食作物之后，对选地、农时、播种、中耕、收获等方面均作了论述，反映了胡麻在当时已是重要的大田作物。《齐民要术》反映出南北朝时出现了规模可观的红蓝花商品性生产："负郭良田种一顷者，岁收绢三百匹。一顷收籽二百斛，与麻子同价，既任车脂，亦堪为烛，即是直头成米（原注：二百石米，已当谷田，三百匹绢，超然在外）"[④]。又提到"近市良田一顷芜菁收

[①] 王祯：《农书·蜀黍》题下附注云："蜀黍一名高粱，一名蜀秫，以种来自蜀，形类黍，故有诸名。"后来一些本草书往往因之认为"种始自蜀"。但清代程瑶田《九谷考》、王念孙《广雅疏证》、刘宝楠《释谷》等都提出不同意见，谓为非是。

[②] 《说文》释"苏"为"桂荏"。徐锴《系传》曰："按荏，白苏也，桂荏，紫苏也。"视苏、荏为二物。但《方言》却说："苏……关之东西，或谓之苏，或谓之荏，苏亦荏也。"郭璞注："（苏）荏属也"。是荏与苏盖同属的植物。《齐民要术·荏蓼》讲荏子"研为羹臛，美于麻子远矣。"卷八《羹臛法》没有提到荏或荏油，但卷九《素食》则多次提到苏油或苏，这里苏可能即荏。也是苏、荏的称谓可能互通的一证。

[③] 于志秋、孙秀仁：《黑龙江古代民族史纲》，黑龙江人民出版社，1982年，第105页。

[④] 《齐民要术》之《种红蓝花栀子》。

子二百石，卖与压油家，可以得三倍的米"①。可见，当时蔓菁也已作油料作物种植。又把《种麻子》与《种麻》分列为两篇，原注引崔寔曰："苴麻子黑，又实而重，捣治作烛，不作麻。"又说："凡五谷地畔近道者，多为六畜所犯，宜种胡麻、麻子以遮之。"不但可防六畜侵犯，并注云："此二实，足供养烛之费也。"② 这样看来，当时种麻子主要已不是作粮食，而是作油料。

植物油起源于何时？晋张华《博物志》谈到"煎麻油"事，又谈及"积油满万石，则自然生火。（晋）武帝泰始中（公元 265—274）武库火，积油所致。"③ 这里谈的油应是植物油或包括植物油。如果这一记载可靠，则三国末年，中原地区榨取和应用植物油已相当普遍。这种榨取植物油的技术可能是与胡麻一同引进中原，不过《史记》和《汉书》的"货殖列传"谈到当时的商品经营时，只有酤、醢、酱、浆、蘗、麹、盐、豉，没提到油和榨油。推想汉代植物油生产量应该不大，很少进入市场。它的初步发展当在魏晋南北朝时期。西晋初年王濬水军攻吴，用大量植物油烧毁吴设置在长江中的铁索④，表明其时油的生产量已很可观。《齐民要术·荏蓼》提到"收子压取油，可以煮饼"。又把荏油和胡麻油、大麻油作比较，说："荏油色绿可爱，其气香美，煮饼亚胡麻油而胜麻子脂膏。"这大概是我国植物油用作食用油的最初的明确记载⑤，而植物油作食用油的事实当发生在这以前。据《齐民要术》记载，这时的植物油脂还用作润滑油（"车脂"）、润发油（"泽"），并用来涂帛和调漆等。这些都说明油料作物的生产在当时农业生产中已走向重要地位。

油菜（芸薹）和大豆这时虽有种植，但用它们的种子来榨油是比较晚的事情。

纤维作物，北方主要仍为大麻，《齐民要术》有《种麻》专篇，讲述以利用韧皮纤维为目的的牡麻（枲）的种植法。麻布是当时赋税内容之一。北魏实行均田制，规定凡交纳麻布为"调"的地区，在露田、桑田之外，分配一定数量的"麻田"⑥，表明大麻（枲）生产在当时农业生产中占据重要地位。在南方，则主要利用苎麻和葛的纤维。苎麻人工栽培的明确记载，始见于本时期。陆玑《毛诗草木鸟兽虫鱼疏》云："苎，一棵数十茎，宿根在地，至春自生，不须别种。荆、扬间，岁三刈。官令诸园种之，剥取其皮，以竹刮其皮，厚处

---

① 《齐民要术》之《（种）蔓菁》，蔓菁即芜菁。
② 《齐民要术》之《种麻子》。
③ 《博物志》卷四《物性》。
④ 《晋书·王濬传》。
⑤ 参阅该书有关油料作物各章节，特别是卷，述"素食"中各节引及的"油"，基本都是以植物油作食用。
⑥ 《魏书·食货志》载太和九年诏。

自脱，得里如筋者，煮之用缉。"南朝宋元嘉二十一年（公元444）曾下诏，"凡诸州郡，皆令尽勤地利劝导播殖，蚕桑麻纻，各尽其方，不得但奉行公文而已"。① 这里的"纻"也是指苎麻。

在染料作物方面，《齐民要术》有专篇谈《种蓝》和《种紫草》。蓝是一种很古老的染料作物，早在《夏小正》中就有五月"启灌蓝蓼"② 的记载，蓝蓼即蓼蓝，是蓝的一种。所谓"启灌蓝蓼"即将丛生的蓼蓝，别而栽之。可见当时栽培蓝的技术已相当进步。先秦时代已有"青，取之于蓝而青于蓝"（《荀子·劝学》）的成语。《四民月令》也有"榆荚落时可种蓝，五月可刈蓝，六月，可种冬蓝（注：冬蓝，木蓝也，八月用染也）"的记载。③ 从赵岐的《蓝赋序》可以看出，当时陈留一带，"人皆以种蓝染给为业，蓝田弥望，黍稷不植。"④ 种蓝在某些地区已形成大规模的专业化生产。《齐民要术》对长期积累的种蓝的精耕细作技术和制蓝靛的方法作了总结。紫草是多年生草本植物，含紫草红色素，可作紫色染料。《尔雅》中已有"藐，茈草也"的记载，但栽培紫草用作染料始见于《齐民要术》。《齐民要术》对其栽培技术记述颇详，并指出"其利胜蓝"。可见紫草的种植也应有久远的历史和较大的规模。此外，红蓝花除了用种子榨油外，它的花也可以制胭脂或染料。

东晋及南北朝时期作为糖料作物的甘蔗，其产区比前朝扩大了。陶弘景《名医别录》说，甘蔗"今出江东为胜，庐陵亦有好者，广州一种数年生，皆如大竹，长丈余，取汁以为沙糖，甚益人。又有荻蔗，节疏而细，亦可啖也。"《齐民要术》卷十甘蔗条载："雩都县，土壤肥沃，偏宜甘蔗，味及采色，余县所无，一节数寸长，郡以献御。"庐陵郡治在今江西吉安附近，雩都县即今江西于都县。江东泛指江苏、安徽长江以南一带，广州应包括珠江流域涉及今广西境内部分地区。可见南北朝时期今江西、安徽、江苏等地皆是甘蔗的产地，其中有些还未见于前朝记载。

三、少数民族地区的早期棉作

中国黄河流域和长江流域古代人民的衣被原料，宋元以前只有麻类、葛类、蚕丝和皮毛，宋元以后才有棉花。中国对棉花的利用和栽培，开始于新疆、云南、福建、广东（闽方）等少数民族地区，以后才逐步传入中原。这是

---

① 《宋书·文帝纪》。苎麻种植实际上应更早，例如《汉书·地理志》载，汉武帝置儋耳珠崖郡前，海南岛黎族人民已会种植苎麻了。

② 我国曾经种植的蓝有菘蓝、蓼蓝、马蓝及槐蓝等数种。参见夏纬英《夏小正经文校释》。

③ 《齐民要术》之《种蓝》附注引及一些古书中，提到可用以染的蓝类不一，有马蓝、木蓝、茋赭蓝等，是这一时代及其前所认识到且见于著录的蓝类植物。

④ 见《全上古三代秦汉三国六朝文》中《全后汉文》卷六二。

少数民族地区对我国农业发展的重要贡献之一。这些地区的植棉历史，虽然可以追溯得更早，但明确有文字记载则出现在本时期。

新疆地区的棉作最早记载见于《梁书·西北诸戎传》："高昌国（今新疆吐鲁番）……多草木，草实如茧，茧中丝如细纩，名为白叠子，国人多取织以为布，布甚软白，交市用焉。"慧琳《一切经音义》："氎者，西国木棉草，花如柳絮，彼国土俗，皆抽丝以纺成缕，织以为布，名曰白氎。"可见白叠（氎）是西域诸国对棉花的称谓，亦指用棉花织成的布。据研究，梵语称原产非洲的野生草棉为 Bhardvdji，"白叠"就是它的音译。

考古发现的棉织物遗存比文献记载还早些。1959 年在新疆民丰县以北大沙漠中发现的东汉墓中，有两块盖在盛着羊骨、铁刀的木碗上的蓝白印花棉布。南北朝时期吐鲁番阿斯塔那墓中，除发现棉织品外，还有高昌和平元年（公元 551）借贷棉布的契约，借贷量一次达 60 匹之多，可能是充当货币用的。这一发现给《梁书》的有关记载提供了确凿的物证，表明南北朝时期高昌等地植棉和棉布生产已有一定规模。根据对巴楚出土的唐代棉籽的鉴定和有关文献记载，新疆古代棉花是非洲草棉[①]。

云南地区的棉作，常璩《华阳国志》记载，哀牢夷地区——永昌郡（今云南保山一带）的物产："有梧桐木，其花柔如丝，民绩以为布，幅广五尺以还，洁白不受污，俗名桐华布，以覆亡人，然后服之，及卖与人。"《东观汉记》《后汉书·西南夷列传》也有相似记载。晋左思《蜀都赋》："布有橦华，面有桄榔。"李善注引刘渊林，"橦华者，树名橦，其毛柔，毳可织为布，出永昌。"梧桐木或橦树，应即多年生木棉。以上材料表明，以永昌郡为中心的西南夷地区，至迟汉代就已利用木棉织布了。

闽广地区的棉作和对棉花的利用始于何时，学术界有不同意见。比较可靠而较早的记载是《南州异物志》："五色斑布，以（似）丝布，古贝木所作。此木熟时，状如鹅毳，中有核如珠珣，细过丝棉。"[②] 又《梁书》述海南诸国物产，谓林邑国出吉贝等，"吉贝者树名也。其华（花）成时如鹅毳，抽其绪纺之以作布，洁白与纻布不殊，亦染成五色，织为斑布也。"[③] 吉贝（因"吉"与"古"字形近，故时有讹刻"古贝"）又译称"劫波育"或"劫贝"。见《翻

---

① 沙比提：《从考古发掘资料看新疆古代的棉花种植和纺织》，载《文物》1973 年第 10 期。在文献中还可以找到西域草棉布生产的更早的线索。如《史记·货殖列传》所载汉代中原地区流通的商品中有"榻布"一项（《汉书·货殖列传》作"答布"）；裴骃《集解》引孟康的《汉书音义》，认为"榻布"就是"白叠"。榻、答、叠均为新疆少数民族语言的今译。据此，早在汉代新疆少数民族生产的棉布可能已引入到中原。

② 《太平御览》卷八百二十"布"引。

③ 《梁书》中《海南诸国·林邑国传》。

译名义集》，盖译自梵音，指木棉科植物。其物有草本、木本两种，传入中原地区，历史相当悠久。因其性状似丝棉，故又称之为木棉，此名称大约在南北朝时期或以前就开始使用了。[①] 如《梁书》载梁武帝用"木绵皂帐"[②]。从这些记载看，福建、广东地区在魏晋以前即已利用棉花织布是可信的。[③]

第三节　重要外来作物传入及其栽培

一、棉花传入中原及其栽培

宋代之前，棉花主要在华南及西部地区种植，大约在宋代逐渐传入中原地区。棉花（指中棉，也叫亚洲棉）传入我国相对改变了我国居民的衣被原料。

以地处北方地区的山东为例，棉花（*G. arboreum*）分两路在不同时期先后传入山东。一路是沿着京杭大运河由南方传入黄河中下游地区。宋代以前，我国的棉花主要种植于华南、西南及西部的边疆地区。几千年来，黄河和长江流域的衣被原料一直以丝、麻、葛和动物皮毛为主。棉花向中原地区的传入，推动了中原地区纤维作物的结构和衣被原料的重大改变。宋代以前岭南地区多种多年生木棉。庞元英《文昌杂录》记载："闽岭以南多木棉，土人竞植之。"方勺《泊宅编》记载："闽广多种木棉，树高七八尺，叶如柞。"多年生木棉在长江流域和黄河流域的冬季，由于气温低寒，不能越冬，是其不能向长江、黄河流域传播的直接原因。

宋代有了一年生的草棉（草棉是经国外传入的，还是多年生木棉经过长期的人工培育和选择而来的，还有待考究），使得棉花（中棉）在气温较低的长江、黄河流域推广成为可能。草棉首先是在长江流域得到推广，而后在黄河中下游地区种植。这期间著名的棉纺织家——黄道婆（约1245—？ 松江乌泥泾，今闵行区华泾镇人）于元贞年间（1295—1297），从崖州返回家乡，传播了从海南黎族人民那里学到的纺织技术，并帮助当地的乡亲们改进了纺织机械，使纺织技术得到了很大的改进和提高，极大地推动了长江流域的纺织业发展，从而也带动了长江流域植棉业的长足发展。

元末山东东平籍的大农学家王祯曾在江苏、安徽一带做过官，当时棉花在

---

　　① 闽广地区的棉作史可能还要提前。近年在福建崇安白岩发现距今3 500年左右的两具船棺，内有丝、棉、麻织品，其中有几块青灰色棉布，其原料系多年生灌木棉。据鉴定，与现今海南岛还能找到的多年生灌木棉相似。

　　② 《梁书·武帝纪下》。

　　③ 《尚书·禹贡》所载扬州贡品中有"岛夷卉服，厥篚织贝"句。南宋蔡沈《书经集传》认为"南夷木绵之精好者，亦谓之吉贝"。"织贝"就是"吉贝"，即棉花。此说如能成立，则我国百越族早在先秦时代就已经利用棉花了。但对上述《禹贡》文句尚有不同解释。

长江流域的迅速发展，难免要引起这位大农学家的密切关注。他在 1313 年写成的《农书》中，较详细地介绍了植棉技术并提倡棉花的异地引种。《农书》中写道："木棉一名'吉贝'……其种本南海诸国所产，后福建诸县皆有，近江东陕右亦多种，滋茂繁盛，与本土无异。种之则深荷其利。悠悠之论，率以风土不宜为说。"可见，王祯极力赞成异地推广棉花种植，他所叙述的植棉技术，有一部分很可能是他在东平县时的亲身经历。王祯的家乡在东平湖的西岸、京杭大运河的边上，因此可以大胆地推测：山东在元初较早栽培棉花的地区可能就是沿长江下游经大运河，由南向北传入鲁西北平原的沿河一带。

棉花传入山东的另一路可能是由河西走廊，沿着黄河流域，来到黄河中下游地区。宋代以前，在今新疆吐鲁番一带已有棉花的种植，可能是非洲棉经过欧亚大陆传入西亚，然后进入新疆。非洲棉植株矮、产量低、纤维短，但早熟，生长期短，正好符合新疆的气候特点。《农桑辑要》记载："苎麻本南方之物，木棉亦西域所产，近岁以来，苎麻艺于河南，木棉种于陕右，滋茂繁盛，与本土无异，二方之民，深荷其利。"《大学衍义补》也记载："宋元之间，始传其种（指棉花）入中国，关、陕、闽、广首得其利。"到了明代，棉花又进一步发展到黄河中下游地区。

可以认为，由于京杭大运河是我国历史上南北水上运输大动脉，棉花由南路传入山东的时间可能会比由西路传入更早一些。到了明代，棉花在全国已经是"遍布于天下，地无南北皆宜之，人无贫富皆赖之"[①]，成为我国重要的纤维作物。

二、占城稻传入及其栽培

占城稻原产占城国（今越南中南部），传入中国的时间史无记载，但北宋时期，福建已经大量种植，占城稻"耐水旱而成实早"，又有"不择地而生"的优点，是一种耐旱的早熟籼稻品种，其生育期约为 110 d，为推广双季稻、稻麦轮作提供了可能。

关于占城稻的传入，有很多佐证。

《宋史·食货志》："大中祥符……帝以江、淮、两浙稍早即水田不登，遣使就福建取占城稻三万斛，分给三路为种，择民田高仰者莳之，盖早稻也。内出种法，命转运使揭榜示民……稻比中国者穗长而无芒，粒差小，不择地而生。"

《宋会要辑稿·食货》："（大中祥符）五年五月，遣使福建州取占成（城）稻三万斛，分给江淮两浙三路转运使，并出种法。令择民田之高仰者分给种

---

① 丘濬：《大学衍义补·贡赋之常》。

之，其法曰：南方地暖，二月中下旬至三月上旬，用好竹笼，周以稻秆，置此稻于中，外及五斗以上，又以稻秆覆之，入池浸三日，出置宇下，伺其微热如甲坼状，则布于净地，俟其萌与谷等，即用宽竹器贮之。于耕了平细田停水深二寸许布之。经三日，决其水，至五日，视苗长二寸许，即复引水浸之，一日乃可种莳。如淮南地稍寒，则酌其节候下种。至八月熟，是稻即早稻也。"

《本草纲目》卷二十二"籼"："籼亦粳属之先熟而鲜明之者，故谓之籼。种自占城国，故谓之占。俗作粘者，非矣。""籼似粳而粒小，始自闽人，得种于占城国。宋真宗遣使就闽取三万斛，分给诸道为种，故今各处皆有之。高仰处俱可种，其熟最早，六七月可收。品类亦多，有赤、白二色，与粳大同小异。"

中国农业遗产研究室《作物源流考》之："稻考"关于占城稻的记载如下。

中国稻种起源于中国，已如前述。为求适合某种条件，曾从国外传入稻种，最著者如占城稻之传入。占城稻之传入，宋释文莹明言为宋真宗以珍货交换得之，《湘山野录》曰："真宗深念稼穑，闻占城稻耐旱，西天菉豆子多而粒大，各遣使以珍货求其种。占城得种二十石，至今在处播之。"但《宋会要》及《宋史·食货志》所载，辞意含混，故有解为先已有人传入闽省，真宗乃福建推广于江淮两浙，亦有解为从福建出发往占城求得者。《宋会要》载："（大中祥符）五年五月，遣使福建州取占成稻。"《食货志》上《农田》载："帝以江、淮、两浙稍旱，即水田不登，遣使就福建取占城稻三万斛，分给三路为种，择民田高仰者莳之，盖早稻也。"不论为真宗传入，或真宗以前已传入之，我国曾从占城传入早稻种无疑。及后宋江翱（为汝州鲁山令）又从其故乡建安推广于河南之鲁山县。

占城属安南，所产以水稻著名，后人以《食货志》有"择民田高仰者莳之"之句，以为传入者乃陆稻。按占城稻之特质为耐旱早熟，窃以为早熟，故能耐旱，故可种之高仰田，其立意所在，乃与中国原有水稻种相对而言，故占城稻当属水稻。又《食货志》载"其穗比中国种长，无芒，粒差小"，然则当为无芒籼稻之一种。徐炬谓即尖头黄籼米，《康熙几暇格物》谓即今南方之黑谷米。

佟屏亚《农作物史话》记载："南宋范成大著有盛赞水稻品种的《劳畲耕》：'吴田黑壤腴，吴米玉粒鲜。长腰鲍犀瘦，齐头珠颗圆。红莲胜雕胡，香子馥秋兰。或收虞舜余，或自占城传。早籼与晚穤，滥吹甑甗间。'"

梁家勉先生认为，占城稻原产占城（今越南中南部），何时引入我国，现已不详。只知大中祥符四年（1011）前，我国福建已经种植。由于当时江浙一带发生旱灾，水稻失收，因此真宗"遣使就福建取占城稻三万斛，分给三路（江、淮、两浙）为种，择民田高仰者莳之。"从此，占城稻从福建传入了长江流域。

占城稻具有"耐水旱而成实早",又"不择地而生"的优点,因此,在长江流域发展很快。到南宋时,一些地方志如《嘉泰会稽志》、《宝庆四明志》、《嘉定赤城志》、绍兴《澉水志》、嘉泰《吴兴志》、乾道《临安志》、淳熙《新安志》《三山志》、淳祐《玉峰志》等,都有关于占城稻的记载,说明占城稻的分布地域已相当广。有的地区占城稻的产量还高于粳稻,舒璘《与陈仓论常平义仓》曰:新安"大禾谷今谓之粳稻,粒大而有芒,非膏腴之田不可种。小禾谷今谓之占稻,亦曰山禾稻,粒小而谷无芒,不问肥瘠皆可种。所谓粳谷者,得米少,其价高,输官之外,非上户不得而食。所谓小谷,得米多,价廉,自中产以下皆食之。"由于占城稻有以上许多优良特性,所以有的地区如江西,在水稻品种布局上,占城稻占了绝对优势;江南西路安抚制置使李纲曰:"本司管下乡民所种稻田,十分内七分并是占米。"知荆门军陆九渊曰:"江东西田分早晚,早田者种占早禾,晚田种晚大禾。……若在江东西,十八九为早田矣。"这表明,占城稻自传入长江流域以来,对当地的水稻生产,特别是早稻生产产生了很大的影响。

占城稻在长江流域的传播过程中,又分化出许多适合各地特点的变异类型,经过人工选择,又育成了许多新的品种,如《嘉泰会稽志》记载有早占城(一名六十日)、红占城(中熟品种)、寒占城(晚熟种),《隆兴府劝农文》记载有八十占、百占、百二十占等。这些品种和原来当地的早、中、晚稻相搭配,为当地品种布局的进一步合理化和多熟种植的发展创造了条件。

三、其他作物的传入

其他外来作物主要是蔬菜、果树类。

(一)莴苣

莴苣原产于西亚,中国始见于唐代有关文献,如杜甫《种莴苣》诗就曾提到它。北宋初年成书的《清异录》载:"呙国使者来汉,隋人求得菜种,酬之甚厚,故名千金菜,今莴苣也。"说明莴苣是隋朝才引入的外来蔬菜。但是,关于它的具体引入过程史书无记载,隋唐五代三百余年间的文献中也未提及。

《本草纲目》卷二十七"菜部"记载:莴苣(食疗)。

释名:莴菜、千金菜。时珍曰:按彭乘《墨客挥犀》云:莴菜自呙国来,故名。

(二)西瓜

西瓜原产非洲,在埃及栽培已有五六千年的历史。宋代欧阳修《新五代史·

四夷附录》记述有：五代同州郃阳县令胡峤入契丹"始食西瓜"。于是，西瓜从五代时由西域传入中国的说法，几成定论。但是，李时珍《本草纲目》中指出：西瓜又名寒瓜。"盖五代之先，瓜种已入浙东，但无西瓜之名，未遍中国尔。"1976年，广西贵县（今贵港）西汉墓椁室淤泥中曾发现西瓜籽；1980年，江苏省扬州西郊邗江县（今扬州邗江区）汉墓随葬漆笥中出有西瓜籽，墓主卒于汉宣帝本始三年（前71）。据此，西瓜可能在五代之前已经传入中国，只是初时并不称西瓜而已。

佟屏亚《果树史话》："大致说来，我国大江南北种植西瓜系南宋时洪皓引自北方金国；金国种的西瓜则引种于契丹；契丹是在西征回纥时得到西瓜种子的；而回纥种的西瓜则是经中亚引种来的。……推断可能在秦汉以来，西瓜已引进我国边疆地区，或在西北省份有少量种植；宋代以后，通过商业交往、人民迁徙和频繁战争，西瓜才在大江南北广大地区迅速传播开来。"

（三）阿月浑子

阿月浑子原产伊朗。中国农业遗产研究室《作物源流考》对阿月浑子的解析是：

阿月浑子简称阿月，一名胡榛子，又作无名子，今人俗称"开心果"。段成式《酉阳杂俎》："胡榛子，阿月生西国，蕃人言与胡榛子同树，一年榛子，二年阿月。"陈藏器《本草拾遗》："阿月浑子生西国诸番，与胡榛子同树，一岁榛子，二岁阿月浑子也。"阿月犹言坚果，阿月浑犹言阿月浑子之坚果。波斯今又称阿月浑子为"Piatan"，故中译又为必答，见忽思慧《饮膳正要》及赵学敏《本草纲目拾遗》，或作罽必思檀，见明慎懋官《华夷花木鸟兽珍玩考》《大明一统志》及清蔡方炳《增订广舆记》。"罽"为古代中亚的一个国家或地区名，亦音译为"罽宾"，必思檀乃"Pistan"之音译。必思答之名起自元代，盖随波斯文之演进而来，中国学者不知阿月浑子、必答与必思答三者为一物，故著录家无述及之。《本草纲目拾遗》亦以"阿月浑子"为二物，"胡榛子"言其果实似榛子，俱误。

此植物皆言生西国，《酉阳杂俎》及《本草拾遗》载"阿月浑子生西番"，《饮膳正要》及《本草纲目拾遗》载"必思答出回回地"，《华夷花木鸟兽珍玩考》《大明一统志》《增订广舆记》载"罽必思檀生撒马尔罕"。撒马尔罕今俄领中亚细亚之一州，古称西番。惟《南州记》谓生广南山谷。《齐民要术》曾引之，故其传入中国，当在南北朝以前。

（四）扁桃（巴旦杏）

《酉阳杂俎》前集卷十八："偏桃，出波斯国，波斯呼为婆淡。树长五六丈，围四五尺，叶似桃而阔大，三月开花，白色。花落结实，状如桃子而形偏，故谓之偏桃。其肉苦涩不可啖，核中仁甘甜，西域诸国并珍之。"

《本草纲目》卷二十九"果部"：

巴旦杏（纲目）。

释名：八担杏、忽鹿麻。

集解：时珍曰：巴旦杏，出回回旧地，今关西诸土亦有。树如杏而叶差小，实亦尖小而肉薄。其核如梅核，壳薄而仁甘美。点茶食之，味如榛子。西人以充方物。

气味：甘，平、温，无毒。

梁家勉先生认为："扁桃（巴旦杏）产于中亚细亚，中国文献中最早见于《酉阳杂俎》，称为'偏桃'。'偏桃，出波斯国……'引入后主要种于新疆、甘肃、陕西等地温暖而较干燥的地区。"

《中国农业百科全书·果树卷》记载："中国在唐代已由伊朗引入扁桃到北方地区，栽培历史至少有 1 000 多年。"

第四节　作物构成的变化和农耕制度的发展

一、稻地位的上升

唐代大田作物构成最大的变化是稻地位的上升，进而逐步取代了粟的传统地位。在《齐民要术》中，谷列于首位，而大、小麦和水稻地位稍靠后。但是在《四时纂要》中，通过考察其全年各个月份的农事安排，已经看不出上述的差别，有关于大、小麦的农事活动出现的频率反而居多。为了能够对唐代大田作物种类及其构成大致了解，在这里先把《四时纂要》所载大田农事活动逐月罗列如下。[①]

正月：耕地，准备农具种子，粪田，锄麦，种春麦、豍豆、苜蓿、藕等，开荒。

二月：耕地，种谷子（粟）、大豆、早稻、胡麻、芋、薯蓣、百合、枸杞、红花、地黄、桑、茶等。

三月：种谷子、麻子、大豆、黍稷、水稻、胡麻、柴草、蓝、薏苡、苴等。[②]

四月：锄禾，种谷子、黍、稻、胡麻等，收蔓菁子压油。

五月：翻晒麦地，种小豆、苴麻、胡麻，种绿肥作物（绿豆、小豆、胡麻

---

① 所列农事活动不包括园艺、桑蚕、林业、渔业、畜牧和副业。

② 该月尚有"种木棉"一项，疑为后人编入，故不录。

等），收红花子，种晚红花，栽蓝，栽旱稻，种桑椹，储麦种①，收豌豆。

六月：翻晒大、小麦（杀虫防蛀），种小豆、宿根蔓菁。

七月：耕开荒田，为明年春谷地翻压绿肥，种苜蓿、荞麦②、芸薹。

八月：为明年春谷地翻压绿肥，种大麦、小麦、苜蓿（苜蓿可与大、小麦混播）、芸薹。收薏苡、油麻、秫、豇豆，压油。

九月：收五谷种。

十月：种豌豆、麻，收诸谷种、大小豆种。③

十一月：试谷种。

十二月：造农器，粪田。

从上述记载看，唐代大田作物种类与《齐民要术》所记述的相比，大体相同而有所增加，作物结构则有较大变化。

在《齐民要术》所载的各种粮食作物的排位中，谷（粟）列于首位，而大、小麦和水、旱稻却排得稍后。《四时纂要》则看不到这种差别，有关大、小麦的农事活动出现的次数反而最多，粟和稻出现次数也不少，粟、麦、稻显然是当时三大作物。大豆和杂豆出现次数不算多，黍稷出现次数更少。唐颜师古就说过："秋者谓秋时所收谷（粟）稼也。今俗犹谓麦豆之属为杂稼。"④ 至于种麻子，《四时纂要》虽也提及，但书中又提到了大麻油，麻子似乎主要作为油料而不是作粮食。

上述情况，在唐代租税的征纳物中也有反映。唐初租庸调中的租和义仓的税都规定纳粟，稻、麦之乡虽然也可以用稻、麦代粟，但只算是变通办法，粟仍在粮食中占据最高地位。⑤ 1971 年对洛阳隋唐含嘉仓城进行了钻探和发掘，已探出 259 个排列整齐的地下粮窖。其中，160 号窖保存了大半窖已经变质炭化的谷子。据推算，这堆炭化谷子原体积应与窖的容积大体一致，重约25 万 kg。这一空前发现证明了粟产量之大。⑥ 不过南方经六朝开发，已经相当富庶，稻生产相当发达。这种情况在唐代继续发展。

唐代吟咏南方水稻生产的诗歌不少。如"东屯大江北，百顷平若案。六月青稻多，千畦碧泉乱。插秧适云已，引溜加溉灌。"⑦ 描绘了具有良好排灌系

---

① "储麦种"原列于四月，今按编者自注移于五月。

② 种荞麦在立秋前后，原列于六月，今移于七月。

③ 此月列有种豌豆、种麻，似为南方农事。《四时纂要》以北方农事为主，但也记有南方的一些农事活动，如植茶等。

④ 见《汉书·元帝纪》永光元年三月条，颜注。

⑤ 如《唐六典》卷三"仓部郎中"条谈到义仓谷要纳粟，"乡土无粟，听纳杂种充"。

⑥ 《洛阳隋唐含嘉仓的发掘》，见《文物》1972 年第 3 期。

⑦ 杜甫：《行官张望补稻畦水归》，见《杜少陵集》卷十九。

统的大面积江南稻田的图景。在洛阳含嘉仓 3 个窖穴发现的三块铭文砖中，记载有武则天时代（天授、长寿、圣历年间）若干江南租米和华北租粟的入窖数目，其中就有苏州的大米一万多石。说明江南的稻米已开始北运。不过唐初稻米北运岁不过二十万石，中唐以后便增至三百万石了。[1] 当时的人说："赋出于天下，江南居十九"，[2] "今天下以江淮为国命"。[3] 这种情况反映了唐中叶以后全国经济重心的南移，也说明了以南方为主要产区的稻在粮食生产中的地位已逐步超过了粟。

可见唐代初期已经出现了南粮北运。

这一时期，北方的水稻生产也有发展，尤其是唐初。北方农田水利的复兴，促进了关中、伊洛、河内、河套、幽蓟等地水稻生产的发展[4]，稻产区的北界也随之扩展。唐代敦煌文书和吐鲁番文书就有不少稻作的记载[5]，唐玄宗时，伊州（即今哈密）已每年给中央政府贡献稻米。[6] 在以黑水靺鞨为主体建立的渤海国中，"庐城之稻"已成为当地的名产。[7] 这说明唐代新疆与东北都有稻谷生产。

麦类生产的发展也很突出。前面谈到唐代麦钐的出现和碨碾的发展，表明了北方麦类生产的规模已相当大，这与《四时纂要》所反映的情况一致。唐代的南方，在东晋、南朝推广种麦的基础上，麦作又有了进一步的发展。许多州郡都有种麦的记载。由于麦作的发展，唐代诗文中也出现了不少关于种麦的描述。例如：

岳州：年年四五月，茧实麦小秋。积水堰堤坏，拔秧蒲稗稠。[8]

苏州：去年到郡时，麦穗黄离离。今年去郡日，稻花白霏霏。[9]

越州：偶斟药酒欺梅雨，却著寒衣过麦秋。[10]

润州：簟凉初熟麦，枕腻乍经梅。[11]

江州：四月未全热，麦凉江气秋。[12]

---

① 《新唐书》卷五十三：《食货三》；《旧唐书》卷四十九：《食货志下》。
② 韩愈：《送陆歙州诗序》，见《韩昌黎集》卷十九。
③ 杜牧：《上宰相求杭州启》，见《樊川文集》卷十六。
④ 张泽咸：《试论汉唐间的水稻生产》，见《文史》第 18 辑。
⑤ 《敦煌资料》第 1 集（261～274 页），中华书局，1961。
⑥ 《册府元龟》卷一六八：《却贡献》，载唐玄宗开元七年二月敕"伊州岁贡年支米一万石宜停"。
⑦ 《新唐书》卷二一九：《渤海传》。
⑧ 《元氏长庆集》卷三：《竞舟》。
⑨ 《白居易集》卷二十一：《答刘禹锡白太守行》。
⑩ 方干：《鉴湖西岛言事》，见《全唐诗》卷六五。
⑪ 许浑：《闲居孟夏即事》，该诗当作于许氏润州别业，见《全唐诗》卷五二九。
⑫ 《白香山集》卷七：《游溢水》。

台州：铜瓶净贮桃花雨，金策闲摇麦穗风。[1]

宣州：丰岁多麦，傍有滞穗。[2]

荆州：荆州麦熟茧成蛾。[3]

池州：分开野色收新麦，惊断莺声摘嫩桑。[4]

饶州：韦丹、窦从直，……奏江饶等四州旱损，……并劝课种蒔粟麦等事宜。[5]

容州：韦丹……为容州刺史，……屯田二十四所，教种茶、麦。[6]

楚州：川光净麦陇。[7]

鄂州：冬来三度雪，农者欢岁稔。我麦根已濡，各得在仓廪。[8]

湘州：卖马市耕牛，却归湘浦山。麦收蚕上蔟，衣食应丰足。[9]

夔州：巴莺纷未稀，徼麦早向熟。[10]

峡州：白屋花开里，孤城麦秀边。[11]

此外，据《蛮书》载，唐时云南亦多种麦，麦就越来越成为一种重要的征纳物。永泰元年（公元 765）"五月，京畿麦大稔，京兆尹第五琦奏请每十亩官税一亩，效古十一之义"[12]。这是针对当时"税亩苦多"所采取的措施，税麦的出现应在此之前。大历五年（公元 770）三月，规定"京兆府夏麦，上等每亩税六升，下等每亩税四升，……秋税上等每亩税五升，下等每亩税三升……"[13]，从上述税率看，在关中地区夏麦的亩产已赶上了秋粟的亩产。到了建中元年（公元 780）终于正式颁布了两税法，规定"居人之税，秋夏两征之，……夏税无过六月，秋税无过十一月"[14]。两税中的地税是征收麦、粟、稻等谷物，夏税截止期在 6 月，因为这时麦子已收完；秋税截止期在 11 月，因为这时粟和稻都已收完。两税法的实行，显然是以稻、麦生产的扩大为重要前提的。

总之，我国北粟南稻的格局自新石器时代以来即已形成。由于经济重心在

---

① 陆龟蒙：《和袭美腊后送内大德从勖游天台》，见《唐甫里先生文集》卷十。

② 《因话录》卷四。

③ 《李太白集》卷四：《荆州歌》。

④ 《唐风集》卷中：《献池州牧》，引自《全唐诗补》。

⑤ 《白香山集》卷四：《与韦丹诏》。

⑥ 《新唐书·循吏传》。

⑦ 《李太白集》卷九：《赠徐安宜》。王琦注：唐时淮南道楚州有安宜县。

⑧ 《元次山文集》卷三：《雪中怀孟武昌》。

⑨ 《王建诗集》卷四：《荆南赠别李肇著作转韵诗》。

⑩ 《杜少陵集》卷十五：《客堂》，作于云安县。

⑪ 《杜少陵集》卷二一：《行次古城店泛江作，不揆鄙拙，奉呈江陵幕府诸公》。

⑫ 《册府元龟》卷四八七：《赋税》。

⑬ 《文苑英华》卷四三四：《京北府减税制》。

⑭ 《旧唐书·杨炎传》。

黄河流域，粟在全国粮食生产中亦占首要地位。从新石器时代到唐初，作物构成虽局部有所变化，但上述北粟南稻的格局基本延续下来。直到这一时期，原有格局开始被打破。中唐以后，稻逐渐代替了粟在全国粮食生产中的首要地位，麦也紧紧跟上，而粟处于两者之后。

二、复种耕作制开始出现

麦类在南方的种植虽然起源很早，但稻麦复种一年两熟制的明确记载，却首见于唐代。唐代樊绰的《蛮书·云南管内物产第七》记载："从曲靖州已南，滇池已西，土俗唯业水田，种麻、豆、黍、稷不过町疃。水田每年一熟，从八月获稻，至十一月十二月之交，便于稻田种大麦，三月四月即熟。收大麦后，还种粳稻。小麦即于冈陵种之，十二月下旬已抽节如三月，小麦与大麦同时收刈。"这是关于中国南方实行稻麦两熟制的最早记载。

从上述记载看，稻麦复种已是云南滇池一带（当时云南在以白族为主体的政权统治下）主要的耕作制度，与水稻复种的作物是大麦，从11月、12月之交到次年3～4月，生长期约4个月，而当时长江流域8月种麦，次年4～5月收麦，是早熟的品种。这也与云南气候比较温暖有关。云南早在铜石并用时代即已种麦[1]，麦作有悠久的历史，首先出现稻麦复种制，并非偶然。长江中下游地区在唐代是否有稻麦两熟，目前尚无足以确证的资料[2]。这一地区稻麦两熟制的条件虽已逐步成熟，但它的初步发展，应在南宋时代。岭南的双季稻已有悠久历史，在唐代，也有岭南"收稻再度"的记载。[3] 到北宋时双季稻已发展到福州、昆明、贵阳一线。地处吐鲁番盆地的高昌，也继续实行谷麦两熟制，如《新唐书·西域传》载，"高昌……土沃，麦、禾皆再熟"。

在黄河流域，耕作制度也有所发展。北魏均田令曾规定不少田地要定期休耕，隋唐时期这类现象减少了。从《四时纂要》农事活动安排看，当时已广泛实行绿肥作物与禾谷类作物的复种，5月麦收后，又可以安排小豆、枲麻、胡麻等作物的种植。《齐民要术》卷首《杂说》："禾秋收了，先耕荞麦地，次耕余地。"显然是荞麦与早秋作物复种。"其所粪种黍地，亦刈黍子，即耕两遍，熟盖，下糠（穤）麦[4]，至春，锄三遍止。"这是禾麦复种的另一种方式。唐

---

① 云南剑川海门口铜石并用遗址曾发现麦穗，该遗址距今约3100年，相当于中原的商代。
② 有人主张唐代长江下游已普遍实行稻麦两熟制。见李伯重：《我国稻麦复种制产生于唐代长江流域考》，《农业考古》1982年第2期。但论据尚嫌不足。
③ 真人元开：《唐大和上东征传》。
④ 原文作"穤麦"，石声汉、缪启愉并疑为"糠麦"之误，参见《齐民要术今释》第19页及《齐民要术校释》第17页。

初，关中地区"禾下始拟种麦"①，说明冬麦与粟复种在唐代确实有所发展。若与豆类、荞麦等晚秋作物相结合，则某些地区便可能实行以冬麦为中心的两年三熟制。唐初内外官职田有陆田（种禾黍）、水田（种水稻）和麦田，麦田与陆田和水田是分开的。到德宗时出现了所谓"二稔职田"的名目②，所谓"二稔"应指麦禾二熟或麦稻二熟，所以它应是包括两年三熟制的耕地在内的。唐中叶以后，夏秋两税成为定制，夏收麦子中，可信有一部分是实行复种的。不过，唐代北方实行两年三熟制的范围估计不会大，普及程度也不会高。

传统的种植结构变迁与传统的作物品种传播与当时的农业生产技术水平、农业生产工具等诸多因素是分不开的。例如，960 年小麦开始在长江流域大发展，形成"极目不减淮北"的局面。1012 年宋真宗遣使福建，取占城稻三万斛，分给江、淮、两浙三路种植，是我国历史上水稻的一次大规模引种。1061年油菜已成为江南地区的油料作物。1100 年左右我国最早的水稻品种志《禾谱》问世。这些都是推动复种指数增加的关键因素。

三、作物结构的重大变化

秦汉时期，我国大田作物的结构大致是：粮食作物以粟、菽、麦为主；纤维作物以麻为主；油料作物以芝麻为主。从隋唐开始稻麦地位急剧上升，中唐以后粮食作物转为以稻、麦为主，纤维作物转向以棉花为主，油料作物以油菜为主。

水稻，在唐代之前虽然是五谷之一，但是在全国不占主要地位。直到隋唐时期，南方地区开发，水稻在粮食中地位才随之提高，唐代始出现了最早的南粮北运局面。水稻地位提高主要是由于西晋南北朝以来政治、经济重心南移，南方加速开发，人地矛盾突出，开始对土地进行改造，修筑大量围田、梯田、涂田，提高土地利用率，稻田面积大为增加，同时稻作技术的提升使得水稻产量又有很大提高。据研究，唐代南方水稻亩产量约为 1.5 石（138 kg）米；宋代（太湖地区）水稻亩产量约为 2.5 石（225 kg）米，比唐代增长 63％。因此，当时的太湖地区有"天下粮仓"之美誉，水稻也被称为"安民镇国之至宝"③。

唐代以后，北方麦作由于水利、耕作、加工等技术的进步，发展很快。北宋时，小麦成为北方人的常食。两宋之际，北人南迁，麦价飞涨，促使南方麦作快速发展。不但"有山皆种麦"，而且实行了稻麦轮作，使得麦作区大大增

① 《旧唐书》卷八十四：《刘仁轨传》。
② 《唐会要》卷九十二"内外官职田"。
③ 赵希鹄：《调燮类编·粒食》。

117

加，麦的地位在历史上很快超过了传统作物——粟。从全国范围看，原来粟、麦为主的粮食作物结构，被稻、麦为主的粮食作物结构所取代。

宋代以前，我国衣被原料主要以麻、葛、丝和动物皮毛为主。宋以后，棉花传入内地，其许多优点为人们所认识，"比之桑蚕，无采养之劳，有必收之效。埒之枲苎，免绩缉之工，得御寒之益，可谓不麻而布，不茧而絮"，[①]棉花很快成为遍布天下"地无南北皆宜之，人无贫富皆赖之"的大众化衣被原料。遂棉花代替了传统的麻类作物，成了最主要的纤维作物，极大地改善了当时人们的物质生活水平。

油菜，在我国古代是作为一种白菜型的蔬菜，分为南方油白菜和北方油白菜两种。汉代作为叶类蔬菜食用，南北朝时期油白菜已经是"最为常食"的品质优良的大众化蔬菜，并且首次出现了"籽可作油"的记录。北方古时候称其为芸薹，唐代陈藏器的《本草拾遗》中有取芸薹"子压取油"的说法。但是由于油菜在大田中种植不广，当时并未成为主要的油料作物。

唐宋期间作物结构的重大变化，基本奠定了我国以后作物结构的大体格局。虽然明清时期引进并大面积推广了玉米、甘薯等高产、稳产作物，但是从全国范围来看，稻、麦仍然是最为重要的粮食作物。

第五节　南方稻作形成对当时社会的影响

一、对传统精细经营的影响

在唐朝之前，人们对江南水田耕作技术的认识主要来自《史记》《汉书》。例如"火耕水耨，饭稻羹鱼"，描述的是比较原始的、落后的农作方式。后来的《隋书·地理志》也没有江南耕作技术的描述。学术界多认为唐之前南方水田耕作技术相对北方来说是落后和粗放的，这种状况于中唐之后逐渐改变。陆龟蒙《耒耜经》提到："耕而后耙，渠疏之义也，散坺去芟者焉。""和土去草"是南方耙地的重要作用。唐代针对南方水田土壤较黏重和阻力大的特点，又制作出木质外带列齿的礰礋或磟碡，不仅能破碎土块，还能混合泥浆，且负荷又轻，从而大大提高了水田农作的效率和质量。

另据《唐六典》卷七描述，当时种稻一顷需用工948日，而种禾一顷需用工283日，说明南方水田生产耕作已经达到很高的劳动集约程度，精耕细作技术水平也相当高。

宋代陈旉编撰的《农书》，是第一部系统论述南方稻作技术的农学著作，书中提到的与水稻栽培技术有关的"十二宜"，首次提出作物栽培生长期，不但要使用

---

① 《王祯农书·纩絮门》。

底肥、种肥，还要使用追肥技术，且提出了著名的"地力常新壮说"。史学界普遍认为，《陈旉农书》的出现，是我国南方水田精耕细作技术体系成熟的标志。

二、对南方粮食生产中心形成的影响

由于政治经济中心南移，使得我国南方水田耕作技术发展迅速，一套以耕、耙、耖为主要内容的水田耕作技术逐步发展成熟。江东曲辕犁是唐代最先进的耕犁，与此同时，为水田灌溉服务的龙骨车、筒车等提水农具也得到广泛推广应用。中唐后期，水利建设的重点转移到南方，尤其是五代时期吴越太湖流域逐步形成了塘浦圩田系统，奠定了其后来发展成为全国著名粮仓的基础。

南北朝时期长江流域已很繁荣，因而使唐朝的国力又超过秦汉。中唐以后，全国经济重心已有再向南方推移的迹象。在南方经济的发展中，水稻的大量增产起着主导作用。虽然现在没有唐宋时期的粮食统计，但是可以肯定地说，至迟到北宋时，稻的总产量已经上升到全国粮食作物的第一位。江南的水稻生产在唐初和中后期发生了较大变化，《洛阳隋唐含嘉仓的发掘》（《文物》，1972 年第 3 期）一文对此有所描述，存有武则天时期江南租米和北方租粟的入窖账目，其中有苏州大米 1 万石。《新唐书》卷 53《食货三》、《旧唐书》卷 49《食货志下》描述，唐初江南稻米北运不过 20 万石，中唐以后便增至 300 万石。由此可见，南粮北运至晚始于中唐。

三、对当时社会的影响

唐朝统治者虽然建都在北方，但是已经意识到南方经济地位的重要性。东晋以后南方的开发、大运河的开通，把南北经济紧密联合起来，为后来大唐帝国的繁荣昌盛打下了坚实的基础。

———————————— **参 考 文 献** ————————————

缪启愉，1988. 元刻农桑辑要校释［M］. 北京：农业出版社.

梁家勉，1989. 中国农业科学技术史稿［M］. 北京：农业出版社.

王毓瑚，1981. 王祯农书［M］. 北京：农业出版社.

吴震，1962. 介绍八件高昌契约［J］. 文物（7-8）：77，79，82.

游修龄，1985. 释稻［M］//农史研究：第 5 辑. 北京：农业出版社.

广东省农业科学院，轻工业部甘蔗糖业科学研究所，1963. 中国甘蔗栽培学［M］. 北京：农业出版社.

第六章 传统农业精细经营的成熟期
——多熟制农业形成发展时期

多熟制自南宋到明清经历了从开始到成熟的发展过程。究其成因，既有社会因素，也有栽培技术提高、外来作物引进等原因。

首先是南宋政治经济中心南移，宋代中棉和占城稻的引进推广开启了多熟制的发展，到明清时期，随着对外交流的增多，我国引进了许多美洲作物，其中既有玉米、甘薯、马铃薯这样重要的粮食作物，也有花生、向日葵一类油料作物；既有番茄、辣椒、菜豆、番石榴等蔬菜、果树，也有烟草、陆地棉（美洲棉）这样的嗜好作物和衣被原料作物，种数超过了20种。

外来作物的引种推广，引起了种植结构的重大变化，复种指数增加，粮食单产剧增，也带动了人口数量的剧增，对农业生产、社会经济产生了重大影响。

第一节　多熟制发展成熟的原因

一、长江流域及南方多熟制成因

（一）人口南移

1127年金人攻破汴京（今开封），宋王室南迁，建都临安（今杭州），史称南宋。南北宋时期，契丹、党项、女真等游牧民族，在我国北方建立了辽、西夏、金等政权，与宋王朝的长期对峙和战争，致使北方农业生产受到破坏，但是民族的大融合客观上又推进了农耕技术向北方拓展。由于人口大量南移，更加促进南方的开发，使得南宋时期我国经济中心南移的过程最终得以完成。随着作物栽培技术的不断提高，加上外来作物的不断引进，特别是明清时期美洲作物的引进推广，以及明清时期人口迅速膨胀，加大了对粮食的需求量，使得传统农业精耕细作技术到清代达到了顶峰——作物栽培多熟种植技术达到成熟。传统农业逐步形成了以多熟制为主的农业种植体系。

宋代以后南北方人口之比出现显著变化，促使农业生产形成南北新格局。

"靖康之变"之后,随着宋王室定都临安,北人纷纷南迁,"中原士民,扶携南渡,不知其几千万",南方人口迅速超过北方。《新唐书·地理志》统计,唐代天宝元年(742),全国人口为5 097.5万人,其中黄河流域为3 042.4万人,占人口总数的59.68%;长江流域为1 939.0万人,占人口总数的38.03%。宋代元丰三年(1080),据《文献通考·户口》统计,全国人口3 330万人,其中黄河流域1 159万人,占人口总数的34.8%;长江流域1 945万人,占人口总数的58.4%。之后长江流域人口继续增长。元代全国3/4人口分布在长江以南地区。可以看出,到宋代南方人口已经绝对超过北方,这为南方地区农业发展提供了人才和技术保障。

许多社会因素也是宋代发展多熟种植的推动力。

(1)政府倡导。由于自然灾害频繁,杂种五谷备荒。《宋史·食货志上一》记载,北宋太宗"召江南、两浙、荆湖、岭南、福建诸州长史,劝民宜种诸谷。民乏粟、麦、豆种者,于淮北州郡给之。"

(2)麦子需求量增加。从12世纪起,北方居民再次大量南徙,"四方之民,云集两浙,百倍常时。"庄季裕《鸡肋篇》:"建炎(1127—1130)之后,江、浙、湖、湘、闽、广,西北流寓之人遍满。绍兴(1131—1162)初,麦一斛至万二千钱,获利倍于种稻。"北人南迁后,喜食面食的习惯没有改变,善于种麦的技术也不会忘记,市场需求加大,价格上升,大大刺激了麦子的种植。

(3)稻田种麦不收田租。当时南方"佃户输租,只有秋课,而种麦之利,独归客户。"佃户利用冬闲之田种麦,收获归己,"于是竞种春稼,极目不减淮北"。[①]诸多因素促使麦子种植区由原来高亢丘陵向低平水稻区扩展,稻麦轮作制在江南逐渐发展起来。

(二)占城稻利用与推广

小麦具有较强的耐寒性,能在秋冬的低温条件下生长发育。小麦原先在北方种植,虽然在南方地区较早就有栽培,但是种植面积较少。东晋南北朝到唐代,小麦在南方种植逐渐增多,但主要在丘陵地带种植。直到宋代,小麦在我国南方才有了较大的发展。小麦在南方的大面积推广为南方地区多熟制的发展提供了条件。同时,水稻品种的增加也为提高复种指数和多熟种植创造了条件。宋代水稻已经有了早、中、晚及籼、粳、糯类型之分,耐旱的早熟品种占城稻(生育期110 d左右)在南宋时期也得到大力推广。

占城稻原产占城国(今越南中南部),传入中国的时间史无记载,但北宋时

期，福建已经大量种植。占城稻"耐水旱而成实早"又有"不择地而生"的优点，是一种耐旱的早熟籼稻品种，其生育期约为 110 d，为推广双季稻、稻麦轮作提供了可能。特别是南宋以后，由于政治经济重心南移，北方的小麦在南方得到普及和推广，这两方面的原因，使得宋代稻麦轮作得到推广普及。于是水稻首次上升为全国首要的粮食作物，麦作也发展迅速，地位仅次于水稻。稻麦两熟制的推行具有重大意义。首先在经济方面，冬小麦秋季播种，夏初收获，其生长季节与喜高温的春播作物——水稻不冲突，充分利用了自然资源，增加了复种指数，使江南的水田由一年一熟，变成了一年两熟，土地利用率提高了 1 倍，粮食单产、总产大为增加。其次在社会功能方面，春夏之交收获麦子可以起到"续绝继乏"之功用，"其收获又足以助岁计也"。麦子的收获是在农民青黄不接的时候，特别是灾荒年份，能起到救荒的作用，可以说对社会的稳定具有不可估量的作用。再次在农业技术方面，稻麦两熟制实行水旱轮作，改善了土壤物理状况，增加了通气性，起到熟化土壤的作用，有助于保持和提高地力。宋代农学家陈旉认为：这种耕作制度，具有"熟土壤而肥沃之，以省来岁功役"的良好作用。因此，稻麦两熟制的形成，是我国耕作制度的一项重大进步。

占城稻引进后，旱田改成水田，双季稻地域大大增加，政府也提倡在北方开辟稻田，此时水稻在粮食生产中的主要地位也完全确立。因而宋代就有"苏常熟，天下足"和"苏湖熟，天下足"的谚语；明代又有"湖广（今湖南、湖北两省）熟，天下足"的说法。在南方地区特别是长江流域，迅速发展起来的稻麦两熟制代替了原来的南方的单一稻作的种植结构。史学界对宋代的这一变化给予了极高的评价。而北方地区，由于气候的原因，无霜期短、干旱少雨，在当时发展多熟制受到许多因素的限制。

明清时期耕作制度的发展突出表现为双季稻和三熟制在南方许多地区有较大发展。双季稻早稻一般采用生长期短、收获早的品种，遇到灾害有较大回旋余地。清代康熙时期，长江流域曾广泛推广双季稻。随着双季稻的发展，加上麦和油菜在南方的普及推广，在自然条件适宜地区，逐步发展为麦—稻—稻，或者油—稻—稻等形式的三熟制。

（三）油菜的引进及南方多熟制的形成

油菜籽出油率高，是禾谷类作物的优良前作，而且"易种收多"，在南方经冬不死。油菜在南宋时期就成为南方重要的冬作物，与水稻搭配，形成水稻、油菜一年两熟（甚至三熟制）的耕作制。南宋诗人项安世在《送董焴归鄱阳》中写道："自过汉水，菜花弥望不绝，土人以其子为油。"[1] 油菜在中国的

---

[1] 项安世：《平庵悔稿》卷六。

栽培历史悠久，作为油料作物大约在唐宋时期。在花生传入我国之前的南宋时期，成为继芝麻之后又一重要的油料作物，而且油菜的地位迅速超过芝麻，成为重要的大田作物。油菜具有许多优点：①油菜比较耐寒，经冬不死，适宜稻田中冬作。②油菜生长期间的落花、落叶有肥地之功效，是禾谷类作物的优良前作。③油菜既可以作为蔬菜又可以作为油料作物。油菜籽榨油率很高，仅次于芝麻，但比芝麻"易种收多"。鉴于以上诸多优点，油菜种植很快在南方发展起来。

《务本新书》记载："十一月种油菜。稻收毕，锄田如麦田法，即下菜种，和水粪之，芟去其草，再粪之，雪压亦易长。明年初夏间，收子取油，甚香美。"可见，宋人已把油菜当成南方稻田重要的冬作物，与水稻形成稻油一年两熟的耕作制度。油菜在大田作物中的地位迅速上升，超过芝麻，成为我国继芝麻之后又一重要的油料作物。油菜的推广，为宋代解决人地矛盾，提高复种指数和土地利用率，南方多熟种植大为发展起了推动作用。

到了明清时期，南方地区多熟制又有进一步发展，据文献记载，当时比较流行的间作套种形式有：粮豆间作、粮菜间作、早晚稻套种、稻豆套种、麦棉套种、稻薯套种、稻蔗套种以及麦稻连作等。

二、黄河中下游及北方多熟制的成因

（一）人口激增，粮食需求量加大

明朝至清前中期（1368—1840），中国普遍出现人多地少的矛盾，农业生产进一步向精耕细作化发展。美洲新大陆的许多作物被引进中国，对中国的农作物结构产生了重大影响，精细经营和多熟种植成为农业生产的主要方式，也是清代粮食单产和总产大幅度提高的主要原因。著名农业史专家万国鼎先生认为："清初人口1亿多，乾隆初年超过2亿，乾隆末已近3亿，清末达4亿左右。如果粮食生产不能大量增加，人口绝不可能增加得这样多而快。粮食增产的因素很多，清初以来的粮食增产当然不是单靠新的高产作物的引种，稻、麦等原有作物的增产所占比重可能还比较大些，但是玉米、甘薯等新作物的额外大量增加，必然也起了不可忽视的重大作用。"

（二）域外作物的引进与利用

宋代中棉的引进推广，改变了人们几千年来衣被面料以麻（丝）为主的现象，稻、麦地位的上升，也从根本上改变了人们以粟、黍（特别是北方）为主食的饮食结构，也是禾谷类作物的优良前作。

明清时期由于哥伦布于1492年发现了美洲大陆，加上世界航运的兴起，美洲的一些农作物开始引入我国，形成我国作物引进史上第3次高潮期，如玉米、花生、甘薯、马铃薯、烟草、辣椒等20余种美洲作物相继引入我国，在改变传统种植结构，大幅度提高粮食产量，改善人们生活水平、饮食结构等方面起了巨大作用。

18世纪中叶以后，我国北方除了一年一熟的寒冷地区外，山东、河北及陕西关中地区已经较普遍实行两年三熟制，这种农作制经过几十年的逐步完善，到19世纪前期已经定型。典型两年三熟制的轮作方式是：谷子（或玉米、高粱）—麦—豆类（或玉米、谷类、薯类）。

三、重要农学思想

这一时期综合性农书的代表为《王祯农书》、《农政全书》与《授时通考》，元代的《王祯农书》（1313）在我国古代农学遗产中占有重要地位，它兼论北方农业技术和南方农业技术。《农政全书》的撰著者为徐光启（1562—1633），编写于天启五年（1625）至崇祯元年（1628）；而《授时通考》是依据乾隆皇帝旨令由内廷阁臣集体汇编的一部大型农书，从编纂到刊印前后历时5年。这后两部农书既是对中国长达4 000年传统农业的凝练结晶，又是对南宋至清近800年以多熟制为主要特征的传统农业的全面总结。可以说，它既能体现出传统农业的特点与精髓，也同现代农业生产有一脉相通之处，承上启下有如"一个典型的里程碑"[1]，因此就其文献学上的地位，也自有得以传世并供人参阅的因由。另外，明末科学家宋应星（1587—1661）撰写的《天工开物》，对中国古代的各项技术进行了系统的总结，构成了一个完整的科学技术体系。

第二节 作物结构的重大变化[2]

据明代《天工开物》对当时主要粮食消费状况概括性记载："今天下育民者，稻居什七，二来、牟、黍、稷居什三。麻、菽二者，功用已全入蔬饵膏馔之中。……四海之内，燕、秦、晋、豫、齐、鲁诸道，凡民粒食，小麦居半，而黍稷、稻、粱仅居半。西极川、云，东至闽、浙、吴、楚腹焉，方长六千里中，种小麦者，二十分而一。"《天工开物》的记述反映了明代全国范围水稻种植已占7/10，但在北方地区仍然以小麦为主（约占一半），而水稻连同黍子、

---

[1] 游修龄：《从大型农书的体系比较试论〈农政全书〉的特点与成就》，载《中国农史》1983年第2期。

[2] 玉米、马铃薯、甘薯部分主要参考王秀东博士学位论文《可持续发展框架下我国农业科技革命研究》。

谷子合起来为另一半。作为当时人们衣食之源的作物种植情况系统记载的文献很少，《天工开物》的记述基本反映了当时水稻、小麦粮食作物的主导地位，即使后来引进的玉米、甘薯等美洲作物，很长时期也没有撼动二者的主导地位。

作物结构的变化和发展取决于自然环境条件、社会经济条件、技术条件及农民传统习惯等诸多因素。明清时期虽然自然环境条件变化不大，但是社会经济条件、科学技术水平却发生了显著变化。具体表现在，明清时期有玉米、花生、甘薯、马铃薯、烟草、辣椒等粮食作物、油料作物、蔬菜作物、纤维作物、嗜好作物 20 多种美洲作物相继传入我国，对我国后来的种植结构变化产生了巨大影响。下面主要介绍几种重点作物。

一、粮食作物

（一）玉米

玉米（*Zea mays* L.）属禾本科玉蜀黍属，又名苞谷、苞米、苞粟、苞芦等，山东一带称其为玉蜀秫或苞儿米。原产于美洲的墨西哥、秘鲁、智利安第斯山脉的狭长地带，1492 年哥伦布发现美洲新大陆后始传入欧洲，辗转传入中国。

据考证，玉米经多途径传入我国。玉米传入我国的时间和途径由于缺乏明确记载，一直众说纷纭。从我国最早载有玉米记录的方志和史料中可以发现，玉米经多种途径多次传入我国的可能性极大。

较早记载种植玉米的文献主要见于 16 世纪的一些古籍和地方志（表 6 - 1）。

嘉靖三十年（1551），河南《襄城县志·玉麦》，是现有文字资料最早记录玉米的文献。

嘉靖四十二年（1563），云南《大理府志》；万历二年（1574），《云南通志》；嘉靖三十九年（1560），甘肃《平凉府志》[①]；嘉靖十四年（1535），陕西巩昌府《秦安志》；万历二年（1574），安徽《太和县志》；万历二十五年（1597），陕西《安定县志》；万历元年（1573），田艺衡著《留青日札》；万历六年（1578），李时珍著《本草纲目》；万历九年（1581），慎懋官著《华夷花木鸟兽珍玩考》等文献都有关于玉米的记载。在这些古籍或者地方志中称其为"玉麦""御麦""玉蜀黍""番麦"等。

古籍和地方志中记载的种植玉米的年代，并不一定说明当地是最早引种玉米的，由于不同地区经济文化发展的不平衡，玉米在当地粮食作物中所占的地

---

① 所载内容与嘉靖三十九年（1560）《华亭县志》相同，可以相互印证。

位，以及文人、学者对它的评价，都会影响到玉米是否能在史籍中及时地被反映出来。农史学界普遍认为玉米传入中国有三条途径[①]：

第一路：先从北欧传入印度、缅甸等地，再由印度、缅甸传入我国的西南地区。

第二路：由西班牙传至麦加，再由麦加传入中亚、西亚到我国西部，沿着古代丝绸之路传入我国。

第三路：从欧洲传入菲律宾，之后由葡萄牙人或者在当地经商之人，经海路引种到我国的东南沿海。

表6-1　明代玉米最早在各地记载一览表[②]

地　区		明代最早有玉米记载的资料
西北地区	甘肃	嘉靖三十九年（1560）《平凉府志》卷四
	陕西	万历二十五年（1597）《安定县志》卷一
西南地区	云南	嘉靖四十二年（1563）《大理府志》卷二[③]
	贵州	明（1644年前）绥阳知县毋扬祖"利民条例"[④]
东南地区	江苏	嘉靖三十七年（1558）《兴化县志》
	浙江	隆庆六年（1572）田艺蘅《留青日札》卷二十六《御麦》
	安徽	万历二年（1574）《太和县志》卷二
	福建	万历三年（1575）"Herrada追忆录"[⑤]
中原地区	河南	嘉靖三十年（1551）《襄城县志》卷一
	山东	万历三十一年（1603）《诸城县志》卷七
	河北	天启二年（1622）《高阳县志》卷四

资料来源：咸金山：《从方志记载看玉米在我国的引进和传播》，见《古今农业》1988年第1期。

---

① 佟屏亚：《中国玉米科技史》，中国农业科技出版社，2000年。

② 明代《御制本草品汇精要》记载，玉米最早是1505年传入我国，现文献存于意大利。我国国内文献最早的记载见于明正德《颍州志》（1511），但是笔者均未见原刊，有待于进一步确认。

③ 明成化年间《滇南本草》记载有"玉米须"，据此，游修龄先生认为，玉米传入我国应在1492年哥伦布发现新大陆之前，具体说是在1476年以前（游修龄：《玉米传入中国和亚洲的时间途径及其起源问题》，载《古今农业》1989年第2期）。但是，游修龄在《读〈中国人发现美洲〉》一文中基本又否定了这种说法。而向安强则推断《滇南本草》记载的"玉米"可能是当地土产玉米，而非国外引入品种（向安强：《中国玉米的早期栽培与引种》，载《自然科学史研究》1995年第3期）。一方面，因《滇南本草》的这段记载仍存疑，可能经后人增补，不作为信史资料；另一方面，根据现在技术对玉米的酶带进行的检验，现今我国种植的玉米和美洲引进种基本上都有第四酶带，而糯玉米则有第五酶带，故本文认为《滇南本草》记载的"玉米"极可能是糯玉米。

④ 道光二十一年《遵义府志》卷十六，追叙"明绥阳知县毋扬祖《利民条例》"（1644年前）："县中平地居民只知种稻，山间民只种秋禾、玉米、粱、稗、菽豆、大麦等物。"

⑤ 转引自蒋彦士译：《中国几种农作物之来历》，载《农报》1937年第4卷第12期。

唐启宇先生认为，根据史料记载，从中国西北最早传入的可能性较大。
1962年捷克科学院出版的《玉蜀黍专著》，推断玉米传入中国的时间应该在
1525—1530年，只是没有更多的资料佐证。不过从最早的嘉靖十四年（1535）
陕西巩昌府《秦安志》对玉米的记录来看，以当时的交通和文化背景，10年
之前传入中国，到1535年才见于文献也是有可能的。

通过以上分析，在没有更多佐证的情况下，可以认为玉米传入我国是多路
线的，即由海路、西北古丝绸之路及西南云南等地分别引进，而且存在反复引
种的可能。

（二）甘薯

甘薯（*Ipomoea batatas* L.）属旋花科牵牛属，块茎栽培植物。又名番薯、
白薯、红薯、山芋、红山药、番薯蓣、土瓜等，山东俗称地瓜，随地异名。我
国原先就有甘薯这一名称，但在明代以前，不是指甘薯，当时也没有甘薯。[①]
以甘薯作为番薯，是在甘薯传入我国以后，属讹传之误。其后相沿成习，甘薯
反而成了番薯的俗名。正式写下甘薯作为番薯大名的，是《群芳谱》《农政全
书》等明代古农书。本文采用番薯、甘薯通用，都是指甘薯。

甘薯由多个途径传入我国，较早记录甘薯的文献有：

明万历二十二年（1594）《福宁府志》记载："番薯，有红白二色，郡本无
此种，明万历甲午岁荒，巡抚金学曾从外番购种归，教民种之，以当谷食。"

万历二十二年（1594）福建《闽侯县志》记载："番薯，福建呼金薯者，
以万历甲午福州岁荒后，巡抚金学曾莅任，始教民种番薯，故称金薯。"

清初周亮工撰《闽小记》记载："番薯，万历中闽人得之国外，脊土砂砾
之地皆可种之。初种于漳郡，渐及泉州，渐及莆，近则长乐、福清皆种之。盖
度闽海而南有吕宋国，国度海而西为西洋，多产金银，行银如中国行钱，西洋
诸国金银皆转载于此以过商，故闽人多贾吕宋焉。其国有朱薯被野连山……中
国人截取其蔓咫尺许，挟小盖中以来，于是入闽十余年矣。其蔓虽萎剪插种
之，下地数日即荣，故可挟而来。起初入闽时，值闽饥，得是而人足一岁其种

[①] 我国古籍中提到的"甘薯"，东汉杨孚《异物志》（约公元1世纪后期）："甘薯似芋，亦有巨
魁，剥去皮，肌肉正白如脂肪，南人专食以当米谷。"西晋嵇含《南方草木状》（公元304）："甘薯，盖
薯蓣之类，或曰芋之类，茎叶亦如芋，实如拳，有大如瓯者，皮紫而肉白，蒸鬻食之，味如薯蓣。性
不甚冷，旧珠崖之地，海中之人，皆不业稼穑，惟掘种甘薯，秋熟收之，蒸晒切如米粒。仓囤贮之，
以充粮粮，是名薯粮。"北魏贾思勰《齐民要术》（公元5世纪）引《南方草木状》："甘薯二月种，至
十月成，根大如鹅卵，小者如鸭卵，掘实蒸食，其味甘甜，经久得风乃淡泊。"据农学家丁颖教授的
考证，我国古书上所记载的甘薯是薯蓣科植物，就是现在粤南和琼州一带所种的甜薯，也因薯有毛而
称为毛薯或因茎有刺而称为簕薯（丁颖：《甜薯》，载《农声》第123期）。

也。不如五谷争地，凡脊卤沙岗皆可以长，粪治之则加大。天雨，根益奋满。即大旱、不粪治，亦不失径寸围。泉人鬻之，斤不值亦一钱，二斤可饱矣。于是耄耋童孺行道鬻乞之人皆可以食饥焉。"

《东莞凤岗陈氏族谱·素讷公小传》记载，陈益从越南引种甘薯至东莞；道光《电白县志》载医生林怀兰将其引种入电白，有传说佐证。清乾隆年间，广东吴川县医生林怀兰，曾为安南（即越南）北部守关的一位将领治好了病，这位将领将他推荐给国王，替公主治好了顽疾。一天，国王赐宴，请林怀兰吃熟甘薯，林觉其味美可口，便请求尝一尝生甘薯。后来，他将没有吃完的半截生甘薯带回国内。这块种薯在广东很快繁殖起来。后来，人们建了林公祠，并以守关将领配祀，以示纪念。

引入最早的记录是，明嘉靖四十一年（1563）《大理府志》就有"紫蓣、白蓣和红蓣"的记载。1979年，当代著名史学家何炳棣先生根据3 500多种地方志考证，认为此即甘薯。

影响最大的是万历二十一年（1593），陈振龙从吕宋将甘薯引入福州长乐县，由于福建官员的大力推广，甘薯不仅遍布福建，更逐渐发展到长江流域和黄河流域。当然也不能排除从台湾多次再传入大陆的可能。

另外，郭沫若先生在《甘薯赞歌》中也提到过，明代末期，华人陈振龙在吕宋经商，于1593年初回国时，把薯藤秘密缠绕在航船的缆绳上，表面涂上污泥，巧妙地躲过了殖民者的检查，顺利通过关卡，航行7天顺利到达福建。当年6月陈振龙叫他的儿子陈经纶向福建巡抚贡献薯藤，并说明甘薯的用途和种植方法。[①]

上面的记录告诉人们，甘薯最早于16世纪中后期传入我国，据《大理府志》记载，最早可能于明嘉靖四十一年（1563）。

《闽小记》中则详细地记录了传入闽地的过程、原因和背景。

以上的记录、传说，归纳起来可以看出由两条途径传入我国南方。

一是，16世纪末从吕宋传入福建，从漳州、泉州而北渐及莆田、福清、长乐，由此向北，17世纪初到达江南淞沪等地，并向南传播到广东。17～18世纪传入河南、山东、河北、陕西等地。这与知识分子和官方倡导、客民灌输引种是分不开的。

二是，18世纪从越南传入广东电白，在其传入广东南路时，已经在广东普遍栽培了，然而得到种薯的补充来源，也是很可贵，只是其传播范围较狭窄。[②]

---

① 佟屏亚：《农作物史话》，中国青年出版社，1979年，第76页。
② 唐启宇：《中国作物栽培史稿》，农业出版社，1988年，第241页。

(三) 马铃薯

马铃薯 (*Solanum tuberosum* L.) 属于茄科茄属。又名洋 (阳、羊) 芋、山芋。马铃薯是一种高产作物，世界各地都有种植。我国北方一带多叫土豆、山药蛋，山东又称其为地蛋、地豆子。考古学家认为，南美洲的秘鲁安第斯山区、智利沿岸和玻利维亚等地都是马铃薯的故乡。马铃薯的块茎作为食品出现在人类的历史上，可以称为一件划时代的大事。恩格斯把马铃薯的出现和使用铁器并重，说："下一步把我们引向野蛮时代的高级阶段……铁已在为人类服务，它是在历史上起过革命作用的各种原料中最后和最重要的一种。所谓最后的，是指马铃薯出现为止。"[1] 马铃薯的作用可谓很不一般。

马铃薯和其他美洲作物一样，也是通过多渠道、多方面引种到中国，具体时间的先后、具体路线的多寡仍是目前农史学界争论的热点，尚未形成统一定论，本节就目前存在的几种观点予以分析评论。

19世纪中叶 (1848)，吴其濬所著的《植物名实图考》是较早、较详细描述马铃薯形状特征的文献资料，文中写道："阳芋黔滇有之，绿茎青叶，叶大小疏密长圆形状不一。根多白须，下结圆实，压其茎则根实，繁如番薯。茎则柔弱如蔓，盖即黄独也。疗饥救荒，贫民之储，秋时根肥连缀，味似芋而甘，似薯而淡，羹臛煨灼，无不益之。叶味似豌豆苗，按酒侑食，清滑隽永。开花紫筩五角，间有青纹，中擎红的绿蕊一缕，亦复楚楚。山西种之为田，俗呼山药蛋，尤硕大，花白色。闻终南山之民种植尤繁，富者岁收数百石云。"据此，唐启宇先生认为，马铃薯在中国的栽培历史没有逾过200年[2]。

Laufer (1938) 指出，早在1650年，葡萄牙人把马铃薯引入到中国台湾 (当时被葡萄牙殖民者叫作 Formosa)。1650年荷兰人斯特勒伊斯 (Henry Struys) 访问台湾，曾见到栽培的马铃薯，称之为"荷兰豆" (何炳棣，1985)。乾隆二十五年 (1760)《台湾府志》卷17记有"荷兰豆"；西方人还曾于康熙年间 (1700年或1701年) 去过舟山岛的定海县，也亲见马铃薯的栽种。[3] 从以上史实可以推断出我国台湾地区最早栽培马铃薯，明末清初传到东南沿海地区。

Wittwer Sylver 等 (1987) 曾考证，马铃薯在17世纪就已经从欧洲引入到中国的陕西，在最初的几年内，种植的马铃薯主要供给外国人食用

---

① 恩格斯：《家庭、私有制和国家的起源》，外国文书籍出版局，1955年，第309、310页。
② 唐启宇：《中国作物栽培史稿》，农业出版社，1988年，第277页。
③ 何炳棣：《美洲作物的引进、传播及其对中国粮食生产的影响》，见《历史论丛》第5辑，齐鲁书社，1985年。

(Hughes M. S. etc.，1988)。

　　我国古文献中最早有马铃薯记载的是 1700 年编著的福建省《松溪县志》。东南沿海地区交通便利，与海外交流频繁，明清时期多种外来作物如甘薯、玉米等都是首先传入此地，因此马铃薯由此传入的可能性较大。

　　也有学者认为，在 18 世纪末至 19 世纪初，马铃薯由晋商从俄国或哈萨克汗国（今哈萨克斯坦）引进。[①] 首先通过对《马首农言》（1793—1866）中"回回山药"的名实考订，分析其名称沿革，得出"回回山药"即为马铃薯的结论。而其来自"回国"，加之道光二十六年（1846）《哈密志》中载有"洋芋"，推断山西的马铃薯由西北陆路传入，极有可能是由当时从事与俄国等地商贸往来的山西商人带回的。即乾隆末嘉庆初，山西已有马铃薯种植，发展到道光中期，已是"山西种之为田"[②]。

　　还有学者认为，中国引种马铃薯的最早时间应在 18 世纪，在欧洲人普遍认识到马铃薯优异的食用价值后，由传教士们带到中国[③]。这一观点立足于栽培马铃薯进化史，从马铃薯栽培学角度考虑，马铃薯约在 16 世纪中期从南美洲引入欧洲，是安第斯亚种，由于不适应欧洲的生态环境，长期得不到重视。直到 18 世纪初进化为普通栽培种后，才开始发展并作为大田作物栽培。马铃薯普通栽培种是在欧洲长日照条件下经过 100 多年的自然加人工选择才形成的。

　　翟乾祥先生则认为，在明万历年间（16 世纪晚期），马铃薯已经传入中原地区，他认为"京津一带可能是亚洲最早见到马铃薯的地方之一"。其主要依据是成书于明万历之际蒋一葵的《长安客话》中有关于土豆的记载。该书原文为："土豆绝似吴中落花生及芋，亦似芋，而此差松甘"。需要明白的是，明清时期叫土豆的还有落花生和土芋两种作物。明代李时珍《本草纲目》（1578）卷二十七："土芋，释名土卵、黄独、土豆。土芋蔓生，叶如豆，鹍鹕（杜鹃）食后弥吐，人不可食"；明徐光启《农政全书》（1628）记载："土芋：一名土豆，一名黄独。蔓生叶如豆，根圆如鸡卵，肉白皮黄，可灰汁煮食。又煮芋汁，洗腻衣，洁白如玉"；而乾隆《台湾府志》卷十七："土豆，即落花生。……北方名长生果。"台湾的名字有地域差异，不足为怪，李时珍和徐光启所描述的也不是马铃薯。所以，明朝时期在北方所说的土豆不能确定即为今天的马铃薯，16 世纪在中原地区已经有马铃薯一说，还有待商榷。

---

　　① 尹二苟：《〈马首农言〉中"回回山药"的名实考订——兼及山西马铃薯引种史的研究》，《中国农史》1995 年第 3 期。

　　② 吴其濬：《植物名实图考》，中华书局，2018 年。

　　③ 谷茂、信乃铨：《中国引种马铃薯最早时间之辨析》，载《中国农史》1999 年第 3 期。

所以马铃薯传入中国的确切时间，确实难以定论，但是传入的途径基本认为有南、北两路。

南路：可能从印度尼西亚（荷属爪哇）一带传入广东、广西，然后向西发展，以至贵州、云南，所以在广东称马铃薯为"荷兰薯""爪哇薯"。

北路：可能由法国传教士从欧洲传入山陕地带栽培，以供其食用。由于北方寒冷颇适宜马铃薯生长，并由山陕一带，逐渐向华北推广。[①]

二、经济作物

（一）花生

花生（*Arachis hypogaea* L.）属于豆科落花生属一年生草本植物。花生，因它开花受精后，子房柄迅速延伸，钻入土中，发育成茧状荚果，亦名落花生。花生还有地果、地豆、番豆等别名，民间又称其为长生果。花生从原产地——南美洲传入世界各地是一个复杂的问题。美洲大陆与世界的交流是从1492年哥伦布发现新大陆开始的，原产于美洲大陆的作物应该是通过哥伦布及其以后的商船向外传播的。据考证，原产于南美的花生，15世纪末传入南洋群岛。[②]

1. 传入中国的时间、路径分析　在明朝，我国与南洋各国的商贸联系很频繁，花生就从南洋传入我国东南沿海。传入我国的花生有小花生和大花生两种，传入的时间不同，传入的途径也有多条。

学术界普遍认为，福建首先引种（福建人侨居南洋的很多）花生，而浙江的可能传自福建。万历《仙居县志》记载："落花生原出福建，近得其种植之。"世德堂遗书《星余笔记》（1672）记载："落花生……干者骨肉相离，撼之有声，云种自闽中来，今广南处处有之。"可见福建是最早传入地之一。但是，我国有关花生最早的记录是明朝弘治十六年（1503），《常熟县志》载："落花生，三月栽，引蔓不甚长。俗云花落在地，而子生土中，故名。霜后煮熟可食，味甚香美。"1504年的《上海县志》和1506年的《姑苏县志》也都有花生的记录。

明朝徐光启撰《农政全书》记载："开花花落即生名之曰落花生皆嘉定有之。"明朝王世懋撰《学圃杂疏》中记载："香芋落花生产嘉定，落花生尤甘，皆易生之物可种也。"因此，不能否认江浙沿海一带也是花生传入地。这与前面讲的花生首先传入福建并不矛盾，西方传教士就曾多次向中国内陆引进过不同的马铃薯种。

---

① 唐启宇：《中国作物栽培史稿》，农业出版社，1988年，第278页。
② 万国鼎：《花生史话》，载《中国农报》1962年第6期第17页。

明朝中后期，我国的航海技术已较发达，明永乐三年至宣德八年（1405—1433），中国杰出航海家郑和受成祖朱棣之命，在南京龙江造船厂建造"大者长四十四丈四尺，阔一十八丈；中者长三十七丈，阔一十五丈"的巨大龙船，率船队七次下西洋，加强了与海外经济、文化交流。[①]常熟、嘉定一带地处重要的水路要塞——长江入海口，花生被频繁的海外归来的商船带到江浙一带是很有可能的。事实上，新作物的引进往往不只一次，可能被不同的人在不同的时间引入到不同的地点。[②]著名农学家唐启宇先生认为，花生是16世纪初，由江浙闽粤侨商从东印度洋葡属摩鹿加引进的。西方殖民者的入侵也可能把花生传入中国，当时被中国人称为佛朗机的葡萄牙人，于明正德六年（1511）以武力占领我国的藩国满剌加（今马来西亚），不久又侵入我东南沿海，进行走私贸易、抢劫商船活动。

《明史》卷三百二十三，"佛朗机"："佛朗机，近满剌加。正德中据满剌加地，逐其王。十三年（1518）遣使臣加必丹末等贡方物，请封，始知其名。诏给方物之直，遣还。"另外，明中期（16世纪），西班牙人天主教教士Francis Xavier来到广东台山县上川岛进行传教活动；1553年葡萄牙人租居澳门，大批传教士来澳门建教堂、传教。明朝时期西方传教士也可能是花生的传入者之一。[③]

19世纪中后期，大花生传入我国。首先引种大花生的是山东省。据原金陵大学农林学院农业实验记录："山东蓬莱县之有大粒种，始于光绪年间，是年大美国圣公会副主席汤卜逊（Archdeacon Thomson）自美国输入十瓜得（quarter）大粒种至沪，分一半于长老会牧师密尔司（Bharle Mills），经其传种于蓬莱，该县至今成为大粒花生之著名产地。邑人思其德，立碑以纪念之，今犹耸立于县府前。"对大花生最早的记录是《平度州乡土志》："同治十三年（1874），州人袁克仁从美教士梅里士乞种数枚，十年始试种，今则连阡陌矣。"梅里士和密尔司应该是同一个人——Mills，只是译音不同而已。因小花生引入早，人们习惯称其为本地花生，称大花生为洋花生。据说袁克仁曾在蓬莱教会学校读过书，于1870年从美国带回大花生在平度试种传开。[④]另据《山东文史资料》（第一辑）中"德国人在青岛办教育的片断回忆"一文记载："美国

---

① 邱树森、陈振江：《新编中国通史》（第2册），福建人民出版社，2001年，第739页。

② 日本的花生是从中国引进的，但是较后时期沿海华商又从日本引回到中国大陆。乾隆十二年（1747）《福清县志》载："落花生，康熙初年，僧应元自扶桑，携归。"北美的花生不是从南美引进的，而先是由欧洲的商船带到非洲，再由后来的殖民者贩卖黑奴时传入北美。

③ 何炳棣：《美洲作物的引进、传播及其对中国粮食生产的影响》，见《历史论丛》第5辑，齐鲁书社，1985年，第178页。

④ 毛兴文：《山东花生栽培历史及大花生传入考》，载《农业考古》1990年第2期第318页。

人狄考文一八六三，来蓬莱办文会馆，曾先后两次传入大花生。第一次送给栾宝德的父亲，因煮而食之没有种植，第二次送给邹立文，他种上，在山东才开始了大花生的种植。"

综上所述，大花生可能是在同治末年到光绪初年，经多人、多路、多次传入山东半岛一带。最早在蓬莱、平度一带试种，光绪年间向山东西部传播开来。

2. 花生的传播　我国花生引进以后的传播趋势大致有两个，一是 16 世纪早期，花生以东南沿海为中心向北方传播；二是 19 世纪后期，大花生以山东半岛为中心呈扇形向西方、南方、北方传播。

早期花生传入东南沿海后，迅速由近及远地向全国传播开来。《中外经济周刊》"中国之落花生"一文中描述："中国花生之种植，约始于 1600 年，其初仅限于南方闽粤诸省，后渐移于长江一带，其在北方则自 1800 年后栽培始盛。"继最早的《常熟县志》等方志记录花生以后，至 18 世纪时，安徽（叶梦珠《阅世编》）、江西、云南（《滇海虞衡志》）颇有种植，19 世纪时花生栽培向北推广至山东（刘贵阳《说经残稿》）、山西（张之洞《陈明禁种罂粟情形折》）、河南（韩国均辑《永城土产表》、杜韶《武陟土产表》）、河北（《寿富京师土产表略》）[1]。另山东《宁阳县志》（光绪十三年本）载："落花生，土名长生果，本南产。嘉庆初，齐家庄人齐镇清试种之，其生颇蕃，近年则连阡接陌……"1885 年梁起在《花生赋》中赞云："仙子黄裳绉春縠，白锦单中笼红玉；别有煎忧一寸心，照入劳民千万屋。"可见花生栽培在全国已经很普遍。

至近代，全国除了西藏、青海等地外，各省、自治区、直辖市都有栽培，山东省的花生总产量最高，占全国花生总产量的 1/4～1/3；河北、河南次之；江苏、安徽、广东、辽宁、四川、湖北、广西、福建、江西又次之。[2]

大花生在山东东部试种成功之后，逐渐向山东中西部扩种。后来的《重修莒志》（清光绪年间至民国二十五年前后）载："落花生，俗曰长生果，旧惟有小者，清光绪间始输入大者，曰洋花生，领地沙土皆艺之，易生多获，近为出口大宗。"[3]《重修泰安县志》（清光绪年间至民国十八年）载："花生，一名长生果，向惟有短小之一种，种者尚少。自清光绪十许年后，西洋种输入，体肥硕，山陬水澨播植五谷，不能丰获，以艺花生，收入顿增，以故种者日多。今年且为出口大宗，民间经济力遂因之而涨。此新兴之利，古无有也。"[4]陕西

---

①　唐启宇：《中国作物栽培史稿》，农业出版社，1986 年，第 354 页。
②　万国鼎：《花生史话》，载《中国农报》1962 年第 6 期第 17 页。
③　卢少泉等修，庄陔兰《重修莒志》卷二十三：《舆地志·物产》，民国二十五年。
④　葛延瑛修，孟昭章、卢衍庆《重修泰安县志》卷一：《舆地志·疆域·物产》，民国十八年。

《南郑县志》（光绪二十年至宣统年间）载："落花生，在光绪二十年前，所种者纯为小花生，后大花生种输入，以收获量富。至宣统间，小花生竟绝种。"河北《新河县志》（民国十八年前后）载："自美国花生传入后，虽所收较少，而便于收拔，故种者日多。"河南《通许县新志》（民国二十三年前后）载："今十余年来，县西北一带之沙地多种洋花生，产量颇丰，为新增农产……为出口之大宗。"四川《重修彭山县志》（光绪年间至民国十四年）载："落花生，有大小二种，大者来之外，仅十余年。"广西《迁江县志》（民国二十四年前后）载："落花生有大小颗二种……迁江所种极多。"从大量的地方志中所记载的大花生的栽培时间上看，山东沿海最早，依次向外传播时间渐晚。当然，不排除内地从海外或山东直接引种的可能。清末至民国全国各地的志书大量记载了美国种花生与原种花生的比较：大者虽含油量稍逊，但颗粒巨大，产量高，后来美种独盛，发展成为驰名中外的山东大花生。[①] 大花生目前是我国花生生产的主导品种。

（二）烟草

烟草（*Nicotiana tabacum* L.）在植物分类学上属于双子叶植物纲、管花目、茄科、烟属。目前已经发现的烟属植物有 66 个种，与其他茄科食用植物全然不同，烟草的利用价值仅仅是被人们燃其叶而吸其烟，竟然在世界范围内广泛传播，成为许多人不可或缺的嗜好物。

烟草在明清时期传入中国，作为一种嗜好作物。400 多年来，烟草对中国的经济、文化及科技都产生了深刻而持久的影响。

考古学家认为，烟草的原产地在美洲大陆中部及南美洲的厄瓜多尔的火山腹地，在那里到处都有野生的烟草。生物学家康德尔推测，北起墨西哥南至玻利维亚一带是烟草的起源地。

古代的美洲人用玉蜀黍叶包住烟草叶，将烟草的卷叶插入 Y 形管的一端，用鼻孔对准两管口来吸食烟味。这种吸烟管当地人称之为淡巴古（Tabaco）。美洲地方民族称烟草植物为古合巴（Cohobba）或口药（Guioya）。在墨西哥的 Azteco 族古墓中经常发现吸烟管[②]。由此可见，烟草在美洲的栽培和利用历史悠久。

烟草传入中国的时间、路径有多种说法。

明朝著作中，张介宾的《景岳全书》记载："烟草自古未闻。近自我万历（公元 1573—1620）时，出于闽广之间，自后吴、楚地土皆种之，总不若闽中

---

① 陈凤良、李令福：《清代花生在山东省的引种与发展》，载《中国农史》1994 年第 2 期第 58 页。

② 李璠：《中国栽培植物发展史》，科学出版社，1984 年，第 156 页。

者色微黄质细，名为金丝烟者，力强气胜为优。求其服食之始，则闻以征滇之役，师旅深入瘴地，无不染病，独一营安然无恙，问其故，则众人皆服烟。由是偏传，今到西南一方，无分老幼，朝夕不能间矣。"

姚旅《露书》中记载："吕宋有草名淡芭菰，一名金丝烟，烟气从管中入喉能令人醉，亦避瘴气，可治头虱。"

《台湾府志》记载："淡芭菰……明季漳人取种回栽，今名为烟，达天下矣。"

光绪二十六年（1900），《续修莆城县志》记载："烟叶，产自吕宋国，至明季移植中土，一名淡芭菰。邑中种于田者曰田烟，种于山者曰山烟。山烟以产自黄龙茅洋者为上，田烟以产自莲塘及党溪者为上，远近皆著名。"

光绪元年（1875），福建《宁洋县志》记载："烟，俗名芬，崇祯初年始种之，今颇大盛。"

据以上的古籍、地方志等记载，烟草传入中国的第一条路径应该是从菲律宾到台湾，然后到福建的漳州、泉州，由此南到广东，西到云南、贵州，北到九边。[①]

第二条路径有专家认为，可能是在明代万历年间（1573—1619），土耳其的烟草由意大利威尼斯商人带来，同时传到印度、中国和日本，以后又传到波斯湾（今伊朗）[②]。

另外，还有第三条路径，即从朝鲜传入辽东的说法。主要依据是：

民国十四年（1925）《崇宁县志》记载："烟，一名烟草，一名淡芭菰，由高丽国传其种，今各处皆有……"

朝鲜称烟草为南蛮草，又名南草。1616—1617年（万历年间）由日本输入朝鲜。天启壬戌（1622）年后，由商人输入沈阳。清太宗因其非土产，下令禁止。

朝鲜《李朝仁祖实录》记载了烟草传入中国境内的详细过程。公元1637年（清崇德二年），朝鲜政府以南草作礼物，赠予建州官员云："丁丑七月辛巳，户曹启曰，世子蒙尘于异域，彼人来往馆所者不绝，而行中无可赠之物，请送南草三百余斤。从之。"

《仁祖实录》记载："戊寅（1638）八月甲午，我国人潜以南灵草入送沈阳，为清将所觉，大肆诘责。南灵草，日本国所产之草也，其叶大者可七八寸许，细截之而盛之竹筒，或以银锡作筒，火以吸之，味辛烈，谓之治痰消食，而久服往往伤肝气，令人目翳。此草自丙辰、丁巳间（1616—1617）越海来，

① 唐启宇：《中国作物栽培史稿》，农业出版社，1986年，第606页。
② 李璠：《中国栽培植物发展史》，科学出版社，1984年，第157页。

人有服之者而不至于盛行。辛酉、壬戌（1621—1622）以来，无人不服，对客辄代茶饮，或谓之烟茶，或谓之烟酒。至种采相交易。久服者知其有害无利，欲罢而终不能焉。也称妖草。输入沈阳，沈人亦甚嗜之。而虏汗（指清太宗）以为非土产，耗财货，下令大禁云。"

次年，朝鲜派往沈阳的使节即因夹带南草，被凤凰城人所发觉，为宪司所劾罢职。同书又记："庚辰（1640）四月庚午，宾客李行远驰启曰：清国南草之禁，近来尤重，朝廷事目，亦极严峻。而见利忘生，百计潜藏，以致辱国。请今后犯禁者一斤以上先斩后奏，未满一斤者，囚禁义州，从轻重科罪。从之。"两国都用重刑禁止输入和走私，甚至以死刑处置走私者，可是，吸烟已成建州贵族的迫切需要，无论如何也禁止不了。

可见，当年烟草传入中国的北方经过了一番曲折的过程，清政府意识到烟草的害处，但是左右不了人们的嗜好，特别是贵族阶层。

烟草与其他美洲作物不一样的是，在其传播过程中受到政府的抵制，这与粮食作物在中国的传播受到朝廷劝种、推广，形成强烈的反差。也反映出，嗜好对人们行为的影响力更为巨大。烟草在中国的传播地点、时间见表6-2。

表6-2　烟草在中国传播地点、时间

地　区	时　间	引种、传播情况	资料来源
福建、广东	16世纪中后期（1575）	明万历时，出自闽、广之间	《景岳全书》
恩平	崇祯间（17世纪前期）	今所在有之	《恩平县志》
台湾	明末	原产湾地，明季漳人取种回栽	《台湾府志》
西南	17世纪前期	今则西南一方，无分老幼，朝夕不能间矣	《景岳全书》
云南	17世纪前期	……向以征滇之役……由是遍传	《景岳全书》
四川	1751年	上通蛮部、下通楚豫，氓以期利胜于谷也	《郫县志书》
楚豫	1751年	上通蛮部、下通楚豫，氓以期利胜于谷也	《郫县志书》
吴楚一带	万历（16世纪后期）以后	自后吴楚地土皆植之	《景岳全书》
苏州府	明末	向无此种，明末始种植	《苏州府志》
上海	崇祯间	种之于本地	《阅世编》
浙江嘉兴	崇祯末	遍处栽种	《引庵琐语》
江西赣州	天启至崇祯间	赣与闽错壤效尤遂多	《赣州府志》
湖南	1757年	烟叶各处多种，产信县及平江者佳	《湖南通志》
安徽含山	1684年	近日种者甚多	《含山县志》
河南杞县	1693年	烟草一名相思草	《杞县志》
山东	1729年	采其叶干切成丝	《山东通志》

（续）

地 区	时 间	引种、传播情况	资料来源
九边（辽东、蓟州、大同、太原、绥德、甘肃、固原、宁夏、宣府）	万历末天启至崇祯间（17世纪前期）	万历末……渐传至九边	《物理小识》
边上、关外	明末（1643）	边上人寒疾，非此不治，关外人至以匹马易烟一斤	《引庵琐语》
辽东北方	天启中（17世纪20年代）	辽左有事，乃渐有之。自天启中始也，20年来，北土亦多种之	《玉堂荟记》
热河	1781年	垄旁隙地多种之	《热河志》
东北三省	18世纪	三省俱产，而吉林产者极佳	《盛京通志》
山西曲沃	明末	自闽中带来，明季……赖此颇有起色	《山西通志》
陕西延绥	1775年前	烟草……阴干用酒洗，各省有名者，崇德烟	《延绥镇志》
甘肃玉泉	16世纪中期	水烟出兰州玉泉地种者佳	《本草纲目拾遗》

资料来源：王达：《我国烟草的引进、传播和发展》，《农史研究》第4辑，农业出版社。

（三）美洲棉

美棉也叫陆地棉（*Gosypium hirsutum* L.），原产南美洲，大约在19世纪中后期引进中国。早在19世纪中叶，英国的机器纺织业蓬勃发展，需要大量的纺织原料，而1861年美国内战爆发，连续数年无法供给英国原棉，于是英国商人不得不远来中国搜罗棉花以供国内之需求。

据1866年的《天津海关报》记载："当时的英国人 Thomds Dick 的叙述，英国商人嫌中国棉花与印度棉花一样的绒短，不适于机器纺织，因而说到'尽管中国的棉花品种来源于印度，但中国的气候条件与印度差异较大，而和美国更为相似，在中国的棉花播种季节也和美国一致，因而我们十分关注去年（即1865年，同治四年）将美棉种子引来上海种植的结果'。"这是迄今为止，有据可查的我国引入美棉的最早的文字记录。可见，最早引入美棉的时间为1865年，首先在上海种植[1]。需要说明的是，美棉的引种比其他种美洲作物的目的性要强得多。可以认为，西方的国内危机和商人的利益驱动，成为美棉传

---

[1] 汪若海：《我国美棉引种史略》，载《中国农业科学》1983年第3期。

入中国的直接原因。

自 1865 年，上海首次引种美棉后的 20 余年间未见另有引种的记录。直到 1892 年，清朝洋务派湖广总督张之洞为创办湖北机器织布局提供原料做准备，电请出使美国的大臣崔国因在美国选购适宜于湖北气候特点的两种陆地棉种（名称不详）1 700 kg，在湖北省产棉较多的武昌、孝感、沔阳、天门等 15 个州县试种。但是由于棉种运到稍迟，发到农民手中已经错过播种适期，加之农民没有掌握陆地棉的栽培方法，栽培时密度过大，造成徒长脱落，从而导致这次引种失败。第二年，张之洞又从美国购运陆地棉种超过 5 000 kg。[①] 1896 年，主张"棉铁救国"的张謇在江苏南通办大生纱厂，并从美国引种陆地棉在江苏滨海地区种植。后来，清政府农工商部从美国引进乔治斯、皮打琼、奥斯亚等几个陆地棉品种，在黄河、长江流域主要产棉省广为试种。

三、蔬菜作物

（一）番茄

番茄（*Lycopersicon esculentum* Mill.）属茄科番茄属，一年生稍近蔓性草本植物。番茄原产美洲，16 世纪中叶，始入欧洲。17 世纪传至菲律宾，后传入其他亚洲国家。如今，番茄作为一种世界性的主要经济作物，在世界各主产国广为分布。我国大约在明末传入，但传播与推广的速度相当缓慢，直到清末至民国初期才开始作为蔬菜栽培食用。1949 年后发展成全国性的蔬菜。

1. 番茄传入我国的时间和路径

（1）传入的时间　番茄大约在明万历年间（1573—1620）传入我国，最初作为观赏植物，称为西番柿、蕃柿。

明代《群芳谱·果谱》中柿篇附录记："蕃柿，一名六月柿，茎似蒿，高四五尺，叶似艾，花似榴，一枝结五实，或三、四实，一树二三十实，缚作架，最堪观。火伞火珠未足为喻。草本也。来自西蕃，故名。"这是目前已知的关于番茄性状最早详细的描述。

明万历四十一年（1613）山西《猗氏县志》有西番柿的记载，但没有性状描写。

清雍正十三年（1735）的《泽州志》记载有："西番柿，似柿而小草本蔓生味涩。"从性状描述来看，西番柿就是今天的番茄。

从以上史料记载可以断定，番茄传入我国的时间大约在明代后期。同时，根据中国植物学会编的《中国植物史》记载，明代赵嵒于 1617 年写成的《植

---

① 《张文襄公公牍稿》卷十一。

品》一书中也有万历年间（1573—1620）西方传教士传入西番柿（番茄、西红柿）的记载。这是番茄明末传入我国的旁证之一。另外，据1948年《贵州通志》记，"郭青螺《黔草》有六月柿。诗小序云：黔中有六月柿，茎高四五尺，一枝结五实或三、四实，一树不下二三十实，火伞赦卯未足为喻，第条似蒿，叶似艾，未若慈恩柿，叶可堪，郑广文书也。传种来自西番，故又名番柿。诗云：累累朱实蔓阶除，烧树然云六月初，况是茸茸青草叶，郑公堪画不堪书，汉将将兵度龙堆，葡萄首楷一齐来，太平天子戎亭撤，番柿缘何著处栽？"大家都知道，郭青螺（1542—1618）是明代史学家。这是番茄于明末传入我国的旁证之二。

（2）传入途径　关于番茄传入中国的途径，前人研究不多，中国农业科学院蔬菜花卉研究所编《中国蔬菜栽培学》中指出："大约在17～18世纪由西方的传教士、商人或由华侨从东南亚引入我国南方沿海城市，称为番茄。其后由南方传到北方，称为西红柿。"王思明教授在《美洲原产作物的引种栽培及其对中国农业生产结构的影响》中指出："中国栽培的番茄是在明万历年间从欧洲或东南亚传入"。王海廷在《中国番茄》一书中也指出了番茄传入中国的3个渠道：第一，外国传教士来中国传教，把番茄种子带入中国。第二，外国客商、海员及归国华侨从通商口岸把种子带入境内。第三，俄国修筑中东铁路，作为食品把番茄种子带入中国。也有学者认为番茄是经蒙古传入中国的。此外，园艺书籍大多记载番茄由西欧的传教士传入。笔者查阅了大量的方志和相关的书刊，据此认为，番茄可能是经多次、多途径传入，并且由海路传入的可能性最大。结合日本星川清亲氏《栽培植物的起源与传播》一书中番茄传播的线路图，笔者认为，番茄应该主要由以下途径传入中国。

① 番茄最初从海路传入中国南方沿海城市，其途径可能有两条：一条是从欧洲沿印度洋经马来西亚、爪哇等地传入中国南方沿海城市；另一条是经"太平洋丝绸之路"，先从美洲传到菲律宾，然后进一步传入中国沿海。因为，17世纪番茄已经传到菲律宾，所以极有可能经东南亚传入中国。另外，西属美洲作物的玉米、马铃薯、向日葵等也是通过这条"太平洋丝绸之路"传入的，这是佐证。虽然目前还不能确定番茄传入中国的最早地点，但结合相关的史料可以推断，广东应该是最早传入的地点之一。明天启五年（1625），《滇志》中的永昌府记有："近年兵备副使潮阳黄公文炳自粤传来，今所在有海石榴……六月柿"。此论据恰好证明云南的番茄应该从沿海的广东传入。另外，明代史学家郭青螺在《黔草》中记有"六月柿"。郭青螺曾任明万历十年的广东潮州知府。由此可见，贵州的"六月柿"与广东也有很大的联系，可能也是从广东传入的。所以，广东应该是中国境内番茄最早传入的地点之一。

② 从荷兰传到台湾也可能是途径之一。1622年荷兰占据台湾后，很可能

带入番茄。在荷兰垦殖农业中，曾移植了不少新式蔬果，例如荷兰豆（豌豆）、番僵（辣椒）、番芥蓝、番茄（台南称柑仔蜜）等。康熙、乾隆年间的《台湾府志》《台湾县志》《凤山县志》等地方志中有多处柑仔蜜的记载，"形似柿，细如橘，可和糖煮茶品""形如弹子而差大，和糖可充茶品"。由此推知康熙年间番茄传入台湾的可能性较大。另外，福建泉州在乾隆二十八年（1763）也出现了"甘子蜜"的记载，"甘子蜜，实如橘，味甘，乾者合槟榔食之"。乾隆三十二年和嘉庆三年的《同安县志》也有记载。由此可以推断，福建的番茄很可能是由台湾传入。

③ 20 世纪初期，从俄罗斯传入也是另一途径。民国四年（1915）、民国十九年（1930）《呼兰县志》记载："洋柿：草本俄种也。实硕大逾于晋产，枚重五六两，生青熟红，味微甜。"此外，民国二十一年（1932）《黑龙江志编》也载有"洋柿，俄罗斯种也。"可见，民国初期从俄罗斯引种至黑龙江属于番茄的再次传入，也是传入途径之最后。因此，笔者认为"陆上丝绸之路"的可能性不大。地方志中最早出现记载的是山西（1613），此后，河北（1673）、山东（1673）、陕西（1783）、甘肃（1830）也都出现记载。仅从地方志资料来看，好像并不支持"从陆上丝绸之路传入中国"这一观点。首先，最早的记载出现在稍东部的山西，河北、山东的地方志在康熙年间也有记载，但西部的陕西却在乾隆四十八年《府谷县志》才有"西梵柿"记载，比东部迟了一个多世纪；甘肃在道光十年《敦煌县志》有记载，又迟于陕西半个世纪。新疆更无从谈起，到清末也未见记载。所以，若经丝绸之路"甘肃—陕西—山西—河北—山东"传入，从记载较迟的甘肃向记载较早的陕西，然后向更早的山西、河北、山东传播，似乎不太合乎常理，何况当时陆上丝绸之路严重受阻，海上丝绸之路兴起。但是，为何最早在山西出现记载呢？不妨初步猜想一下，可能是晋商携带番茄种子传入山西，或是传教士在山西传教时带入。当然，不排除经西北陆上"丝绸之路"从欧洲传入中国的可能性。

在这里需特别指出的是，中国明代及以前的文献中虽早已有番茄的记载，但并不是本文所讲的番茄（*Lycopersicon esculentum* Mill.）。如元代《王祯农书》（1313）茄子篇中就著录有番茄："茄：茄子一名落苏，隋炀帝改……紫茄；又一种白花青色，稍扁，一种白而扁者皆谓之番茄，甘脆不涩；又一水茄……"此处番茄不是番茄属的番茄，而只是茄子的一个品种。另外，明代《本草纲目》（果部第 28 卷）转录《王祯农书》记有"茄：王祯农书曰：一种渤海茄，白色而坚实；一种番茄，白而扁，甘脆不涩，生熟可食；一种紫茄，色紫，蒂长味甘。"此外，《群芳谱》的茄篇也记有"一种白而扁谓之番茄，此物宜水勤浇多粪，则味鲜嫩……"由此可见，一定要注意辨析同名异物，地方志中也有不少类似的记载，均不是番茄属的番茄。这可能是从国外传入茄子的新品种，为区别于本国的茄子，故名番茄。

总之，结合相关史料，基本可以确定，番茄最早在 16 世纪末或 17 世纪初明万历年间传入中国，最初由海路传入的可能性最大。此后，番茄又被多次引进，而且途径可能是多样的。

2. 番茄在我国的传播和分布情况　番茄传入中国后，最初将其与本土植物相似者归类，多数地方将其归在柿类，因其引自国外，故称之为西番柿或蕃柿。地方志中最早称"西番柿"的是山西，此后陕西、山东、河北等地方志也有多处记载。而史料中多记之为蕃柿或六月柿，如明代《群芳谱》和清初的《广群芳谱》。随着番茄在国内的传播，还出现了一些别名。如台湾南部称柑仔蜜，北部称臭柿子；湖南称喜报三元（1816 年《宁乡县志》）、小金瓜（《植物名实图考》）；浙江称洋柿（1848 年《海宁州志》）；番茄和番柿并举则在江苏（1870 年《上海县志》）；西红柿最早在河北（1884 年《玉田县志》）。民国时别称更多，如洋柿子、洋辣子、状元红、红茄、红柿、西红柿等。

番茄明末传入中国，但引种之初长期仅作为观赏植物，传播速度很慢，清末至民初也只是在大城市郊区有零星的栽培，后来进入菜园。直到 20 世纪 30 年代在中国东北、华北、华中地区才开始种植，大规模发展则在 1949 年后。

（1）明清时期番茄引种与缓慢传播　明末，山西、贵州、云南各有一处记载。清康熙至乾隆年间，福建、台湾及华北地区（主要是山西、山东、河北、陕西）才逐渐有记载。

台湾北部番茄俗称臭柿，南部则称之为柑仔蜜、红耳仔蜜等。康熙二十三年（1684）台湾府："果有……甘仔蜜有番柿"（《福建通志》）。乾隆二年（1737）《台湾府志》："柑仔蜜：形似柿，细如橘，可和糖煮茶品"。此后在乾隆七年（1742）、乾隆十二年（1747）、乾隆二十五年（1760）、道光十五年（1835）均再次出现记载。康熙五十九年（1720）《台湾县志》记载，"柑子蜜：形圆如弹，初生色绿，熟则红，蜜糖以充茶品"。乾隆十七年（1752）"柑子蜜：似柿而细"。《凤山县志》在康熙五十八年（1719）、乾隆二十九年（1764）记载有："柑子蜜：形如弹子而差大，和糖可充茶品。"《泉州府志》则在乾隆二十八年（1763）、乾隆三十三年（1768）、道光十五年（1835）记载有："甘子蜜：实如橘，味甘，乾者合槟榔食之。"《同安县志》在乾隆三十二年（1767）、嘉庆三年（1798）也有同样的记载。到民国十七年（1928）记有："甘子蜜：实如橘，味甘，乾者合槟榔食之，可治瘴气口舌等疮，磨水擦甚效。"

可见，地方志中关于柑仔蜜的记载大多集中在康熙、乾隆年间，其他时期则很少出现。从地方志的记载情况来看，柑仔蜜应当就是所说的番茄，并且由台湾传入福建。华北地区称番茄为西番柿，山西地方志最早出现记载。明万历

141

四十一年（1613）《猜氏县志》有西番柿的记载，列在《物产·果类》，但只有名称而无性状描述。随后，在清康熙四十九年（1710）《保德州志》也出现"西番柿"的记载，归在《物产·花类》。直到清雍正十三年（1735）《泽州志》才出现这样的表述，"西番柿：似柿而小，草本、蔓生、味涩。"从性状表述来看，可以断定西番柿即番茄。光绪七年（1881）《靖源乡志》记有"花：西番柿"。同样，周边地区也有西番柿记载。康熙十二年（1673）《莱阳县志》和乾隆七年（1742）《海阳县续志》的花属有"西番柿"记载。河北在康熙十二年（1673）、康熙十八年（1679）、乾隆二十二年（1757）《迁安县志》和乾隆十二年（1747）、同治八年（1869）《曲阳县志》之《物产·花属》中出现西番柿。光绪十年（1884）《玉田县志》花属有西红柿记载。陕西则稍晚，在乾隆四十八年（1783）《府谷县志》记有"果属：西梵柿"（此"梵"疑为"番"）。此后，在道光二十年（1840）《神木县志》花类中又出现西番柿。西北甘肃在道光十年（1830）《敦煌县志》有番柿子记载，并列在花属。19 世纪清朝中后期，除山西《靖源乡志》、河北《玉田县志》、陕西《神木县志》及甘肃《敦煌县志》外，主要集中到了云南、湖南及江苏、浙江，而且番茄的名称也悄悄地发生变化，逐渐形成番柿、喜报三元、洋柿、小金瓜、西红柿等名称。

云南，道光三十年（1850）《普洱府志》载："西番柿：五子登科。"到光绪二十三年（1897）又载有："西番柿（芦志）一名五子登科，味香甘可食，四属皆产。"

湖南，番茄称"小金瓜""喜报三元"。吴其濬在《植物名实图考》（1846年或稍前）中记有小金瓜："长沙圃中多植之，蔓生。叶似苦瓜而小，亦少花杈。秋结实，如金瓜，累累成簇，如鸡心柿而更小，亦不正圆，《宁乡县志》作喜报三元，从俗也或云番椒属，其清脆时以盐醋捣之可食。大多以供几案，赏其红润。然不过三、五日即腐。"同时，书中还附有"小金瓜"的插图。笔者通过查阅湖南地方志发现，《宁乡县志》在嘉庆二十一年（1816）已有记载，且归在花属："喜报三元：椒属，形如金瓜，红鲜圆润，累累可爱。"同治六年（1867）的花属再次出现："喜报三元：椒属，形如金瓜，红鲜圆润，累累可爱，一蒂三颗，故名。"乾隆十二年（1747）《长沙府志》和乾隆二十一年（1756）、乾隆四十六年（1781）的《湘潭县志》也都有"小金瓜"记载，虽没有性状特征描写，但将"小金瓜"与"金瓜""南瓜"并列，结合《植物名实图考》中"小金瓜，长沙圃中多植之"，基本可以推断出湖南在乾隆年间已有番茄传入。

浙江，称番茄为"洋柿"。道光二十八年（1545）《海宁州志》记："洋柿：实小面红"，列在草花属中。同期浙江人徐时栋（1514—1573）在《烟屿楼笔记》中也记载有番茄，徐氏题其名作"洋柿"，说"西夷"食之，"华人但以供玩好，不食之也。"

江苏，嘉庆二十三年（1818）《海曲拾遗》的柿篇有蕃柿记载："柿：朱果小而圆者名树头红，长而圆者名牛奶柿，……书又草本蕃柿，一名六月柿，茎似蒿，叶似艾，花似榴，一枝结四五实，借高树作架，如垂火珠，可摘以充饥，种自西蕃传也。"此后，在道光十年（1830）的《崇川咫闻录》再次出现相同记载。同治九年（1870）的《上海县志》将番茄和蕃柿并列，"茄子：……一种色白而小又有如柿者谓之番茄。""柿：邑产最佳，……一种草本实似柿，瓢子如茄，名蕃柿。"随后，《川沙厅志》（光绪五年）和《松江府续志》（光绪九年）再次把番茄和蕃柿并提。但《松江府续志》仅仅是转录《上海县志》，"茄：……上海志一种如柿者谓之番茄。""柿：……上海志……一种草本，实似柿，瓢子如茄名蕃柿。"由此可知，早期的人们把番茄作为茄子的一个品种记载于茄子条内，番柿作为柿的一种归在柿类，加上对传入新物种的了解不深，认为番茄有毒不可食用。如《崇明县志》（清光绪七年）记载："柿：……别有番柿非柿也，实不可食，红艳可玩。"

综上所述，明末云南、贵州、山西各一处记载，到清初康熙、乾隆年间，主要分布在福建台湾以及华北的山西、河北、山东、陕西等地区。且从早期贵州、云南以及台湾的记载来看，都支持从海路传入一说。所以，番茄应是先引种到沿海一带，广东的可能性极大，然后再传到贵州、云南。山西则很可能是由当时著名的晋商作为罕见之物带回的，然后以山西为次级中心，再分别向山东、陕西、河北等地区传播。值得一提的是，华北地区都称之为西蕃柿，除《猗氏县志》《府谷县志》两处列在果类，其他均在花属类。尤其是康熙十二年（1673），山东的《莱阳县志》和河北的《迁安县志》同时在花属里出现"西番柿"的记载，这与史料记载是吻合的，即番茄传入早期主要是作为观赏植物。到清中后期，除了华北新增几处外，已经扩展到内地的湖南及沿海的江苏、浙江等地。

（2）民国时期番茄的传播进一步扩展　民国时期，番茄的传播范围不断扩大，各地方志关于番茄的记载较多，性状描述也比较详尽，番茄的称谓在北方基本一致，洋柿子或番茄，而南方则比较复杂，如红柿、红茄、洋辣子、状元红等。

下面简单看一下民国时期各地方志的记载情况：

① 东北地区的黑龙江省。民国初期，黑龙江才有番茄栽培，且是从俄罗斯引种，与19世纪中期浙江的称谓一致，称为"洋柿"。民国四年（1915）《呼兰县志》果类有"洋柿"记载，"草本俄种也，实硕大逾于晋产，枚重五六两，生青熟红、味微甜。"此后，民国十九年、民国二十一年又出现同样记载。民国十年（1921）《依兰县志》记载有："番茄：俗名草柿子，味甚美，我国人

143

用作看物。"民国十三年（1924）《宁安县志》记载有："茄……又一种番茄俗呼为柿子。"民国十八年（1929）《珠河县志》有番茄记载。

可见，民国时期黑龙江的呼兰、依兰、宁安、珠河已有栽培，味虽美，但仅供观赏之用。

② 华北地区的陕西、山东、河北、河南等省。民国时期，华北新增几处记载，或称番茄或俗称洋柿子。陕西《霞县志》《宜川县志》《洛川县志》，山东《黄县志》《平度续志》，河北《邢台县志》，河南《方城县志》均有记载，且各地仅有零星的种植，从陕西"产于城关及党家湾等地"，山东"黄人喜食者少故栽培不广"可以看出。

③ 沿海地区的江苏、福建、广东及广西。江苏，这时番茄名称已悄悄地发生变化，除原来的番柿外，则称番茄、红茄、西红柿。随着对番茄的深入了解，逐渐将番柿从柿类或柿注分离开来。如民国七年（1918）《上海县续志》："番柿：已见前志果之属，柿注但实非柿类，故难列之。"民国二十四年（1935）《上海县志》果之属载有："番柿：又名西红柿，以上详见前志及续志。"民国十年（1921）《宝山县续志》载有："番茄：色红形圆而小不能食。"民国十九年（1930）《嘉定县续志》载有："番茄：一年草本……而餐中常食之，东南乡偶有植者，则售诸沪上邑人鲜有以之充蔬者。"民国二十一年（1932）《阜宁县新志》："红茄：即番茄，原产实小供观赏。近年输入食用种，但植者不多。"可见，清代后期，在交通发达的上海，番茄基本也只作为观赏植物，很少食用，直到民国才作为蔬菜偶有种植。

福建，称番茄为红柿。民国九年（1920）《龙岩州志》、民国二十九年（1940）《崇安县新志》及民国三十六年（1947）《云霄县志》均有记载。其中《龙岩州志》对其性状描写最为详尽："红柿：一名六月柿，一年生草本，高至四五尺，叶为不整之羽状复叶，小叶亦分裂而为羽状，花黄色，果实为浆果，红色，可食。"

广东，民国二十三年（1934）《恩平县志》载有："番茄：一种来自外洋，为制番菜必要品。"此外，民国三十八年《连县志》在蔬菜类也记有番茄。相对而言，番茄的食用及栽培在广东则较为普遍，据民国二十四年（1935）《广东通志稿》记，"番茄：外来种也，传入广东为人嗜食，不过数十年，今则已成为普遍之种植矣。……今广东普遍所产为二者：甲）苹果形种，乙）梨形种。……烹调法外国人多腌而生食，广东人皆与肉类煮熟作菜。"另外，民国《潮州志》对番茄的栽培方法与技术已有详细记载。

广西，民国三十八年（1949）《广西通志稿》载有："番茄：一名红茄，又名六月柿。……近年传入西洋种，番茄种类繁多，原产有茅秀菜，亦属此种，各县均有出产。"

④ 西南地区的云南、贵州、四川等省。云南番茄的别称很多,如洋辣子、寿星果、小金瓜、状元红等。辣子在云南指的是辣椒、秦椒,而洋辣子则是指番茄。民国十年(1921)《宜良县志》记有"洋辣子"。

民国十三年(1924)《昭通县志稿》记有:"寿星果:形圆色红,俗谓洋辣子"。随后,在民国三十八年(1949)《安宁县志》有很详细的描述,"洋辣子:又名番茄,春种,高尺许。枝柔如蔓生,叶绿带白、伞状多缺,枝上结实如柿,稍扁,初碧绿,已熟后朱红色,肉穀状多浆,中有子累累,去皮佐食,饶营养。"可以断定洋辣子即番茄。民国二十五年(1936)《石屏县志》在茄科记有状元红,"状元红:即番茄,五十年前屏人云有毒,不可食,近年则成为食品佳者。"此外,民国二十二年(1933)《车里》和《腾衡县志》也有番茄的记载。

贵州,称西红柿、毛辣茄(角)、番茄。民国二十七年(1938)《麻江县志》记有:"腊茄:……羽状对生,四五月开黄花,结实有大如柿实者,皮较厚、熟则黄,小者如橘嫩皮裹养浆反多数毛细子生味酸辛热,则可口调馔最佳,采实和盐、蒜、番椒、醴酒腌罐中,藏久取食亦佳品也。"民国二十九年(1940)《三合县志略》和民国三十六年(1947)《镇宁县志》都载有番茄。民国三十七年(1948)《贵州通志》载,"番茄:俗名毛辣角,其种来自外国,全省以贵阳出产为多。"

四川,民国二十四年(1935)《古宋县志初稿》记载:"番茄:形圆色红俗呼为洋茄子,可充素馔之用。"民国三十一年(1942)《绪云山志》记载:"食物蔬菜类,……近年种番茄除虫菊等亦堪资食用。"

湖南,民国三十七年(1948)《醴陵县志》载:"番茄:原产美洲秘鲁,……肉软多汁,味甘酸,除制酱外,生食炒熟调汤腌渍咸宜,邑中稍有种者。"

此外,民国时期,园艺所及实业部、垦务所也纷纷引进番茄进行栽培。"民国时期,内蒙古呼伦贝尔境内园艺之发达,推扎赉诺尔站及海拉尔站,额尔古纳河一带,亦有种植者。但仅供本地之用而已。园艺所种者为马铃薯、白菜、黄瓜、西红柿、葱、蒜等,均于五月中旬栽种之","自崇安垦务所成立后,而外菜随之输入如洋葱、甘蓝、花椰菜、番茄、马铃薯、瓢儿菜、甜菜、细叶雪里蕻、槟榔等之类是也"。

从以上方志记载不难看出,民国时期番茄的食用性受到人们重视,番茄开始由观赏向食用过渡,但食者不多,植者更少,主要集中在大城市的郊区。此后,由于我国很多学校、研究单位以及园艺所、垦务所等纷纷引进番茄品种,番茄栽培才逐渐兴旺起来。

(二)辣椒

1. 辣椒的传入　我国最早关于辣椒的记载见于明高濂的《遵生八笺》

（1591），称之为"番椒"，这可能因为辣椒是从海外传来，又与胡椒一样有辣味而适作调料。1621年刻版《群芳谱·蔬谱》载有："椒……。附录：番椒，亦名秦椒，白花，实如秃笔头，色红鲜可观，味甚辣，子种。"这两者是目前公认的有关中国辣椒的最早记载。关于辣椒传入中国的路径，前人研究不多，中国农业科学院蔬菜花卉研究所编《中国蔬菜栽培学》中提出有两条："一经'丝绸之路'，在甘肃、陕西等地栽培，故有'秦椒'之称；一经东南亚海道，在广东、广西、云南栽培，现西双版纳原始森林里尚有半野生型的小米椒。"蓝勇认为，辣椒在明清之际传入中国，沿岭南、贵州传入四川和湖南地区，进而形成长江中上游辛辣重区。中国现代园艺学奠基人之一吴耕民先生考证了很多蔬菜的起源，却没有辣椒传入中国路径记述。

　　笔者根据大量的方志及相关的书刊资料认为，上面所述的辣椒由"（陆上）丝绸之路传入"和"经东南亚海道，在广东、广西、云南栽培"的可能性非常小。辣椒的传入路径应该另有其道，可能性最大的有三条：一是从浙江及其附近沿海传入；二是由日本传到朝鲜再传入中国东北；三是从荷兰传到中国台湾。

　　我国现存8 000多部地方志，根据这些方志，笔者整理出：全国各省份方志中辣椒最早记载一览表（表6-3），从中可以看出，明代方志中没有辣椒记载，辣椒记载时间最早的是浙江的《山阴县志》（1671）。康熙年间，东北辽宁（1682）、中南地区的湖南（1684）和贵州（1722）、华北地区的河北（1697）也有记载。西部地区的陕西要迟一些，在雍正年间（1735）才有记载，其他地区均在此之后。

　　（1）华东沿海是辣椒传入中国的主要渠道之一　需要指出的是，虽然方志记载有一定的偶然性，但同一信息两地记载相差半个世纪以上，还是可以认定先后次序的。辣椒传入中国无非两条路径——陆路和海路，从海路看，浙江辣椒种植比福建、台湾、广东、广西都要早70年以上，由此可以认定，浙江是辣椒从海路传入中国的最早的落地生根点，这是辣椒传入中国的第一条路径。

表6-3　全国各省份方志中辣椒最早记载一览表

省份	最早年代	所查方志时段	方志
浙江	康熙十年（1671）	明嘉靖至民国	《山阴县志》
安徽	乾隆十七年（1752）	明嘉靖至民国	《颍州府志》
江西	乾隆二十年（1755）	明嘉靖至民国	《建昌府志》
福建	乾隆二十八年（1763）	明嘉靖至民国	《长乐县志》
江苏	嘉庆七年（1802）	明万历至民国	《太仓州志》
台湾	乾隆七年（1742）	清康熙至民国	《台湾府志》

（续）

省份	最早年代	所查方志时段	方志
湖南	康熙二十三年（1684）	明嘉靖至清光绪	《邵阳县志》
贵州	康熙六十一年（1722）	清康熙至同治	《思州府志》
四川	乾隆十四年（1749）	明万历至清嘉庆	《大邑县志》
湖北	乾隆五十三年（1788）	明正德至民国	《房县志抄》
广西	乾隆六年（1741）	清康熙至民国	《武缘县志》
广东	乾隆十一年（1746）	明嘉靖至民国	《丰顺县志》
云南	光绪二十年（1894）	清康熙至民国	《鹤庆州志》
河北	康熙三十六年（1697）	明万历至清光绪	《深州志》
山东	雍正七年（1729）	清康熙至民国	《山东通志》
河南	道光十九年（1839）	清康熙至民国	《修武县志》
山西	道光六年（1826）	明嘉靖至民国	《大同县志》
内蒙古	咸丰十一年（1861）	清咸丰至光绪	大部分方志中有
陕西	雍正十三年（1735）	明弘治至民国	《陕西通志》
甘肃	乾隆二年（1737）	明嘉靖至清光绪	《肃州新志》
宁夏	不详	明弘治至清光绪	均无"辣椒"记载
青海	民国八年（1919）	清顺治至民国	《大通县志》
新疆	不详	清乾隆至宣统	均无"辣椒"记载
西藏	民国二十一年（1932）	清雍正至民国	《康藏》
辽宁	康熙二十一年（1682）	清康熙至咸丰	《盖平县志》
吉林	光绪十七年（1891）	清道光至民国	《伯都纳乡土志》
黑龙江	民国元年（1912）	清嘉庆至民国	《瑷珲县志》

说明：河北省包含北京和天津两市；广东省包含海南省；四川省包含重庆市；江苏省包含上海市。

（2）由朝鲜传入中国东北可能是辣椒传入中国的另一海路渠道 东北地区，康熙年间《盖平县志》《辽载前集》《盛京通志》均有辣椒记载，由于没有明中后期辽宁方志，明代该地种植情况不详。辽宁辣椒可能从关内传入，更有可能从一江之隔的著名食辣国度朝鲜传入。《朝鲜民俗》《林园16志》（1614）记载，朝鲜17世纪初开始种植和食用辣椒。韩国国史编纂委员会编辑的《韩国史》记有，辣椒从日本传入朝鲜是在"壬辰倭乱"（1592—1601）期间，此期与高濂《遵生八笺》（1591）记载完全相同，早于《群芳谱》（1621），比辽宁方志记载时间早近90年，更由于当时朝鲜是后金的属国，交往很多（而此时后金正与明朝政府交战，两地交通、贸易严重受阻）。因此，辣椒从朝鲜传入中国东北很容易。同为美洲作物的烟草就是同期从朝鲜传入东北的，这可以作为旁证。与关内同称"秦椒""番椒"，可能是满人入关后，方志记载由满文变为汉语所致。

（3）第三条路是从荷兰传到台湾　辣椒在台湾被称作"番姜"，与大陆不同，是木本。乾隆七年（1742）《台湾府志》："番姜，木本，种自荷兰，花白瓣绿实尖长，熟时朱红夺目，中有子，辛辣，番人带壳啖之，内地名番椒……"《台湾府志》和《凤山县志》记载相同。乾隆年间出版的《本草纲目拾遗》也有同样记载。但康熙年间《使琉球杂录》《台湾县志》《凤山县志》及雍正年间《台海使槎录》均无辣椒记载，因此，辣椒传入台湾的时间在康熙至乾隆年间的可能性很大。

（4）辣椒从陆上丝绸之路传入中国内地可能性不大　一是方志资料并不能提供足够的证据。陕西雍正末年才有少量辣椒记载，比东部迟半个多世纪；新疆到清末还未见记载，甘肃的记载是在乾隆年间，都迟于陕西本身，更迟于其东部的浙江、河北，由记载较迟的陕西向记载较早的浙江、河北传播，不合常理。二是"经'丝绸之路'，在甘肃、陕西等地栽培，故有'秦椒'之称"是望文生义，不符合历史事实。明王象晋《群芳谱》记有："椒……一名秦椒，以产秦地故名，今北方秦椒另有一种。……附录：番椒，亦名秦椒……"作者是山东济南人，这个记述明白无误地表明，明天启元年（1621）华北地区已有番椒种植，最早将"番椒"称为"秦椒"的地点也是在华北而不是其他地方。陕西辣椒记载最早的名称也叫番椒。三是中唐以后，吐蕃崛起，控制了河西和陇右，陆上丝绸之路严重阻塞，而海上丝绸之路迅速兴旺发达，辣椒从已近乎荒废的陆上丝绸之路传入中国内地，再向东部扩展，可能性很小。

（5）广东、广西辣椒不是直接传自海外而是从北方传入　广东、广西的辣椒记载都在乾隆年间突然增多，是我国最早将番椒称为"辣椒"的地方，比其北邻湖南迟半个多世纪，比浙江就迟更多，从北边的浙江或湖南传来的可能性极大。乾隆年间《恩平县志》说："辣椒……江左之人称辣茄，……皆避水瘴祛风湿……［补入］。"名称、用途都有，与浙江辣椒称"辣茄，冬月用以代胡椒"相同，有明显的渊源。特别是恩平地处南海之边，崇祯年间《恩平县志》就非常详细地记录了大多数植物的名称、性状等，"烟叶出自交趾"是目前所见方志中关于烟草传入中国路径的最早记载，其中并没有辣椒。康熙年间方志也没有辣椒记载；乾隆年间方志强调"补入"，却没有按惯例注明引自何地，显然是因为没有必要，即是由国内传播过去的。康熙年间《岭南杂记》中记载了很多从国外引进的动植物品种，如西洋鸡、火鸡、洋葱、番荔枝等，但也没有"辣椒"的记载，这些也可作为广东辣椒不是从海外直接引入的旁证。所以，辣椒"经东南亚海道，在广东、广西、云南栽培"同样缺少证据支持。

2. 辣椒的分布及种植演变情况　明清时期，辣椒在各地称呼差别很大。华北、东北和西北地区叫番椒、秦椒；浙江、安徽叫辣茄；湖南、贵州、四川叫海椒、辣子；广东、广西叫辣椒，湖北叫赛胡椒；还有些地方叫辣角、辣火、辣虎。下面结合其他资料和前人研究成果对明清时期主要省份的辣椒种植演变情况及相关问题进行分析。

（1）浙江及其周边地区 前已说过，康熙十年（1671）《山阴县志》："辣茄，红色，状如菱，可以代椒"是国内最早的辣椒记载。浙江也是国内最早将辣椒称为"辣茄"的地方。嘉庆《山阴县志》记载同。康熙《杭州府志》、乾隆《湖州府志》也称"辣茄"。早期浙江种植辣椒用途主要是替代南方热带所产的胡椒。后续记载不多，说明浙江食辣并不普及。

安徽方志有辣椒记载的较迟。乾隆十七年（1752）《颍州府志》有"辣茄"记载。乾隆、道光《阜阳县志》，嘉庆《南陵县志》，道光《繁昌县志》及《桐城续修县志》，同治《宣城县志》，光绪《五河县志》，民国《天长县志稿》亦有记载。明清时期安徽的辣椒记载很少，食辣也不普及。江西方志有辣椒记载时间与安徽差不多。乾隆二十年（1755）《建昌府志》记有："椒茄，垂实枝间，有圆有锐如茄故称椒茄，土人称圆者为鸡心椒，锐者为羊角椒，以和食，汗与泪俱，故用之者甚少。"乾隆二十三年（1758）《建昌府志》亦有记载，"茄椒……味辣治痰湿。"明确了辣椒的药用价值。嘉庆十三年（1808）《丰城县志》记有："辣椒……味辛宜酱，即北方之所谓秦椒酱也。"这是较早关于辣椒制酱的记载。同治《南康府志》《南昌县志》等六部方志，光绪《建昌县乡土志》、民国《弋阳县志》也有辣椒记载。说明19世纪江西食辣开始普及。

福建方志有辣椒记载时间与安徽、江西差不多，有趣的是，福建辣椒的别名最多，用途也有代胡椒之说。

乾隆二十八年（1763）《长乐县志》记有"番椒"。嘉庆《浦城县志》记有："椒，邑有番椒、天椒、佛手椒、龙眼椒数种。"嘉庆《连江县志》："番茄，俗呼辣椒，……味辛可代胡椒。"嘉庆《南平县志》亦有记载。道光《沙县志》："蔬属：辣椒，俗名麻椒，又一种曰朝天笔。"道光《永安县续志》："蔬：辣椒，俗名胡椒鼻。"道光《福建通志》《永定县志》，道光、咸丰《邵武县志》，道光、光绪《光泽县志》，同治、民国《长乐县志》中均有记载。

江苏（含上海）方志有辣椒记载比周边的省份都迟，并且特少。嘉庆七年（1802）《太仓州志》记有："辣椒，有红黄二色，形类不一，可和食品。"同治《邳志补》，光绪《松江府续志》《海门厅图志》，民国《太仓州志》《青浦县续志》《泗阳县志》也有记载，说明江苏大部分地区种植辣椒时间当在民国以后。

（2）湖南及其周边地区 从时间和交通上看，长江以南地区的辣椒传播路径很可能是从浙江到湖南，以湖南为次级中心，再分别向贵州、云南、广东、广西以及四川东南部地区传播，湖北及四川其他地区可能是由浙江溯长江而上直接传播的，广东的辣椒也可能是从浙江沿海岸线传入的。湖南方志最早的辣椒记载时间与辽宁相同，仅次于浙江，比周边地区都早得多。康熙二十三年（1684）《宝庆府志》和《邵阳县志》记有"海椒"，这是目前所知国内最早将"番椒"称为"海椒"的记载。"海椒"的称呼表明，湖南的辣椒可能传自海边的浙江，明代从浙江杭州沿运河到长江，再由长江经湘江进入湖南是很方便的。湖南关于番椒的称呼较多，有辣椒、斑椒、秦椒、芁、茄椒、地胡椒，最有特色也最多见的别称是辣子。乾隆《楚南苗志》："辣子，即海椒。"乾隆《辰州府志》："茄椒，一名海椒……辰人呼为辣子。"乾隆《泸溪县志》："海椒……俗名辣子。"辣椒在湖南的传播是非常迅速的，嘉庆年间辣椒记载方志又增加了慈利、善化、长沙、湘潭、湘阴、宁乡、攸县、通道8个县，是当时记载时间最早、范围最广的一个省。湖南是我国最先形成的食辣省份，嘉庆年间可能已经食辣成性。

　　贵州也是较早食用辣椒的省份，通呼海椒，另有辣火、辣有、辣角别称，以辣角居多。康熙六十一年（1722）《思州府志》："药品：海椒，俗名辣火，土苗用以代盐。"辣椒代盐，这是贵州人的发明。乾隆《贵州通志》《黔南识略》《平远州志》，嘉庆《正安州志》，道光《松桃厅志》《思南府绪志》《遵义府志》等，同治《毕节县志》，都有海椒记载。大约到道光年间，贵州的辣椒种植就已基本普及。

　　四川方志辣椒记载比湖南迟半个世纪以上，却与湖南几乎同时迅速普及，食辣成性。乾隆十四年（1749）《大邑县志》："秦椒，又名海椒"，是四川辣椒最早记载。在四川称番椒为海椒的最多，辣椒和辣子次之，偶有称秦椒。嘉庆年间，金堂、华阳、温江、崇宁、射洪、洪雅、成都、江安、南溪、郫县、夹江、犍为等县志及汉州、资州直隶州志中均有辣椒记载。光绪以后，除在民间广泛食用外，经典川菜菜谱中也有了大量食用辣椒的记载。清朝末年傅崇矩《成都通览》记载，当时成都各种菜肴达1 328种之多，辣椒已经成为川菜中主要作料之一，有热油海椒、海椒面等。清末徐心余《蜀游闻见录》亦记载，"惟川人食椒，须择其极辣者，且每饭每菜，非辣不可。"

　　早期湖北辣椒的名称很特别，叫"赛胡椒"。乾隆五十三年（1788）《房县志抄》："蔬：赛胡椒，红黄金瓜佛手数种。"同治《房县志》："秦椒，俗名赛胡椒、辣子，有黄红青三色。"道光《鹤峰州志》："番椒，俗呼海椒，一呼辣椒，一呼广椒。"嘉庆到咸丰年间记载很少，同治以后特别是光绪年间增多，《咸宁县志》《兴国州志》《长乐县志》《武昌县志》等亦有记载。道光年间吴其濬《植物名实图考》提到了湖北周边的"湖南、四川、江西（辣椒）种之为蔬"，却未点明湖北，这也间接说明清末湖北辣椒种植非常少。

　　广西是最早将番椒称为"辣椒"的地方。广西方志辣椒记载很有特点，一是乾隆年间突然大量出现，有7个记载；二是名称完全统一，全叫辣椒；三是用途一致，"消水气，解瘴毒"。乾隆六年（1741）《武缘县志》记有"辣椒"；乾隆《南宁府志》："辣椒，味辛辣，消水气，解瘴毒。"乾隆《横州志》《柳州府志》《马平县志（柳州县志）》记载同；乾隆《庆远府志》和《梧州府志》也记有"辣椒"。将"番椒"称为"辣椒"的原因不得知晓，不妨作一推测。前述，广西的辣椒很可能是从其北部的湖南传入，湖南俗称番椒为辣子，广西俗称茱萸为茶辣子，为了区分这两者，广西取番椒的味道"辣"和同为香辛类的花椒和胡椒的"椒"来命名，番椒就叫成了辣椒。

广东方志有关辣椒的记载时间、名称、用途均与广西相同。乾隆十一年（1746）《丰顺县志》记有"辣椒"，是广东方志最早的辣椒记载，同治、光绪、民国《丰顺县志》记载相同。乾隆年间《恩平县志》和《归善县志》也有记载。道光、咸丰、光绪及民国时期也有少量方志记载。直到民国时期，广东辣椒种植也并不普遍。据冯松林调查，1931年广东各县中只有紫金、平远两县的蔬菜中有辣椒，可以作为旁证。

关于云南食辣开始的时间，争议较大，焦点是乾隆年间云南方志中的"辣子"是不是辣椒，特别是记述为"秦椒，俗名辣子"的"辣子"是不是辣椒。乾隆元年（1736）《云南通志》和乾隆四年（1739）《景东直隶厅志》是最早记载"秦椒，俗名辣子"的两部方志。其后对此记载，云南方志中有两种不同注解：一是认为记述有误。道光《云南通志》载："秦椒，《旧云南通志》俗呼辣子，谨按，秦椒即花椒，辣子乃食茱萸，李时珍分析极明，旧志盖误。"明李时珍《本草纲目》确有"食茱萸，［释名］辣子"记载，道光《昆明县志》和《普洱府志》亦有"食茱萸，俗名辣子"的记载，因此误记的可能性是存在的。二是认为"秦椒，俗名辣子"记述的是一种多年生植物。道光《定远县志》和《威远厅志》："蔬属：秦椒，俗名辣子，初种可长至六七年者。"因没有性状描写，无法判断"秦椒，俗名辣子"这种植物到底是什么，但肯定不是当时其他地区所种的一年生草本植物番椒。综上，"秦椒，俗名辣子"不能作为番椒记录采用。至于云南方志单独记载的"辣子"，既没有性状描写也没有其他可信注释，也不能作为番椒的记载而采用。因此，仅根据邻近贵州的乾隆《镇雄州志》记载的"辣子"而认定云南在乾隆时期即食、种辣椒，证据并不充分。

云南的辣椒种植时间，光绪年间才有可信的记载。光绪二十年（1894）《鹤庆州志》记有"辣椒"。光绪《永北直隶厅志》《宣威州志补》，民国《宣威县志》《昭通县志稿》也有记载。结合清末徐心余《蜀游闻见录》："昔先君在雅安厘次，见辣椒一项，每年运入滇省者，价值数十万，似滇人食椒之量，不弱于川人也。"云南人食辣时间当早于光绪时期，早期主要是从外省运入而不是自己种植。

（3）华北地区　河北（含天津、北京）也是国内最早有辣椒记载的地区之一。康熙三十六年（1697）《深州志》："蔬类：秦椒，色赤味辛；花椒，树生，色赤味辛。"雍正《深州志》记载相同，这里的秦椒与花椒对应，花椒多注"树生"两字以示区别，表明秦椒不是树生，即草本，应是番椒。乾隆年间有《饶阳县志》和《柏乡县志》两个记载，嘉庆年间也只有《束鹿县志》和《庆云县志》两个记载，光绪年间开始有较多记载。可以断定，河北大面积种植辣椒较迟。

至于河北的辣椒从何处传来的问题，乾隆年间《柏乡县志》记有"秦椒，色赤而小，亦名辣茄。"显示了与浙江的某种渊源。明末清初的有关书籍和大量的方志中均未记述大陆的辣椒是从何处由何人引入的，这说明辣椒的传播完全是在自然状态下进行的。主要交通线路周边因人流量大，所以新植物传到的概率也大。明代的京杭大运河是贯穿南北的交通大动脉，浙江、河北分别是起点和终点，河北的辣椒从浙江传入是合理路径之一，也是可能性最大的路径之一。

需要特别指出的是，明清方志中单独"辣角"的记载不能直接作为番椒的记载使用，清康熙以前的"辣角"更是如此。嘉靖三十八年（1559）《南宫县志》："蔬，野生有马齿苋……辣角。"康熙年间方志记载同。康熙《新河县志》："蔬类：……辣角，以上俱系野生。"康熙《南皮县志》："蔬：……野生落藜……辣角……"这里"辣角"是一种"野生"植物，应该不是番椒。

山东方志辣椒记载时间并不算早，却是乾隆年间有记载的各省中最多的。雍正《山东通志》："秦椒，色红有子与花椒味俱辛。"乾隆《泰安县志》和《沂州府志》记载同。"色红有子"符合辣椒的特征，这应当是辣椒的记载。乾隆《东平州志》："秦获黎，俗呼秦椒，南人呼辣茄子……"乾隆年间《乐陵县志》《德州志》亦有明确记载。道光以后记载进一步增多。

河南方志最早的辣椒记载在道光年间。道光十九年（1839）《修武县志》："秦椒，丛生，白花，结角似秃笔头，味辣，老则色红。"康熙、乾隆年间方志中无记录。道光《尉氏县志》、同治《宜阳县志》、光绪《南乐县志》和《永城县志》、民国《河南方舆人文志略》中也有辣椒记载。总体而言，河南方志有辣椒记载很迟并且很少，直到民国时期仍然如此，是典型的味淡区。

山西最早的辣椒记载与河南同期。道光十年（1830）《大同县志》："蔬之属：青椒。"同治《河曲县志》："海椒，俗名辣角。"光绪《定襄补志》："红辣角，有回洋二种，黄绿二色。"康熙、雍正年间方志中无此记载。光绪年间《崞县志》《清源乡志》等方志中亦有记载。总体而言，山西的辣椒种植时间迟、分布也不广，与河南类似。

所查的内蒙古方志是清咸丰及其以后的，咸丰十一年（1861）《归绥识略》："辣角，长者皮薄，圆者皮厚，有翘如解结锥者，有皱如橘柚实者。味辛而香，油煎食之，精粗肴皆宜，其鲜者曰青角，晒干可以制油。"光绪、民国时期也都有记载。内蒙古种植辣椒的时间当在咸丰以前，在南部农区种植。

（4）陕西及西部地区　陕西辣椒种植记载最早在清雍正年间，此后记载持续增多。雍正《陕西通志》："番椒，俗呼番椒为秦椒，结角似牛角，生青熟红子白味极辣。"嘉庆、道光以后记载数量增加较多。

甘肃方志中辣椒记载在西部地区较早，光绪《皋兰县志》等亦有记载。但明嘉靖至清光绪间渭源、伏羌、岷州、武威、镇番、兰州、固原、海城、平凉77部方志中均无辣椒记载，说明到清末甘肃辣椒种植并不普遍。宁夏、青海、西藏方志有辣椒记载均在民国时期，新疆大面积种植辣椒是在改革开放以后，主要种植红辣椒，以出口为主。

（5）东北地区　辽宁方志辣椒记载早且多，与浙江几乎同时，后续记载也多。康熙二十九年（1690）《辽载前集》："秦椒，一名番椒。椒之类不一，而土产止此种，所如马乳，色似珊瑚，非本草中秦地所产之花椒。"据此，康熙《盖平县志》中"秦椒"也是辣椒的记载。康熙、乾隆、咸丰《盛京通志》，光绪《奉化县志》《伯都纳乡土志》《吉林通志》，宣统《吉林记事诗》，民国《镇东县志》等都有辣椒记载。

吉林方志都在道光以后。光绪十七年（1891）《伯都纳乡土志》："秦椒，生青熟红，又一种结椒向上者天椒。"光绪《吉林通志》《奉化县志》，宣统《吉林记事诗》，民国《镇东县志》《扶余县志》《长春县志》《怀德县志》中有辣椒记载。所查到黑龙江方志全在清末和民国时期，几乎都有辣椒记载。

综上，辣椒最先引入华东的浙江、东北辽宁，然后由浙江传到中西南地区的湖南和贵州及华北地区的河北；雍正年间增加了西部地区的陕西，华北地区扩大到了山东；乾隆年间华东地区扩大到安徽、福建、台湾，湖南周边地区扩展到广西、广东、四川、江西、湖北，西部扩展到甘肃；嘉庆年间华东区又扩大到江苏；道光年间华北地区扩大到山西、河南、内蒙古南部。此时，华东、华中、华南、西南（除云南）、华北、西北辣椒栽培区域都已连成一片，《植物名实图考》中记载"辣椒处处有之"是准确的。考虑到从辣椒种植到方志记载有较长的时间间隔，因此，辣椒种植的实际时间应该要更早一些。

（三）南瓜

南瓜（*Cucurbita moschata* Duch.）属葫芦科南瓜属，在我国早已经是一种大众化的瓜蔬。南瓜是一种比较容易引起变异的栽培植物，瓜形各式各样。现今我国栽培的种类有：南瓜，通称中国南瓜，结瓜正圆，大如西瓜，广泛栽培在我国南部以及印度、马来西亚和日本；笋瓜（*Cucurbita maxima*），通称印度南瓜，印度栽培最多，瓜最大，可以贮存过冬，故又叫冬南瓜；西葫芦

（*C. pepo*），即茭瓜，原产北美洲，瓜最小。

史学界一般认为南瓜的原产地在美洲。美洲印第安人在很古的时候就种植南瓜。据说在墨西哥和美国西南部有南瓜的野生种，也有人认为南瓜的原产地应该在阿根廷平原。墨西哥和中南美洲是美洲南瓜（西葫芦）、中国南瓜、灰籽南瓜以及黑籽南瓜的初生起源中心；秘鲁的南部、玻利维亚、智利和阿根廷北部是印度南瓜（笋瓜）的初生起源中心，中国的笋瓜可能由印度传入。据考证，南瓜属大部分的野生种分布于墨西哥和危地马拉的南部地区。

考古学证实，南瓜在公元前 3000 年传入哥伦比亚、秘鲁，在古代居民的遗迹中发现有南瓜的种子和果柄。7 世纪传入北美洲，16 世纪传入欧洲和亚洲。笋瓜在哥伦布发现新大陆之前，赤道线以北地区均没有分布。由于欧洲气候凉爽，适宜南瓜生长，所以引种后迅速普及。19 世纪中叶，南瓜由美国引入日本。西葫芦的出现比中国南瓜、印度南瓜都早，它在公元前 8500 年前就伴随人类生活而存在，人类开始将其栽培则是在公元前 4050 年（《南瓜植物的起源和分类》，2000；《中国农业百科全书·蔬菜卷》，1990）。南瓜属是一个大族群，种质资源十分丰富多样，就其所含物种的数量而言，超过了蔬菜中的芸薹属（*Brassica*）和番茄属（*Lycopersicon*），堪称瓜菜植物中多样性之最。研究发现南瓜属种间的形态学差异是由于基因的突变，而不是染色体数目或多倍性的差异所引起。就目前所知，染色体的易位、缺失和倒位对南瓜属的种间分化不起重要作用。

我国先后从海外引进过南瓜品种，以上所列各类南瓜在我国都广行栽培。

我国有没有原产南瓜？有人认为上述"中国南瓜"就是原产亚洲南部的[1]，但这个问题还有待进一步考察和研究。根据《农桑通诀》的记载，"浙中一种阴瓜，宜阴地种之，秋熟色黄如金，皮肤稍厚，可藏至春，食之如新，疑此即南瓜也。"此书为元代（14 世纪以前）王祯所撰，此时新大陆尚未发现，如果上述阴瓜就是南瓜，则我国可能有原产南瓜。现今所知我国西南地区种植南瓜历史悠久。另外，据大约成书于元代（1360），贾铭著《饮食须知》记载，南瓜引种南方地区。在云南的栽培南瓜中有一种面条瓜，南瓜肉呈丝条状，煮熟后很像"米线条"，所以又叫丝瓜，它分布在大理和剑川一带，是当地的一种特产。在云南昆明附近还有一种特产南瓜，就是它的带壳瓜子全都可食，所以又叫无壳瓜子南瓜。这些都进一步说明我国西南地区兄弟民族长期栽培南瓜，并选育出了一些具有特色的农家品种，只因缺少文字记载，有的甚至失传，使我们并不完全了解我国南瓜的发展史。对此值得关注和进一步调查研究。

---

[1]　胡先骕：《植物分类简编》，科学技术出版社，1958。

据《本草纲目》记载（南瓜集解）："南瓜，种出南番，转入闽浙，今燕京诸处亦有之矣。二月下种，宜沙沃地，四月生苗，引蔓甚繁，一蔓可延十余丈，节节有根，近地即著。其茎中空。其叶状如蜀葵而大如荷叶。八、九月开黄花如西瓜花。结瓜正圆大如西瓜，皮上有棱如甜瓜，一本可结数十颗，其色或绿，或黄，或红，经霜，收置暖处，可留至春。其子如瓜子。其肉厚、色黄、不可生食，唯去皮瓤渝（意煮食）食，味如山药，同猪肉煮食更良，亦可蜜饯。"李时珍所描述的这种南瓜与印度南瓜类型的笋瓜、金瓜不言而喻，甚至还包括从日本传入的圆形、扁圆形的"倭瓜"在内。说明这两种南瓜引进较晚，如果连同元代《王祯农书》中所说的"秋熟色黄如金""疑此即南瓜也"，说明印度南瓜和日本南瓜传入中国的时间当在元代以前，故到明代才在"燕京诸处"进行种植。至于《本草纲目》没有谈及西葫芦、搅瓜、棱角瓜，则因为它是美洲南瓜，我国许多美洲蔬菜传入中国多数在哥伦布发现新大陆之后，而哥伦布与李时珍为同时代人，故《本草纲目》不见详列，是很自然的道理。由此可见，美洲南瓜引入中国当在明末清初，或更晚些，然后在国内传播栽培，也是合乎逻辑的。

另据《中国农业百科全书·蔬菜卷》（1990）记载，明、清两代，由于中国与亚洲邻国及西方国家频繁交流，南瓜大约是在这个时期从海路和陆路引入中国，所以南瓜又常被称为番瓜、倭瓜、番南瓜等。由此可知，中国、印度和美国都不是南瓜种植的原始起源地，都不是南瓜属作物的初生起源中心。中国南瓜在中美洲有很长的栽培历史，现在世界各地都有栽培，亚洲栽培面积最大，其次为欧洲和南美洲。印度南瓜在中国、日本、印度等亚洲国家及欧美国家普遍栽培和食用。中国的印度南瓜可能由印度引入。由于南瓜适应性强，对环境条件的要求不甚严格，引入中国后几乎在全国各地都有种植，分布范围十分广泛。[①]

综上所述，我国南瓜既有本国所产，也有印度品种及美洲品种引入。因此，产地和起源也是多源性的，各种类型的南瓜也都各有其源。中国南瓜形状独具一格，如果说中国也是南瓜的原产地之一，也是值得商榷的。

（四）甘蓝

甘蓝类（*Brassica oleracea* L.）是由十字花科芸薹属植物之一发展成为栽培作物的另一个蔬菜系统。据考证，甘蓝类的原产地在欧洲。甘蓝在欧洲的栽培历史悠久，在欧洲新石器时期的湖上住宅遗址发现过据说是甘蓝的种子。早在4 000多年以前，野生甘蓝的一些品种类型就被古罗马和希腊人所利用。后

---

① 董玉琛、刘旭：《中国作物及其野生近缘植物·蔬菜卷》，中国农业出版社，2008。

来逐渐传至欧洲各国，并经长期人工栽培和选择，逐渐演化出甘蓝类蔬菜的各个变种，包括结球甘蓝、花椰菜、青花菜、球茎甘蓝、羽衣甘蓝、抱子甘蓝等。据记载，古希腊（公元 4 世纪）栽培有叶面光滑和叶片卷缩的两种叶用甘蓝。甘蓝的变异是从叶片开始的，甘蓝的不同卷叶品种是由原始的芸薹属植物不断卷缩叶片的变化而来，就是说最早叶片的生长是开放的，后来由于叶片的增大和叶数的增多导致叶用饲料甘蓝和不结球甘蓝的形成。后者，在只有顶叶芽迅速生长时，叶片相互紧抱呈叶球状，可能还要经过叶片合抱呈柱状的过程，才形成像今天的结球甘蓝（*B. oleracea* var. *capitata*），又名椰菜。甘蓝种类主要有：叶片光滑，心叶全是白的，这就是一般的结球甘蓝；叶片紫红的赤叶甘蓝（*B. oleracea* var. *rubra*），德国栽培很多；叶片皱缩凹凸不平和心叶黄色的皱叶甘蓝（*B. oleracea* var. *bullata*）；还有一种可供观赏的羽衣甘蓝（*B. oleracea* var. *acephala*），叶大、柄长，在它的叶面上有美丽的条纹和斑纹，颜色可分为白黄、黄绿、粉红、紫红各种。古意大利曾有过叶片卷缩的甘蓝，它应当是现今皱叶甘蓝的先驱。大约在 17 世纪初，皱叶甘蓝起源于法国东南的萨伏依公国（Savoy）地区。[①]

12 世纪欧洲开始出现结球甘蓝类型，16 世纪传入加拿大，17 世纪传入美国，18 世纪传入日本。

甘蓝的种类也很多，它的原始类型现在还可以在大西洋和地中海沿岸找到，是一种单叶性植物。这种原始类型与大白菜亲缘关系密切的芸薹（即野油菜）非常相似。因此也有人提出最早也可能是由雅利安人克勒特族自亚洲带到欧洲的。[②]

结球甘蓝起源于地中海至北海沿岸，是由不结球的野生甘蓝演化而来。结球甘蓝是于 12 世纪首次在德国莱茵河的丙恩（Bingen）地区培育成功的。

在不同的栽培条件下，不仅甘蓝叶片有很大变化，茎部的变异也是很可观的。球茎甘蓝（*B. caulorapa*）一名擘蓝（明《农政全书》）、芥蓝头（广州）、茎蓝，是由羽衣甘蓝茎部的加粗和缩短而形成的。古意大利潘沛依（Pompeiian）甘蓝是甘蓝向球茎甘蓝演化的第一步。在德国有一种甘蓝，由于茎部膨大和肉质化而广泛用于饲料。另外，如果让甘蓝的所有叶芽都加快生长，叶腋间的叶芽发展成为"小叶球"，由此导致抱子甘蓝（*B. oleracea* var. *gemmifera*）的形成。在甘蓝的演化过程中，甘蓝花簇的味美引起了人们的注意，从而加强了对花簇变异的积累和选择。当花簇仍然松散时，花部原始花蕾及花茎

---

① Franz Schwanitz：《The Origin of Cultivated Plants》，Harvard University Press Cambridge，Massachusetts，1966.

② A. de. 康德尔著，俞德浚、蔡希陶编译：《农艺植物考源》，商务印书馆，1940。

变成肉质化；当许多茎的花簇挤得很紧时，花簇就变成了今天的花椰菜（*B. oleracea* var. *botrytis*），就是通称的菜花。有人认为花椰菜可能是由木立花椰菜即花茎甘蓝（*B. oleracea* var. *italica*）演化而来的（李曙轩，1975）。所谓木立花椰菜，又叫茎花菜，正如抱子甘蓝的小叶球生长在叶腋间一样，它是甘蓝叶腋间花簇肉质化的结果。这种木立花椰菜可能是由古罗马人培育而成。综上可知，甘蓝的变异是多种多样的。对于它在一定气候和栽培条件下的易变性，达尔文有过这样一段有趣的记载："在提尔塞岛上由于气候和栽培的特殊，白菜的茎高达十六呎，喜鹊巢就搭在它的春季新梢上，有人把甘蓝的茎用作椽子和手杖。"

据考察，甘蓝在长江流域，7～8月播种，11～12月形成叶球，过冬经过低温，至次年清明后抽薹开花。如果10月以后播种，幼苗越冬，次年5～6月结成叶球，再经越冬春化，即播种后第三年才能开花。由于甘蓝形成叶球与抽薹开花，需要不同的外界环境条件，所以在以采收叶球为目的时，就要给结叶球期一个比较长的温和气候。若要采收种子，则又要在结叶球后，给一个低温时期，然后才抽薹开花。不论是结叶球以前或结叶球以后抽薹，都要使甘蓝在其个体发育过程中完成一定阶段发育。甘蓝对低温的感应，要在植株生长到一定的大小以后，才有可能。甘蓝是一种长日照植物，它的开花需要较长的光照，但如果没有经过春化阶段，虽在长日照下也不开花。这正是植物阶段发育的顺序性，没有经过低温春化阶段，是不能通过光照阶段的，而且这种阶段性的变化，局限在甘蓝的生长点上即幼芽上。[1]

甘蓝是在什么时期引进中国还不太清楚，很可能是在元代即公元13世纪从欧洲引入的。相传甘蓝传入新疆再到甘州，故名甘蓝。自从甘蓝引入中国之后，经过人民的培育和选择，得到良好的发展，许多有用变异被保存下来，那些被利用部分，从开始的某些生态变化的局部或某些性状演化成为今天各种栽培品种的特征。经过改良的品种，虽然甜味比不上我国的大白菜，但可以生食和熟食，也是营养丰富的蔬菜。

结球甘蓝何时传入中国，存在着一些不同的看法。蒋名川、叶静渊等根据中国古籍和地方志的记载，认为结球甘蓝是从16世纪开始通过几个途径逐渐传入中国。第一条途径是由东南亚传入云南。明代，中国云南与缅甸之间存在着十分频繁的商业往来，明嘉靖四十二年（1563），云南《大理府志》中就有关于"莲花菜"的记载。第二条途径是由俄罗斯传入黑龙江和新疆。清康熙二十九年（1690）《小方壶斋舆地丛钞》一书"北徼方物考"一章记载："……老枪菜，即俄罗斯菘也，抽薹如蒿苣，高二尺余，叶出层层……割球烹之，似安

---

[1] 李曙轩：《甘蓝的抽薹与结球的关系》，载《植物学报》1954年第3卷第2期，第133-142页。

肃东菘……。"同时期的《钦定皇朝通考》也有记载，"俄罗斯菘，一名老枪菜，抽薹如茼苣，高二尺许，略似安菘……。"1804 年《回疆通志》也有记载："莲花白菜……种出克什米尔，回部移来种之……。"第三条途径是通过海路传入中国东南沿海地区。1690 年的《台湾府志》就有关于"番甘蓝"的记载。[①]

总而言之，甘蓝类可能是从明代开始经过不同时期、不同途径、多次传入中国不同地区，进而形成种类繁多的品种，也极大地丰富了中国人民的食物品种，提高了生活质量。

第三节　作物栽培的主要方式及特点

一、传统耕作方式

美洲作物传入以前，北方的农业种植从耕作制度上来讲，基本上是一年一作，或局部旱作区为两年三熟制的轮作方式，即以"谷（或高粱）—麦—豆类（或谷）"为主要模式的两年三熟轮作方式。尽管两年三熟制在局部早就出现，但是由于受各地发展水平的差异、作物品种和土壤、气候、水利等因素的限制，在明清之前北方地区并不普遍。

北方旱作区局部早就出现了两年三熟制，主要依据的是《氾胜之书》里有"禾（粟）下麦"的说法，说明西汉时期已经实行了谷子和冬麦之间轮作复种的两年三熟制。注释《周礼》的经学大师郑玄也提到，东汉时期已经流行"禾下麦"（粟后种麦）和"其（麦）下种禾、豆"的制度。可见，及至东汉时期，在加入了大豆的情况下，我国北方开始实行谷子、冬麦、大豆之间的轮作复种的两年三熟制。还有的学者认为，唐宋时期我国华北形成了两年三熟制[②]。这些观点虽然为许多大家所认可，但是其中到底怎样轮作才能实现两年三熟制，还是值得研究的。

《齐民要术》总结了复种绿豆绿肥种春谷的经验之后，这种美田之法被沿用了很长时间，到了元代，这种方法不仅被用于北方地区冬小麦的种植，而且还普及到长江和淮河流域。

元代鲁明善撰《农桑衣食撮要》记载："六月……耕麦地，此月初旬五更，乘露水未干，阳气在下，宜耕之，牛得其凉。耕过地内，稀种绿豆，候七月间，犁翻豆秧入地，胜于用粪，则麦苗宜茂。"

---

① 董玉琛、刘旭：《中国作物及其野生近缘植物·蔬菜卷》，中国农业出版社，2008。
② 西屿定生：《中国古代农业发展历程》，载《农业考古》1981 年第 2 期。唐启宇的《中国作物栽培史稿》和漆侠的《宋代经济史》也坚持这一观点。

元代的桑间种植技术也得到丰富和发展。畅师文、苗好谦等撰（成书于1273年）《农桑辑要》中说："桑间可种禾，与桑有益与不宜。如种谷，必揭得地脉亢干，至秋梢叶先黄，到明年桑叶涩薄，十减二、三，又致天水牛，生蠹根吮皮等虫；若种蜀黍，其枝叶与桑等，如此丛杂，桑亦不茂。如种绿豆、黑豆、芝麻、瓜芋，其桑郁茂，明年叶增二、三分。种黍亦可，农家有云，桑发黍，黍发桑，此大概也。"

这里介绍了桑与谷子、蜀黍、豆类等作物间作的利弊，说明当时对各种作物的特性有了相当高的认识，能够合理搭配桑与作物间的合理间作、合理利用豆类肥地（根瘤菌）以及高矮作物之间合理利用阳光进行光合作用，在实践上已经达到了很高的水平。

明代王象晋撰《群芳谱》中，描述了北方稻麦和棉麦轮作复种的情形："凡田，来年拟种稻者，可种麦；拟种棉者，勿种。……若人稠地狭，万不得已，可种大麦、裸麦，仍以粪壅力补之，决不可种小麦。"

《天工开物》中说："凡荞麦……北方必刈菽、稷后种。"这里描述的是菽、稷和荞麦之间的轮作复种，荞麦有可能作肥料或饲料。

总之，美洲作物传入之前，虽然北方旱作区也有许多多熟制的耕作制度出现，但不是主流。原因是人口压力不大，作物品种不够丰富。出现的多熟制主要是以肥地或者用作饲料为主，与后面将分析的以增加粮食产量为目的的——美洲作物改变耕作制度有本质的区别。

二、耕作制度的变化及多熟制的发展

由于美洲作物适播期长，可以与许多作物形成年内复种，使原来的一年一作制变成两年三作制，美洲作物引进并推广以后则形成了多模式、多品种的复种轮作方式。随着两年三熟制的种植制度逐渐普及，甚至出现向一年两熟制的多熟制过渡。当然，这个过程需要很长的时间。实际上，许多时期都是多种种植制度并存的。例如：

花生传播扩种以后轮作方式主要变成如下两种（以北方大花生区为例）：麦—花生—谷子（玉米、甘薯等），春花生—麦—夏甘薯（其他夏作物）。

南方地区原来典型的一年两熟制是稻—麦连作，形成水旱轮作制。花生栽培普及推广以后，轮作方式发生较大变化，其中有代表性的轮作方式有（以广东、广西、福建等地一年轮作二熟或三熟，或两年轮作四熟至六熟为例）[1]：花生—晚稻—冬甘薯（或麦类、蔬菜、冬闲），或早稻—晚稻—麦类（或冬甘薯、豌豆、冬闲）；早稻—秋花生—冬黄豆（或蔬菜、麦类、冬甘薯、冬

---

[1] 中国农业科学院花生研究所：《花生栽培》，上海科学技术出版社，1963年。

闲）—早稻—晚稻—冬甘薯（或麦类）。

美洲作物经过几个世纪的传播、推广，到 20 世纪上半叶特别是民国时期，华北地区的农业种植结构基本呈现了以冬小麦为基础，以美洲作物为骨干的两年三熟制的耕作制度。

一个地区的耕作方式的确定，需要经过长期的生产实践。农民根据当地的自然条件、作物的生态适应性与社会经济条件，确定作物的种植结构、布局及种植方式。由于受光、热、水、土、肥等自然因素的影响，华北主要实行两年三熟制，这种耕作制度已经有了很长的历史，到 20 世纪上半叶，它仍然是华北平原旱地轮作复种最主要的形式，这无疑是由于这种耕作制度对华北平原大部分地区的自然条件和社会经济条件有着高度的适应性，因此，这种制度推行的地区很广。"冀、鲁、豫三省，究以二年三熟为多"[①]，部分灌溉条件好的地方实行一年两熟制，有些比较贫瘠的地段实行一年一熟制。许多地方（甚至在一个村庄）常常出现一年一熟、一年两熟和两年三熟 3 种种植制度并存的情况。现以二年三熟制为例，来考察 20 世纪上半叶华北的种植制度及其作物组合方式。

二年三熟制基本都是以小麦为越冬作物，与之相搭配的前后接茬作物有高粱、粟、花生、甘薯、玉米、棉、烟草、豆类、黍、蔬菜等。由于农民的需求、爱好以及当时的气候、土壤等环境因素不同，轮作模式也呈现出复杂性和多样性（表 6 - 4）。

表 6 - 4　20 世纪上半叶华北二年三熟轮作形式

	第一年			第二年			地　名
	春作	夏作	冬作	春作	夏作	冬作	
1	高粱		小麦		大豆		胶、惠民、潍、莱阳、济南、临清、德、泰安、深泽、通、徐水、乐亭、盐山、沧、丰润、兖州、禹城
2	高粱		小麦		粟		胶、临清、泰安、深泽、通、丰润
3	高粱		小麦		玉米		惠民、济南、临清、德、泰安、深泽、通、徐水、盐山、沧、密云、禹城
4	高粱		小麦		蔬菜		惠民、济南、临清、德、泰安、深泽、通、徐水、盐山、沧、密云、禹城
5	高粱		小麦		烟草		潍
6	高粱		小麦		黑豆		禹城、沧

① 陈伯庄：《平汉沿线农村经济调查》，交通大学研究所，1936 年（调查时间为 1934 年），第 18 页。

（续）

	第一年			第二年			地　名
	春作	夏作	冬作	春作	夏作	冬作	
7	高粱	小麦			花生		即墨
8	高粱	小麦			甘薯		胶、惠民、济南、堂邑、禹城、潍
9	高粱	小麦			绿豆		泰安、通
10	粟	小麦			大豆		胶、惠民、临清、德、泰安、大城、深泽、通、潍水、沧
11	粟	小麦			甘薯		胶、惠民、堂邑、望都、徐水、禹城、潍
12	粟	小麦			玉米		惠民、大清河地方、德、泰安、大城、禹城、深泽、沧、盐山、徐水、密云、乐亭
13	粟	小麦			绿豆		惠民、大清河地方、德、泰安、大城、禹城、深泽、沧、盐山、徐水、密云、乐亭
14	粟	小麦			高粱		大城
15	粟	小麦			花生		大城
16	粟	小麦			蔬菜		彰德
17	粟	小麦			黑豆		彰德
18	粟	小麦			烟草		彰德
19	粟	小麦			粟		胶、深泽、泰安、通、徐水、望都
20	花生	小麦			大豆		泰安、胶
21	花生	小麦			甘薯		胶
22	花生	小麦			花生		胶
23	甘薯	小麦			花生		胶
24	甘薯	小麦			大豆		胶、惠民、德州
25	甘薯	小麦			玉米		惠民
26	棉花	小麦			绿豆		临清
27	棉花	小麦			粟		东光
28	棉花	小麦			甘薯		东光
29	棉花	小麦			花生		东光
30	玉米	小麦			大豆		山东中部、临清、大城、深泽、通、丰润
31	玉米	小麦			甘薯		山东中部
32	玉米	小麦			花生		山东中部
33	玉米	小麦			高粱		山东中部
34	玉米	小麦			玉米		大城、深泽、通、昌平
35	玉米	小麦			粟		深泽、通、丰润

（续）

	第一年			第二年			地　　名
	春作	夏作	冬作	春作	夏作	冬作	
36	玉米		小麦		绿豆		通
37	玉米		小麦		蔬菜		通
38	大豆		小麦		大豆		望都、徐水
39	大豆		小麦		粟		望都、徐水
40	大豆		小麦		甘薯		望都、徐水

　　资料来源："南满洲'铁道株式会社'"调查部编，《北支那的农业与经济》（上卷），日本评论社，1942年，第167-169页。

　　由表6-4可以看出，华北地区的作物组合类型十分复杂多样，其中美洲作物玉米、甘薯、花生、棉花、烟草等出现的频率相当高，大致有如下几类。

　　与高粱接茬的第二年的夏作作物有：大豆、粟、玉米、蔬菜、烟草、黑豆、花生、甘薯和绿豆等。

　　与粟接茬的第二年的夏作作物有：大豆、甘薯、玉米、绿豆、高粱、花生、蔬菜、黑豆、烟草和粟。

　　与玉米接茬的第二年的夏作作物有：大豆、甘薯、花生、高粱、玉米、粟、绿豆和蔬菜。

　　与花生接茬的第二年的夏作作物有：大豆、甘薯、花生。

　　与甘薯接茬的第二年的夏作作物有：花生、大豆、玉米。

　　与棉花接茬的第二年的夏作作物有：绿豆、粟、甘薯、花生。

　　与大豆接茬的第二年的夏作作物有：大豆、粟、甘薯。

　　从以上接茬组合中可以看出：第一，粟、玉米、花生和大豆这4种作物有连茬栽培。第二，高粱、粟和玉米这3种粮食作物是华北地区栽培最普遍的作物，与它们接茬的作物组合也比较多，在不同地区、不同经济布局和不同生态类型的地区都把这3种作物列为主要作物。第三，与工商业发展密切联系的经济作物如烟草和棉花，只在一些特定的地区栽培，形成了相对集中的经济作物布局，体现出近代农业的显著特点。

　　当然，表6-4所列只是一个年度的调查，自有它的局限性，它所反映的也只是一般的趋势。至于一个农户具体种植什么作物、如何安排，这要由当时、当地的气候、土壤及灌溉等条件决定，因此尽管是同一地方，地段不同，其农作制也会不同，而且农户的经济决策的不同，也会导致农作制度的不同。

第四节 美洲作物对我国农业生产及社会经济的重大影响

一、对农业生产种植结构的影响

美洲作物中具有优良品质的花生和甘薯，特别适合北方干旱少水的沙性丘陵地区，有利于加速连作制、多熟制的推广，从根本上改变传统的种植结构，进而大幅度增加复种指数和粮食总产。

（一）美洲作物种植面积的扩大及对原有作物的排挤

以花生为例，分析美洲作物对种植结构的影响。

花生作为一种移民作物从遥远的南半球——南美洲来到北半球的中国安家落户，在我国经过了约500年的繁衍，已经发展成为作物大家庭中的大族，对华北乃至全国的农业生产结构产生了很大的影响。

我国最早引进栽培的花生，属于龙生型品种[①]，明末方以智的《物理小识》中记载："番豆名落花生，土露枝，二、三月种之，一畦不过数子，行枝如薤菜虎耳藤，横枝取土压之，藤上开花丝落土成实，冬后掘土取之，壳有纹，豆黄白色，炒食甘香似松子味。"1777年李调元的《南越笔记》中记载："落花生草本，蔓生……长寸许，皱纹，中有实三四……"100年后我国开始种植大粒种花生，清光绪十三年（1887），浙江《慈溪县志》载："落花生，按县境种植最广，近有一种自东洋至，粒较大，尤坚脆。"由于我国地域广阔，自然条件和栽培制度十分复杂，加上我国人民长期的创造性劳动，选出了极为丰富的品种类型以及适应不同地区自然条件和不同栽培制度需要的地方品种。丰富的品种资源使花生大面积推广种植成为可能。从全国16处（1900—1925）花生种植面积的统计数据可以看出花生大面积种植趋势（表6-5）。

我国的花生产区根据地理、气候、品种类型等可以划分为7个自然区域：北方大花生区、长江流域春夏花生交作区、南方春秋两熟花生区、云贵高原花生区、黄土高原花生区、东北早熟花生区、西北内陆花生区。[②]

---

① 根据中国农业科学院花生研究所的调查，并结合花生的生物学特性及经济性状，把我国现有的花生品种可以分为普通型、珍珠豆型、多粒型和龙生型四大类型；为了栽培和经济上的需要上述4个品种类型可按生育期长短和种子大小分为晚熟种、中熟种、早熟种和大粒种、中粒种、小粒种。

② 中国农业科学院花生研究所：《花生栽培》，上海科学技术出版社，1963年，第13页。

表6-5　全国16处历年花生种植面积占耕地面积的百分比[①]（％）（1900—1925）

地 区	1900 年	1915 年	1920 年	1924 年	1925 年
平均	4.0	10	21	31	25
直隶河间	10.0	20	20	20	12
山东章丘	0.1	35	45	50	39
山东济阳	0.2	15	25	40	35
山东益都	—	—	10	10	19
河南开封（甲）	—	—	—	—	31
河南开封（乙）	—	—	—	40	35
河南陈留	—	10	20	50	33
河南许通	10.0	15	40	40	26
河南睢县	—	—	—	—	—
江苏睢宁（甲）	—	—	32	40	22
江苏睢宁（乙）	—	—	34	52	22
湖北黄陂（甲）	10.0	15	20	25	17
湖北黄陂（乙）	15.0	15	25	30	17
湖北黄陂（丙）	10.0	20	25	30	17
湖南临湘（甲）	—	—	10	18	28
湖南临湘（乙）	—	5	10	20	28

资料来源：《中国经济杂志》1929年第5卷第3期第787页（1925年根据548个田场的农家记录）。

花生在我国从引进到现在如此大规模的种植，自明清以来对我国的农业生产结构产生了巨大的影响。花生本身的耕作制度是：宜连作，尤其在土地瘠薄地区常行若干年连作；在轮作制度中，谷类作物可以作为花生的良好后作，唯高粱不宜，因高粱也是深根作物，会从同一土层中吸收养分以致生长不良。[②]清咸丰年间直隶顺德府《唐山县志》记载："民间每竭终岁力，不足以偿地赋。自咸丰年间，有相地之宜、倡种落花生者，较种五谷得利加倍。十数年来，无论城乡凡有沙地者，均以种植花生为上策。"花生获利如此丰厚，使原来的作物受到排挤。被花生排挤的作物，山东为小麦；直隶、河南为高粱及小麦；湖南、湖北为水稻、棉花和甘薯。根据河南一个地区的报告，编篓子的柳条也被花生所替代[③]（表6-6）。

---

① 章有义：《中国近代农业史资料》，三联书店，1957年，第205页。
② 唐启宇：《中国作物栽培史稿》，农业出版社，1986年，第357页。
③ 章有义：《中国近代农业史资料》，三联书店，1957年，第213页。

表 6-6　全国 16 个调查地区被花生排挤的作物及种花生比较有利的情况
（根据 16 个地区的调查答案，1925）

地　区	被花生排挤的作物	种花生比种其他作物有利之点
直隶河间	小米	收入较大，数量丰富
山东章丘	小麦、大豆	较其他作物得利倍增
山东济阳	小麦、大豆	利润高得多，土壤只宜种花生
山东益都	小麦、大豆	比较有利
河南开封（甲）	柳木	比较有利
河南开封（乙）	高粱、大豆和青豆	最适宜
河南陈留	高粱、小麦、大豆	利润较高，有较强的抗风和抗涝能力
河南通许	小麦、豆类、高粱、粟	比较有利
河南睢县	豆类、粟、高粱	即使成本很高，收益仍较大
江苏睢宁（甲）	各种作物	收入为其他谷物的 4 倍
江苏睢宁（乙）	各种作物	比较有利
湖北黄陂（甲）	水稻（低地）、棉花（高地）	比水稻利大，施肥少
湖北黄陂（乙）	水稻（低地）、棉花（高地）	更合理地分配人工
湖北黄陂（丙）	水稻（低地）、棉花（高地）	利用高地，轮种产量多
湖南临湘（甲）	棉花、高粱、甘薯	适于高地
湖南临湘（乙）	棉花、甘薯	使沙土有较高收益

资料来源：《中国经济杂志》1929 年第 5 卷第 3 期第 788 页。

　　花生扩种的直接后果是，华北地区传统的五谷类作物甚至原来的经济作物棉花（木棉）的种植面积大幅减少。例如，据纪彬 20 世纪 20 年代对濮阳一个村庄的调查显示，"五谷类的种植，因花生栽培之故，减小二分之一。例如麦子，1920 年以前所占耕地面积约有二分之一以上，今则退为四分之一不足；其他谷类，亦由二分之一，降为四分之一。因我村地多沙质，上好耕地种谷类每年所得不过五、六元，种花生则获利九元以上。中等沙地种谷类年获一、二元，种花生则有三元余。至下等地，因谷类不生，久成无主荒田，今稍加人工，种花生即可得利二元以上。故十五年来，我村粮食已由有余变为不足。棉花也因花生栽培盛行渐减，距今三、四年前已完全消灭。至蕃薯则因与花生收获期冲突，亦废弃不种。……"[①] 可见，花生不仅排挤了其他作物，改变了作

---

　　①　纪彬：《农村破产声中冀南一个繁荣的村庄》，《天津益世报》（农村周刊）第 76 期，1935 年 8 月 17 日。

物种植结构，打破了原来的作物布局，而且充分利用了原来的荒芜之地。

（二）美洲作物引起的种植结构变化

花生替代原来的作物，主要原因是经济利益的驱动，但是，花生与原来作物也能够进行较好的合作。花生可与禾本科作物、薯类作物轮作，由于这两类作物的生长期、生育特点和栽培管理条件与花生不同，需要养分的种类和数量也与花生有差别，通过轮作换茬可以充分利用土壤中的养分，调节地力，改良土壤环境，因而有利于作物生长。花生属豆科作物，其根瘤菌的固氮作用，增加了氮素来源，因而需氮肥较少，需要磷、钾肥相对较多。花生与需肥不同的作物进行轮作，可以调节土壤中氮、磷、钾的含量，这对花生和其他各类作物的生产都是十分有利的。[1] 另外一个原因是种植花生风险小。花生的适应性强，抗干旱、耐瘠薄且产量高。

从较长时段探讨这个问题，更能看出各种作物的种植面积消长情况。

明清时期定量的数据不够全面，只能通过有关地方志定性分析美洲作物的种植情况，一般都是零星种植，特别是玉米、花生一般种植于山丘薄地。民国以后，美洲作物的种植面积有了突破性的增加，统计数据也相对完整。表6-7所示为民国时期山东主要作物种植面积增减变化情况。

表6-7　民国时期山东主要作物种植面积变化情况[2]

单位：hm²

年份	水稻	小麦	高粱	谷子	大豆	玉米	甘薯	花生	棉花
1914	553	38 913	28 353		16 366	3 055		1 629	1 592
1915	463	31 617	20 829		12 750	2 230		2 891	1 354
1916	1 342	43 865	20 159		16 557	2 897		2 790	2 188
1918	1 012	33 345	18 869	7 195	16 841	285		2 158	11 189
1924—1929	156	45 812	20 504	19 506	27 577	5 516	1 897	3 758	4 261
1931	173	51 677	21 335	16 355	17 761	9 549	3 124		5 551
1932	182	54 185	18 568	16 249	17 963	10 982	2 853		5 496
1933	194	50 172	17 854	17 662	20 183	7 958	3 396	4 241	5 442
1934	183	52 856	17 631	17 211	21 071	7 546	3 393	4 700	5 373
1935	173	54 842	16 018	15 197	20 609	9 519	3 563	4 293	4 336

---

[1]　中国农业科学院花生研究所：《花生栽培》，上海科学技术出版社，1963年，第90页。

[2]　章之凡、王俊强：《20世纪中国主要作物生产统计资料汇编》，2005年（引自许道夫《中国近代农业生产贸易统计资料》）。

（续）

年份	水稻	小麦	高粱	谷子	大豆	玉米	甘薯	花生	棉花
1936	194	51 730	16 701	15 992	20 072	8 205	3 795	4 407	6 239
1937	190	43 391	17 600	15 761	18 248	7 537	3 746	4 336	6 887
1946	1 135	52 727	16 318	19 638		8 567	3 570		
1947	1 004	37 367	13 218	20 470	18 542	8 567	3 392	2 869	
1949	230	54 287						4 937	

很容易看出，原来的传统作物，高粱、水稻甚至谷子、大豆的种植面积都在下降，而美洲作物玉米、花生、甘薯、棉花的种植面积在成倍地增加。美洲作物的传入使得山东以及华北地区原来的种植结构发生了较大变化，导致耕作制度出现重大变革。这些变化的结果毋庸置疑的是，粮食总产的大幅度增加，促进了人口的增加，从而有力地推动了农村经济的发展和社会的进步。

二、对饮食结构的影响

汉代以前，我国主要粮食作物是粟和黍，汉以后南方以水稻为主，北方以麦、粟和高粱为主，这种状况一直延续到明清时期。南宋末年，吴自牧创造了一句著名的格言："开门七件事，柴米油盐酱醋茶。"这七样必需品，今天尽人皆知，就是这样一句简单的话道出了 800 年前，我们祖先的饮食情况。其中的米是主要的食物（南方大米、北方小米），其中的油主要由芝麻等榨成。[①]

明清之际玉米、甘薯、马铃薯等美洲粮食作物引进与推广，改变了我国主要粮食作物种类的构成。明清时期正是我国人口高速增长时期，全国人口增加了 6 倍，而同期耕地只增加了 4 倍。[②] 人多地少，耕地不足，给粮食供给造成了极大的压力。玉米、甘薯、马铃薯等美洲高产作物的引进，不仅使原来不适于耕种的边际土地得到了利用，也使得人力资源得到了充分的利用。

近代以后，虽然粮食生产南稻北麦的总格局未变，但比重略有下降。相比之下，玉米、甘薯等美洲作物的生产，无论是播种面积还是总产量都有相当快速的增长。例如，玉米 1914—1918 年间年产量为 365 950 万 kg，但到 1938—1947 年间猛升到了 898 050 万 kg，增长了 1.45 倍；甘薯 1924—1929 年在粮食总产量中所占的比重为 11.2%，到 1938—1947 年上升到 16.2%。[③]

---

① 安德森：《中国食物》，江苏人民出版社，2003 年，第 63 页。

② 珀金斯著，宋海文译：《中国农业的发展》（1368—1968），上海译文出版社，1984 年，第 288、325 页。

③ 王思明：《美洲作物的传播及其对中国饮食原料生产的影响》，载《中国经济史论坛》2014 年第 2 期第 32 页。

美洲作物传入以前，北方以小麦、谷子为主食，以高粱、大豆等为辅。美洲作物传入以后，由于作物种植结构的变化，北方的饮食结构发生了很大的变化。

民国二十四年（1935）《莒县志》记载："蓣薯，俗名地瓜，乾隆年间来自吕宋，今则蕃衍与五谷等分，红白二种，红者普遍，春夏皆可种，高卜沙地咸宜，今为重要民食。"

民国《莱阳县志》记载："落花生，俗名长生果。清康熙初，闽僧应元得其种于扶桑，渐传北方。光绪末，又有自外洋来者，颗粒较大，种植尤多，占全境农田约十分之一，为出口大宗。马铃薯，俗名地蛋，其种来自智利国。番薯，粤吴川人林怀蓝得其种于交趾，归而遍种，不患凶旱。百年前始传入北方，名为红薯。其本色也间有白者，本县种植约占农田十分之二，为重要粮食，俗称地瓜。"

汉代以前，我国主要是利用动物油脂。芝麻传入中国后，因其含油量高，适合用来榨油，从而开始了我国植物油生产的历史。到了宋代，油菜和大豆作为油料的价值得到重视，油料作物的生产有了进一步的发展。明清时期美洲作物花生和向日葵的传入，为我国油料生产又增添了新的原料，进一步丰富了我国的食用油品种，成为我国重要油料作物中的两种。

花生的油用价值在传入后不久就为人们所认识，如《三农记》记载，花生"可榨油，油色黄浊"。

另据檀萃《滇海虞衡志》（1799）记载："……市上也朝夜有供应，或用纸包加上红笺送礼，或配搭果菜登上宴席，寻常下酒也用花生。花生是南果中第一，对于人民生活上的用途最广。"民国广东《石城县志》记载："花生，俗名番豆……可生啖，熟食味更香美。邑西南农人多植之，春种秋收，碾米榨油，出息最巨。"

民国时期河南《通许县新志》记载："花生为新增农产，除本地制油或熟食外，向能运销各地，为出产之大宗。"花生种子含有大量的油分（脂肪）和蛋白质，并含有丰富的维生素 B_1、维生素 B_6 及少量的维生素 D、维生素 E。花生仁由于营养丰富，除了榨油或直接食用外，还可以加工制成各种蛋糕、糖果、花生酱等食品。民国二十二年十一月三十日《申报》刊登林滢的《花生米》一文中描述道："花生米有四种制造方法：一、焙制，如干制的椒盐花生；二、油炸花生米，老百姓喝酒时名其曰'怪酒不怪菜'；三、糖熬花生米，如牛奶花生糖、花生软糖等；四、炼制花生米，如花生酥、花生糕、鱼皮花生等。上至老人，下至小孩，在书场、茶馆里，甚至于在路上处处可见津津有味地嚼花生米的人们。中国，是崇拜花生和瓜子的国家，在婚宴喜事中，把花生染红了做'喜果'，是取其为一种'吉利'的象征，其余如待客及作祭神用的供品，更是寻常的事情。"由此可见，社会生活中花生的重要性是不言而喻的。

花生油富含对人体健康有益的不饱和脂肪酸，品质良好，营养丰富，气味清香，是我国广大人民所喜爱的食用油，也是食品加工工业和其他工业上所需要的重要油类。花生饼是花生米榨油后的副产品，其中蛋白质含量高达50%左右，营养价值相当高，其蛋白质中含有人体所必需的各种氨基酸。所以，花生饼不仅是优质的精饲料，也是食品加工工业和其他工业的好原料。花生饼经过加工，可以制成糖果、饼干、酱油等食品，也可以制成塑料或人工合成纤维，用来生产各种工业用品及日常生活用品。[1] 花生饼、花生秸、花生壳还是营养丰富的牲畜饲料。花生饼中富含氮、磷、钾，也是一种很好的有机肥。花生从各个方面影响着人们的生活，也让人们的生活越来越离不开花生。

总之，美洲作物的引进使得我国的饮食结构发生了很大的变化，让原本因人口增长带来的食物短缺的巨大压力得到了缓解。

三、对传统社会经济的影响

美洲作物对经济社会产生影响的主要是经济作物花生、烟草和棉花。

花生传入我国之后，经过几百年的发展，我国已经成为花生生产大国。花生对我国经济及社会生活所产生的影响是非常大的，具体表现在如下几个方面。

（一）美洲作物商品化对我国自然经济的冲击

中国农产品在19～20世纪，成为世界商品市场的一部分，国际需求大大刺激了主要经济作物的种植。[2] 花生作为一种油料经济作物，由于社会需求量比较大，与市场联系非常紧密。特别是国际需求量的加大，价格上升，使人们的生产目的发生了改变，由原来的自我消费性生产，变成了以市场为导向，以获得最大利益为目的的商品化生产。这就对原来的自给自足的自然经济带来了极大的冲击，从某种意义上可以说，打破了原来封闭式的自然经济的平静，启蒙了我国农民的商品经济的思想。

据吴汝纶著的《深州风土记》（光绪二十六年）记载："光绪十年许后，花生之利始兴。其物远行闽粤，外国购之，用机器榨油，转售中国取利……亦颇自榨为油，以便民用，其岁入过于种谷。此近年新获之田利，前无古有。"1908年，我国花生直接进入欧洲市场，而且出口量直线上升，3年之间"以马赛为主要目的地的花生输出已经从九万五千担上升到1911年的七十九万七千

① 中国农业科学院花生研究所：《花生栽培》，上海科学技术出版社，1963年，第3页。
② 黄宗智：《华北的小农经济与生活变迁》，中华书局，1986年，第124页。

担"。1919 年《农商公报》（65 期）转载《申报》文章——河南之花生生产报道："……数年前商人之营运此业（花生）者，获利既丰，随亦设局征收税捐，每年收入亦不下四万余元。"据山东烟台海关十年报告（1922—1931）报道，"农民从花生得到的收益，据说比任何其他作物更为有利。用于花生生产的土地占耕地的三分之一。"

20 世纪初，花生生产的商品率如表 6-8 所示。

表 6-8　1900—1929 年花生生产的商品率（％）

	河北	山东	河南	江苏	湖北	湖南
本地消费	20	3～10	3～30	15～23	40～70	24～30
邻地消费	60	5～10	5～50	15～19	15～60	10～40
出　口	20	80～90	25～80	62～66	15～40	30～60

资料来源：许道夫：《中国近代农业生产及贸易统计资料》（转引自 J. L. Buck：Cost of growing and marketing peanuts in China Economic Journal，1929，Vol. 5，No. 3：9）。

从表 6-8 可以看出，花生用于外地消费的比率相当高，沿海地区的出口率比内地高得多。从以上花生的生产、加工、销售几个环节来看，花生业开辟了一条商品经济的大道，给我国固有的自然（小农）经济注入了新的经济成分，使农村经济出现了新的增长点。

花生是重要的出口农产品。据民国时期烟台海关的进出口记录，烟台港农产物输出入数量如表 6-9 至表 6-12 所示。

表 6-9　海关进口数量

单位：万 kg

年　份	大豆豌豆	玉蜀黍	小米高粱	米	小麦	芝麻	烟叶
1919（民国八年）	554.77	465.15	97.31	1 333.49	35.57	5.40	3.04
1920（民国九年）	1 081.17	393.37	299.71	2 091.29	25.64	—	3.16
1921（民国十年）	1 419.43	79.93	270.18	1 121.27	32.95	1.12	1.87

表 6-10　又海关进口数量

单位：万 kg

年　份	丰天豆饼	豆	玉蜀黍	粟	小麦	棉花
1919（民国八年）	47.64	3 200.32	1 444.18	257.74	229.44	22.55
1920（民国九年）	10.28	2 848.25	1 558.67	240.16	173.20	17.50
1921（民国十年）	1.02	2 592.19	880.98	138.39	423.47	11.13

表 6-11　海关出口数量

单位：万 kg

年　份	豆饼	大豆豌豆	花生	花生仁
1919（民国八年）	1 066.03	12.67	150.58	294.19
1920（民国九年）	447.47	13.92	188.44	328.43
1921（民国十年）	793.25	13.71	516.01	397.70

表 6-12　又海关出口及复出口数量

单位：万 kg

年　份	豆饼	大豆豌豆	棉花
1919（民国八年）	327.13	67.94	21.09
1920（民国九年）	245.19	31.34	4.13
1921（民国十年）	206.30	68.93	8.47

从烟台海关的记录数据看出，民国时期烟台港的粮食作物，像小麦、玉米等出现进口趋势，而花生、棉花等美洲作物总量呈出口趋势，特别是花生和花生仁为出口之大宗。可见经济作物花生在商品经济中有举足轻重的作用。

（二）美洲作物的引进推广对生产力与生产关系的影响

珀金斯认为，造成单产提高的主要动力是人口增长。[①] 笔者认为这个观点不完全正确，因为在中国历史上，人口在社会相对稳定的汉唐虽然有较大增加，但是粮食单产的增加幅度并不是很大，假如美洲作物在汉唐时期就传入中国的话，可能中国在唐代作物的单产就达到清末民国初期的水平了，人口可能也达到清末的人口数量。所以，还是认为推动粮食单产提高的真正动力仍然是科学技术——作物新品种的普及推广。根据马克思的政治经济学理论，生产力是生产关系变革的决定性因素，而影响生产力发展的诸多因素，即劳动力、生产工具、土地以及生产技术等，在明清时期最为活跃的当数生产技术了。

马克思对生产要素的分析认为，第一个层次，不论生产的社会形式如何，劳动者和生产资料始终是生产要素；第二个层次是科学力量，科学作为生产过程的因素，变成直接生产力，它的作用是通过改善第一层次两个基本要素的质量并提高其效率实现的；第三个层次是生产的社会条件。劳动生产力由多种情况决定，其中包括生产过程的社会结合即生产关系（结合、组织程度）。

在其他因素相对稳定的情况下，随着科学的进步及其在生产中的应用，劳动力和生产资料会变得更加有效率，同样的劳动力和生产资料会提供更多更好

---

① 珀金斯：《中国农业的发展》，上海译文出版社，1984 年，第 25 页。

的产品来满足社会的需求，各种自然资源和自然力也会以更大的规模和更高的效能参加到生产过程中来，成为提高经济效益、改善社会环境的重要条件。因此，科学和科学技术（工艺及方法手段等）的应用程度就成为决定社会生产力发展水平的重要因素。[①] 而生产力水平的提高，必然要有一个适宜的生产关系、社会环境为前提。

科学技术在不同历史时期、不同地区，其表现形式有很大差别。明清时期主要表现为新种子的引进和应用的推广，以达到提高粮食产量的目的，满足人口增长的需求。

我们知道，明清以来，生产工具的变革似乎不大（《王祯农书》中的农器谱，记录的农具和《齐民要术》中的农具在明清时期变化不是很大），明清时期农具的发展只是局限于锄、镈、钁、镰等小农具的改造上，比起前两次铁农具的发展，作用明显小得多。珀金斯也认为"在15世纪至20世纪间，随着人口的增加，农具的数量和价值也大致以同等的速度上升。不过，有一点是很清楚的，即：工具数量的增加并不伴随着它们的质量或品质的任何重大的改变。农具技术一般都处于停滞状态。"劳动力密集和土地的紧缺是问题的关键，这就让问题集中到了提高土地利用率上，而提高土地利用率的唯一办法，就是提高单位面积的产量。提高单位面积产量的有效途径在当时只能是选用新的作物品种，而当时的耐旱、耐瘠薄的美洲作物玉米、甘薯、花生等正好能担当此任。从这里可以肯定，美洲作物的引进是明清时期生产力中最为关键的要素，也是最为重要的科学技术，是第一生产力。

美洲作物作为第一生产力要素反映在两个方面：一是粮食单产得到提高；二是开垦了山地、废地，使得耕地总面积增加，粮食总产增加。

1. 粮食单产增加　美洲作物与其他作物的单产情况在许多地方志中都有记载，民国二十五（1936）年《清平县志》收录的农业生产统计数据如表6-13和表6-14所示。

表6-13　民国二十五年《清平县志》记载农产品收成量表

作物	中棉	美棉	小麦	谷子	玉米	高粱	花生	甘薯	黑黄豆
产量	50 kg	50 kg	100 kg	100 kg	125 kg	125 kg	150 kg以上	500 kg以上	75 kg
获余	烧柴	烧柴	秸饲牛或作烧柴	收黄草150 kg饲牛马	秸可作烧柴或饲料	秫秸收量颇丰，可铺屋编箔	其秧专饲牛羊	其秧专饲牛羊	其秧专饲牛羊

注：表中数据为每667 m² 作物的产量。

---

① 中国生产力经济学研究会：《论生产力经济学》，吉林人民出版社，1983年，第118页。

表 6-14 民国二十五年《清平县志》记载农田地质及作物类别

土壤	沙质土壤	埴质土壤	沙田	碱地
面积	占全部土地百分之五十五	百分之三十五	百分之七	百分之三
土宜	中美棉花生皆宜	宜美棉及小麦	麦及花生	种树栽荆

不难看出，其中甘薯和花生的单产在常规作物中产量是最高的，特别是甘薯。在适应性方面，花生的适应性是最强的，几乎所有的土壤都可以栽培。

民国时期各地有较为系统的统计数据，从中可以更清楚地比较美洲作物与传统作物之间的产量差别（表 6-15）。

表 6-15 主要作物产量一览表（1914—1949）[①]

单位：kg

年份	水稻	小麦	高粱	谷子	大豆	玉米	甘薯	花生
1914	63.5	92.0	119.5		69.5	70.5		0.7
1915	30.5	67.0	112.5		42.5	40.5		2.9
1916	34.0	25.5	51.0		31.5	52.5		2.4
1918	29.5	26.5	63.5	98.0	32.5	77.5		0.3
1924—1929	168.5	79.5	106.0	115.0	75.7	85.0	643.0	199.0
1931		74.5	104.5	115.0	87.0	97.0	689.5	
1932		73.5	112.0	113.0	80.5	99.0	717.0	
1933	41.0	70.5	103.0	105.5	99.0	85.5	745.0	165.0
1934	48.5	69.5	98.5	113.0	88.5	92.5	681.5	154.0
1935	41.0	62.0	109.0	117.5	51.0	100.0	632.0	121.0
1936	54.5	68.5	127.5	123.5	88.0	90.5	655.5	150.0
1937	47.0	66.5	100.5	101.5	73.5	79.0	558.0	123.5
1946	46.0	53.0	104.5	100.5		84.5	616.0	
1947	52.5	68.5	88.0	86.0	71.5	80.0	505.5	121.0
1949	75.0	38.5			32.5			64.5

注：表中数据指每 667 m² 作物的产量。

从表 6-15 可以看出，民国时期美洲作物中的甘薯每 667 m² 产量平均达到 644.5 kg，是其他作物的 5～6 倍，油料作物花生每 667 m² 产量平均达到

①　章之凡、王俊强：《20世纪中国主要作物生产统计资料汇编》，2005 年（取自许道夫编《中国近代农业生产贸易统计资料》有关山东的资料整理而成）。

137.3 kg，而同期大豆的平均每 667 m² 产量只有 65.9 kg。

美洲作物的高产是清末民初粮食单产、总产提高的首要原因。

2. 开垦增加耕地，拓展自耕农户的生存空间　美洲作物引起的生产力的巨大进步，对生产关系的变革起到了决定性的作用，使得明清后期人口的增加和土地的分散成为近现代中国的大趋势。

民国十八年（1929）《单县志》记载："自明以来，仍以耕桑为业，而赋税易完。近（民国一十八年前后）生齿日繁，人满地少，凡宅边隙地与斥卤弃田，无不垦种。"

从表 6-16 可以看出，中国总体人均占有耕地数量从汉代至今呈现直线下降趋势。特别是明清之际，出现了从明代人均 0.77 hm² 急剧下降到清代人均 0.15 hm² 的局面，这是在中国历史上从未有过的。人均土地占有量的下降对生产力的进步不但没有促进作用，相反还会制约生产力的进步。

表 6-16　我国历代平均每人占有耕地的情况

	汉朝	隋朝	唐朝	明朝	清朝	民国	目前（2008）*
人口（万人）	5 959	4 601.9	5 291.9	6 069	33 370	54 877	132 802
总耕地（万 hm²）	5 513.5	12 962.8	9 535.9	4 675.9	5 276.8	9 788.1	12 171.6
人均耕地（hm²）	0.92	2.81	1.80	0.77	0.15	0.17	0.09

*　2008 年的资料为中国大陆的数据，其中人口数据引自国家统计局，耕地数据引自国土资源部。
资料来源：《经济史》，1980 年第 5 期第 2 页（人大复印资料）[《四川日报》，1980.03.04（4）]。

在这种人口激增，耕地不能继续增加，人地矛盾越来越突出的时候，在其他途径都不能有效地解决粮食问题的情况下（如改进农业生产工具、水利、肥料等），通过引进新品种，提高单位面积的粮食产量，从而达到提高粮食总产的目的无疑是最好的办法。在这种情况下，引进美洲新作物、推广新作物是当时最为重要的科学技术手段。可以毫不夸张地说，美洲作物的引进、普及推广是明清之际农业生产中最高水平的科学技术，是第一生产力，对后来的生产关系也产生了深远的影响。

民国二十五年的《馆陶县志·实业》记录了当时的农民类别：

"佃农者，代耕农也：即贫无田产者代耕种他人之田，俟秋稔时分其收成，是曰佃农。佃农亩数少者十亩上下，多者四十亩以上，秋获后分收地之果实时，地主得十分之七，佃户分其三。其有折半均分者，名为大种地，即丁漕附捐，由地主担任外，至如牲口，种子，肥料所需则由佃户担之。

"租农：即认租之农人与出租之地主按田之沃瘠协定，以每亩适中价额按期缴付依限租种之约。此约书立后，承租者即如期付金照约定亩数施以工作，届时径行收获至岁收多寡与地主无涉。普通价额每亩一元至二元不等，每年按两季缴付，荒则免缴，年限普通为三年。倘价有涨落，期满时另订，其有招租地亩过多独力难胜者，则组合数家通力合作或分租于其他农户，是为包租。

"佣农：俗曰佣工。佣农者即贫农受雇于人而为之工作，有长工短工二种。长工即以年为度佣农终岁，生活所需均取给于地主其工作于力田外，或服其他劳役（于采薪饲畜等事），较佃农尤为勤劳；短工则以日计或月计不等，每届农忙时期邑民业此者颇多，故城镇乡村多有临时工市，由主佣两方协订佣金额数按日给付收受。

"自耕农：即自耕自田，不假手他人也，此皆薄有田产全家生活与土田相依为命，故对于工作尤勤，而所获岁收较厚。

"半自耕农：此项农民可分为两类：一者所有田地较多而人工较少自治一部土田余一部则分招佃租或出资雇工以勤乃稔事，亦克有秋；二者所有田产不足自给另租种他人之田以资补助，凡此皆半自耕农也，邑中此类农人颇占多数。"

馆陶县地户、田产额数见表6-17。

表6-17 馆陶县地户、田产额数一览表

单位：户

5亩以下	10亩以下	15亩以下	20亩以下	25亩以下	30亩以下	40亩以下	50亩以下	70亩以下
6 284	6 001	5 435	4 755	4 408	4 101	3 790	2 841	2 239

100亩以下	150亩以下	200亩以下	300亩以下	400亩以下	500亩以下	1 000亩以下	1 500亩以下	0亩
1 794	406	185	81	31	13	7	4	1 701

数据来源：笔者据《馆陶县志》算得。

新作物的推广普及使得粮食产量提高成为一个不可争议的事实。民国二十四年的《陵县续志》记录的各种重要物品生产量之统计：

"全县面积约为二千五百方里，合官亩一百三十五万亩，除碱潦沙滩河流村落宅基地公共场所庙宇道路所占的地段外，可供生产之熟地约有三十万零七千五百余亩。每年种植各物所占地亩按百分比：谷（黍稷在内）约占百分之三十，合地九万二千二百五十亩，年景丰歉，地质肥瘠平均每亩产量以市斗二石计算，可共得十八万四千五百石。高粱约占地百分之二十，合地六万一千五百亩，每亩产量以市斗一石六斗计算，共可得九万八千四百石。小麦约占地百分之三十，合地九万二千二百五十亩，每亩产量以市斗一石计算，共可得九万二千二百五十石。花生约占地百分之十，合地三万零七百五十亩，每亩产量以市秤六百斤计算，可共得一千八百四十五万斤。棉花约占地百分之五，合地五千三百七十五亩，每亩产量以市秤一百斤计算，共可得一百五十三万七千五百

斤。红薯（有种于春地者有种于麦地者，此处指种于春地者）约占地百分之
一。芝麻约占地百分之一点五，苜蓿约占地百分之一点五，此数项共合地一万
五千三百七十五亩，收麦之后就麦地所种者大概为玉蜀黍、绿豆、黄黑青茶各
豆及红薯、杂菜等，故所占亦与麦同计。玉蜀黍约占地百分之十，合地三万零
七百五十亩，每亩以市斗一石二斗计算，共可得三万六千八百石。绿豆约占地
百分之三，合地九千二百二十五亩，每亩产量以市斗一石计算，共可得九千二
百二十五石。大豆约占地百分之十，合地三万零七百五十亩，每亩以市斗一石
计算，共可得三万零七百五十石。红薯（此指种于麦地者）约占地百分之五，
合地一万零三百七十五亩，每亩产量以市秤二千斤计算，共可得三千零七十五万
斤。杂菜（水萝卜红萝卜蔓菁芥菜等）约占地百分之二，合地六千一百五十
亩，产量不齐。"

光绪三十四年（1904）《肥城县乡土志》记载："输出品番薯，长生果每届
冬春以牛车肩挑贩运于济南东昌等处，岁约进银万余两。"

虽然鸦片战争以前的粮食单产存在许多争议，但是综合自春秋至现代的各位
学者的研究分析，对我国历代的粮食单产，可以得出大体的走势图（图 6-1）[①]。

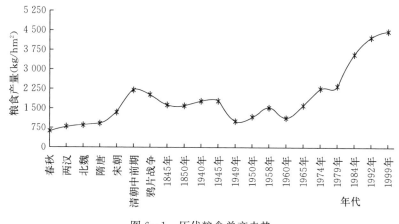

图 6-1　历代粮食单产走势

罗伯特 D. 史蒂文斯说，在传统农业中，耕种面积的扩大几乎完全取决于劳
动力的增加。随着人口的增加，劳动力也有所增加，使得开垦新地的现象经久
不衰。传统农业中，农业技术变化甚微，但农业产量却增加了，究其原因：一
是土地面积的扩大；二是因复种指数的提高而导致种植面积增加。[②] 如史蒂文斯

　　① 王宝卿：《我国历代粮食亩产量的变化及其原因分析》，载《莱阳农学院学报》2005 年第 1 期，
第 9 页。
　　② 罗伯特 D. 史蒂文斯等：《农业发展原理——经济理论与实证》，东南大学出版社，1992 年，第
47 页。

所说，人口增加，耕地面积扩大，符合我国明清时期的特点。他讲的农业技术主要是指生产工具、肥料等，并没有考虑到种子在开垦土地种植中的作用。

在以前，许多丘陵山地种植传统作物是没有收成的，所以许多山地被撂荒，成为废地。引进推广新的优良作物品种，像美洲作物中的花生、甘薯等后，被撂荒的废地才被利用起来，这是单纯依靠劳动力难以解决的问题。从图6-1中可以看出，清中后期的粮食单产有所下降，但从山东资料可以看出，虽然清代中后期人口急剧增加，耕地数量也在不断增加，但新增加的土地不是原来很容易耕种的土地，许多是被撂荒的山地。这些山地干旱、土层浅、瘠薄，其粮食产出量不如平原肥沃的水浇地，而美洲作物与传统作物种植在相同土壤条件的情况下，其高产的特性就会显现出来。

所以明清时期美洲作物的传入，提升了劳动力开垦的作用，增加土地数量，虽然综合平均粮食单产可能有所下降，但是由于耕地面积的扩大，粮食总产绝对增加，足以养活迅速增加的人口。

小农经济具有强大的生命力，美洲作物的传入，使得中国的小农生存变得较以前更容易了。

民国二十五年，《德平县续志》中记载了该县清朝进士孔昭珩作的一首"农家乐"诗，形象地描述了当时、当地农民安居乐业的农作、生活的景象，道出了小农经济的和谐美满。

> 欲识农家乐，听余细细传。著意勤稼穑，关心在陌阡。出入各相友，起居各欣然。春日上原野，雨后快耕田。黄犊解人意，驯驰不用鞭。既耕亦已种，长歌三月天。鸡犬声满耳，桑麻绿拂烟。转瞬夏令至，清和景最鲜。熏风自南起，邱中麦回旋。劝农呼布谷，依树听吟蝉。行看苗渐发，荷锄憩陇边。向午时炎热，树下聊小眠。日暮归路晚，当头一月圆。几家祝乐岁，各处祈丰年。百事好，妇子共安全。果腹有黍稻，探囊有金钱。愿邀宾客也，知祀祖先会。当时闲暇聚，语意缠绵欢饮一杯酒。谈笑七月篇，虽是老农夫，无异陆地仙。说来愁顿解，时时笔吟肩。

3. 提高抗灾能力、民众生存能力增强 美洲作物具有优良的生物学特性和良好经济价值，正是这些优良的特性决定了其广泛的适应性和普及性。明清以来，农民由于逐渐地接受、认可了这些外来作物，所以能够开辟原来无人问津的荒山废地，而不必非得去租种地主的地或到地主家做工，这就使得大地主的经营变得越来越艰难了。

清代土地买卖更加自由，城居地主增多，佃农经济独立性进一步增强。

民国二十五年《东平县志·实业》记载："本邑农业所有耕耨播种耘籽肥田诸法以及各种农用器具，率多恪守数千年相沿之旧习，间有改革亦多本老农之所得，或异地传习之采取，非科学新发明也，然虽株守旧法，近年来，以地价之昂贵，生齿之繁衍，浸浸乎有人多地少之虞。一般农民为环境所迫，颇知奋励。对于垦殖、耕作不惜劳资，务尽地力。故现在农产之收获较之三十年前，无形中已增加不少。是亦农业中之少许进步也（农业的进步主要是种子，美洲作物的引进，其他东西几千年变化不大也）。就农业范围言，综计全县七万多户，十分之九九皆恃田地为生活。即十分之九九不能脱离农业，就中可分为大农、中农、小农、佃农四等。有田地五顷以上至十顷或数十顷者为大农（即大地主俗称大户），此等农田地每散布各村不在一处。本邑地主大率不自耕作，招佃分种其田。按亩平分粮粒，坐享地利。亦有自种少许，多数归佃分种者。有田地五十亩以上至三四顷者，为中农。此等农，多自种自田，亦有自力不能全种，招佃分种若干者。有田地数亩或二三十亩者为小农，此等农，田地概归自种。亦有人多地少不能自给，佃种他人之田数亩或数十亩者，是为半佃户。自己绝无田地完全佃种他人之田者为佃农，此等农，又有大佃小佃之分，人丁多佃种顷余亩，或七八十亩者为大佃，大佃需车牛坚肥，农具完备，人力资本均能充足，虽系佃户颇有中农气象。佃种数亩或一二十亩者，为小佃。则资本薄弱，全恃人力为生活矣。本邑佃田习惯有三种。种粮由地主发给，一切耕种锄割及肥田收获之事，地主完全不问，静候禾稼登场，粮粒轧净晒干，除种平分后，由佃户运送归仓。此种佃田习惯邑内最普遍，间有租佃者言定每亩租粮或租钱若干，预立租约，秋收后不问丰歉，照数交纳。又有一种小锄佃田法，凡耕种粪肥车牛运力，皆归地主自营，只锄割收获等应用人之事，归众佃通力合作，其分粮粒法各种粮食不等，视用人力之多寡而定，大约麦一九（佃户一成地主九成盖种麦人工最省也）；豆二八；高粱谷子三七；等分法。以上二种佃田法，邑内仅有。尚未盛行。近年生活程度日高，各种粮价渐低落，全县人民之生产力，恃此农业产品为大宗。乃输出之。农产品价值日减，输入之诸多日用品价格日昂，以此易彼相差甚巨。农民已不胜大痛，况加以无量数之田亩负担，无休息之建设工作，邑中大农因之破产者，已指不胜屈（山东省大地主不多，并日趋破产之原因之一），又何怪中农以下之生计，日迫驱，而远徙异域谋食他乡。"详细记录了民国时期，地主与自耕农的生产经营以及相互租佃情况。

清代（1888）山东大地主户数及所占土地面积调查情况[1]：

莱州：占田 100 000 亩者 1～2 户；占田 10 000 亩者，占总户数 10％以上。其中，佃农占农户总数的 40％，自耕农占农户总数的 60％。

---

① 见《英国皇家亚洲学会中国分会会报》（*Journal of the China Branch of the Royal Asiatic Society*），1889 年第 23 卷第 79－117 页。

益都县：占田 1 000 亩以上者 1～2 户；占田 500～600 亩者 8～10 户。其中自耕地占全部耕地的 90%，出租地占 10%。

临淄县、临朐县：最大地主占田 700 亩，户数不详。

寿光县：最大地主占田 2 000 余亩，户数不详；其次占田 100～200 亩，户数很多。

淄川县：有田 100～200 亩者，占总户数 8%。

以上是英国皇家的调查数据，虽然不是很完整、全面，但是仍然可以清楚地说明，清代相对于后来的民国时期，土地占有情况还是比较集中的，大地主所有者较多，见表 6-18。

表 6-18　1934 年农户经营面积分组统计表

分组耕地数	10 亩以下	10.01～20 亩	20.01～30 亩	30.01～40 亩	40.01～50 亩	50.01～100 亩	100.01 亩以上
各组耕地百分比（%）	39.3	23.4	14.9	10.0	6.4	4.5	1.6

资料来源：《农情报告》1935 年第 3 卷第 4 期第 85 页。

从 1934 年的调查表可以明显看出，大土地所有者比例下降了许多（我们不做定量的计算）。现再以民国时期青岛李村为例，看看当时的农业生产和土地占有情况。

《民国最近之青岛》（1919）记载，青岛附近无大地主，故贫富无大悬殊，一人之耕地不过 553 m² （0.829 亩）。

据民国十七年《胶澳志》记载，主要耕作及农民生活："耕作以甘薯为主占李村区农产总价之过半数，小麦粟大豆落花生及梨次之（李村之地瘠薄之故所以地瓜适应之），合之其他果实蔬菜 20 余种，每年所产总值八九万元，以人口比例之，每人仅得八元四五角，加以其他副业收入稍资补助然为数亦微矣。农民之收支及其生活至为艰苦，李村区内有地三十亩者即称富室。民国四年调查，李村全区户数二万零七百五十五户，有地三十亩者仅得三十余户。李村附近被称为沃壤，试就有地二十亩之上流农家一考，究其全年之收支。计上地二十亩价银一千六百六十五元，耕作收入四百五十二元，有零支出三百三十九元，有零支出相抵余银一百十三元。有零即对于耕地投资之纯利可得年息六厘八毫（即千分之六十八）。通常上流农家家族，妇孺恒在十名以上比例。收入全额每人每年得四十五元，每月不足四元。沃壤富室如此，下地贫户可知又就支出言之每人日费不足一角，亦可谓天下之至俭至廉者。"相关调查情况见表 6-19、表 6-20 和表 6-21（说明：由于引用的是民国时期的调查表，不宜对表中数据和单位作规范换算处理）。

表 6-19　农民资本一览表

类别	耕地	牛	骡	豚	农具	合计
数量	20 亩	一头	一头	一头	一副	
单价（元）	78.751	42.856	29.286	4.286	17.286	
小计（元）	1 571.420	42.856	29.286	4.286	17.286	1 665.234
摘要	以李村附近较为肥沃中等地为准	以四齿之牛价为准，可供使役十二年	以五齿之骡价为准，可供使役十五年	有生殖能力之牝豕	独轮车及耕犁等项农具，二十五件	

表 6-20　农民收入一览表

品名	小麦	小麦秆	芽生甘薯	甘薯蔓	大麦	大麦秆	稗
收获量	60 升	1 000 斤	8 200 斤	1 200 斤	13 升	180 斤	6 升
价格（元）	57.000	8.930	82.00	10.716	5.577	0.956	1.926

品名	稗秆	粟	粟秆	高粱	高粱秆	芋	落花生
收获量	80 斤	64 升	1 300 斤	8 升	240 斤	200 斤	175 升
价格（元）	0.570	36.829	11.609	4.856	1.714	5.000	34.750

品名	落花生蔓	玉蜀黍	黍秆	小黍	蔓生甘薯	薯蔓	萝卜
收获量	880 斤	5 升	100 斤	3 升	1 600 斤	200 斤	1 260 斤
价格（元）	6.283	3.570	0.714	2.250	16.00	1.786	8.996

品名	秋生玉蜀黍	蜀黍秆	大豆	豆秆	小豚	自制肥料	合计
收获量	16 升	350 斤	15 升	400 斤	20 头	200 车	
价格（元）	11.424	2.499	13.395	3.571	39.280	71.400	452.611

表 6-21　农民支出一览表（全年共计支出 339.342 元）

类别	长工佣人工资	长工伙食费	临时短工佣资及伙食费	牛使用费	饲牛之料	骡使用费	饲骡之料
数量	3 人	240 天	50 工	一年	一年	一年	一年
价格（元）	48.213	77.040	12.500	1.786	25.716	1.664	34.284

类别	农具补充并折价	籽种代价	母猪饲料	肥料豆饼	应完粮赋	杂费	小猪饲料	自制肥料
数量	一年	一年	一年	500 公斤	一年	一年	60 天	200 车
价格（元）	5.186	16.071	2.568	32.140	5.000	1.514	4.260	71.400

从上面的数据看出，花生、甘薯、玉米等在农民生活和生产中占有至关重要的地位，是小农经济的重要组成部分，也反映出传统农业时代，农民（小农经济）生产、生活之概况。

表 6-22　1912—1937 年山东自耕农变化表[①]

年份	1912	1917	1918	1919	1920	1930	1931	1933	1934	1935	1936	1937
比率(%)	69	70	71	71	73	72	67	70	72	74	75	75

从表 6-22 中可以看出，25 年间自耕农的比率增加了 6 个百分点。这反映了一个重要信息，就是农民手中的土地正在分化。

表 6-23　1917—1935 年全国按耕地分组农户之百分比变化表

单位：%

耕地分组	1917 年	1918 年	1919 年	1920 年	1931 年	1934 年	1935 年
10 亩以下	32.7	33.2	32.7	32.5	51.4	26.4	40.0
10~50 亩	47.5	47.0	47.4	47.6	41.4	64.4	52.0
50~100 亩	13.7	13.6	13.6	13.6	5.8	6.6	6.1
100 亩以上	6.2	6.3	6.3	6.3	1.7	3.0	1.7

资料来源：卜凯著，张履鸾译：《中国农家经济》（上册），商务印书馆，1936 年，第 196 页。

毫无疑问，从表 6-23 可以发现，全国的情况与山东相吻合：大土地所有者的比率在下降，小土地所有者的比率在上升。

另外，大土地所有者，由于农业经营风险大、利润低，有的已经逐渐在脱离农村，使经营权和所有权分开。民国二十年（1931）《增修胶志》记载："州之田多归于仕宦与士商之家，散在四乡，不能自种，佃于人。"

变化的原因是多方面的，就像德国农业经济学家威廉·瓦格纳在 1926 年出版的《中国农书》中所讲的一样，世代子孙分家——诸子均分制的继承习惯，造成的土地分散[②]；也有美洲作物品种的引入造成的原因。但是从明清耕地数量一直在增加的趋势可以推测，美洲作物使原来不能开垦或者不愿意开垦的土地，在明清时期几乎全部开垦殆尽。这就说明一个问题，美洲作物使得原来必须依赖于地主生存的佃农们，依靠美洲作物耐旱、耐瘠薄、高产、稳产、经济效益高的特性，完全可以脱离原来的东家——地主，自己到山上开辟一块无人耕种的废地或者荒地，自己种植养活自己甚至全家。

---

① 苑书义、董丛林著：《近代中国小农经济的变迁》，人民出版社，2001 年，第 27 页。

② 马若孟：《中国农民经济——河北和山东的农业发展》，江苏人民出版社，1999 年，第 23 页。转引自威廉·瓦格纳：《中国农书》第 1 卷，1942 年版，第 212-213 页。

在中国历史上，物质资料的生产水平决定了或是限制着人口的增殖水平，这既符合马克思主义的基本原理，也符合"总是尽生活资料允许的范围繁殖后代"的中国特色的生育文化。因此，新作物的引进对人口增长的影响是所有因素中最为关键的因素。其结果是：清代，人口规模从 1 亿上升至 4 亿。

新作物的生物学特性决定了其优良的品种特性和超常的适应性，使得粮食单产提高成为可能，使得开垦丘陵山地扩大耕地面积成为可能，使得技能不高的农民生存变得更容易，也使得土地更加分散（许多山地是流民们开垦出来的）。所以，新作物特别是美洲作物是影响粮食单产提高最关键的因素，同时也决定了中国晚清至民国时期的生活和生产方式，进而影响了当时的生产关系——建立了几千年来生存能力最强、生命力最旺盛的小农经济。

美洲作物作为先进的生产力直接影响生产关系，明清之际农业产量的提高主要原因是粮食品种资源的丰富——美洲作物的传入。也许开始时，美洲作物的传入并没有什么经济目的，与后期的西方工业技术设备传入的目的不一样，种子的传入带有偶然性，但是它的扩种却带有很强的目的性，作物种质资源的变化可以作为当时最大的科技进步，也可以作为农业领域的最先进的科学技术，是当时农业领域的先进生产力的代表，是推动生产关系变革的重要因素，其直接作用是让大量增加的人口能够活下来。然而对大地主的经营受益帮助不是很大，如种植甘薯不会给地主带来比以前的五谷带来的效益更多，相反，地主开始不断破产。由于美洲作物适于荒地废地，农民对原来好地的依赖性降低，荒地废地被利用起来，很容易形成 0.33 hm² 地就能吃饱饭、有衣服穿的局面——新的小农经济的经营方式。作物直接影响了农村的社会经济结构，决定了新一轮的小农经济的经营、生活方式，也是我国小农经济有强大生命力的直接原因之一。

────────────── 参 考 文 献 ──────────────

陈伯庄，1936. 平汉沿线农村经济调查（调查时间为 1934 年）[R]. 上海：交通大学研究
    所：18.

陈凤良，李令福，1994. 清代花生在山东省的引种与发展 [J]. 中国农史 (2)：58.

德·希·珀金斯，1984. 中国农业的发展（1368—1968）[M]. 宋海文，等，译. 上海：上
    海译文出版社.

恩格斯，1955. 家庭、私有制和国家的起源 [M]. 莫斯科：外国文书籍出版局.

谷茂，信乃铨，1999. 中国引种马铃薯最早时间之辨析 [J]. 中国农史 (3)：80 - 85.

郭文韬，1981. 中国古代的农作制和耕作法 [M]. 北京：农业出版社.

郭文韬，1998. 中国农业科技发展史略 [M]. 北京：中国农业科学技术出版社.

何炳棣，1985. 美洲作物的引进、传播及其对中国粮食生产的影响 [M]//王仲荦. 历史论

丛：第五辑．济南：齐鲁书社．

黄宗智，1986. 华北的小农经济与生活变迁［M］．北京：中华书局．

纪彬，1935. 农村破产声中冀南一个繁荣的村庄［J］．农村周刊（76）．

李璠，1984. 中国栽培植物发展史［M］．北京：科学出版社．

马若孟，1999. 中国农民经济——河北和山东的农业发展［M］．南京：江苏人民出版社．

毛兴文，1990. 山东花生栽培历史及大花生传入考［J］．农业考古（2）：318.

邱树森，陈振江，2001. 新编中国通史（第二册）［M］．福建：福建人民出版社．

唐启宇，1988. 中国作物栽培史稿［M］．北京：农业出版社．

佟屏亚，1979. 农作物史话［M］．北京：中国青年出版社．

佟屏亚，2000. 中国玉米科技史［M］．北京：中国农业科学技术出版社．

万国鼎，1962. 花生史话［J］．中国农报（6）：17－18.

王宝卿，2004. 铁农具的产生、发展及其影响分析［J］．南京农业大学学报（3）：85.

王达，1984. 我国烟草的引进、传播和发展［M］//农史研究：第四辑．北京：农业出版社．

王思明，2014. 美洲作物的传播及其对中国饮食原料生产的影响［J］．中国经济史论坛
　（2）：32.

王秀东，2005. 可持续发展框架下我国农业科技革命研究［D］．北京：中国农业科学院．

尹二苟．1995. 马首农言中"回回山药"的名实考订——兼及山西马铃薯引种史的研究［J］．
　中国农史（3）：105－109.

尤金·N·安德森，2003. 中国食物［M］．马缨，刘东，译．南京：江苏人民出版社．

苑书义，董丛林，2001. 近代中国小农经济的变迁［M］．北京：人民出版社．

翟乾祥，2001. 马铃薯引种我国年代的初步探索［J］．中国农史（2）：47－49

张芳，王思明，2001. 中国农业科技史［M］．北京：中国农业科学技术出版社．

章有义，1957. 中国近代农业史资料［M］．北京：三联书店．

章之凡，王俊强，2005. 20世纪中国主要作物生产统计资料汇编［M］//许道夫．中国近代
　农业生产及贸易统计资料．上海：上海人民出版社．

中国农业科学院花生研究所，1963. 花生栽培［M］．上海：上海科学技术出版社．

中国生产力经济学研究会，1983. 论生产力经济学［M］．吉林：吉林人民出版社．

Peter Hoang，1889. A Practical Treatise on Legal Ownership［J］. Journal of the China
　Branch of the Royal Asiatic Society. New Series. Vol. XXIII：126－127.

第七章　现代农业萌芽发展期
——现代科技推动农业发展阶段

中国有着悠久的传统科学和技术。英国中国科学史专家李约瑟博士甚至指出，在 15 世纪以前中国的科学和技术遥遥领先于欧洲，但是发生在 17～18 世纪欧洲的科学革命，不仅促成了现代科学的诞生，也使中国传统的科学和技术相形见绌，特别是随之而来的工业革命拉大了中国与西方国家的差距。中国这个历史悠久的文明古国，100 多年前在西方人眼里，不仅没有现代科学，还是一个封建、落后、贫穷、愚昧的国度。大约从 15 世纪起，在一些国家，工场手工业发展，商业繁荣，城市人口剧增，使农业有利可图，农业被加速纳入经济发展的进程，农业科学技术接连发生重大变化。18～19 世纪，西方在产业革命推动下，机器动力农具逐步推广应用，不断用工业产品来装备农业；向农业投入较多物质和能量并科学合理地加以应用，按动植物生长发育需要补给各种营养；对病虫害使用药剂防治；物理、化学、生物学科等领域的研究成果不断转引用于农业，实行技术转移。直到 19 世纪末 20 世纪初中国才开始逐渐认识到现代科学技术对农业发展的巨大推动作用。

第一节　现代科技传入及对中国现代农业的影响

一、现代科技传入，催生现代农业萌芽

从 19 世纪 60 年代开始，清朝统治阶级中的某些有识之士，如奕䜣、曾国藩、李鸿章、左宗棠、张之洞等人，改变了"夜郎自大"的态度，他们试图向西方学习先进的科学技术，以维护清朝统治。洋务派以"自强""求富"为口号，"师夷长技"，开矿山、筑铁路、设邮电、办学校、派遣留学生出国，掀起了一股办洋务的热潮。他们引进了西方先进的科学技术，使中国出现了第一批近代企业。洋务运动为中国近代企业积累了生产经验，培养了技术力量，冲破了窒息生产力发展的社会风气，在客观上为中国民族资本主义的产生和发展起到了促进作用，为中国的现代化开辟了道路。洋务派创办了新式学堂，又选送留学生出国深造，培养了一批翻译、军事和科技人才，现代化开始由经济领域

逐渐向科技文化和人才教育领域渗透。

1840 年以后，一些受西学影响较深的中国知识分子已看到西方近代农业胜过中国传统农业，纷纷提出学习西洋的农业技术。19 世纪 50 年代，魏源说，（西方）"农器便利，不用末耜，灌水皆以机关，有如骤雨。"[①] 60 年代，王韬建议政府购买西洋机器，"以兴织维，以便工作，以利耕播。"[②] 此后，郑观应提议"参仿西法"，派人到"泰西各国讲求树艺、农桑、养蚕、牧畜、机器、耕种、化瘠为肥，一切善法"[③]，编为专书，传播给农民。一些开明的绅士及民族企业家亦开始引进西方的农业技术，用新法从事农业生产。但在甲午战争前，这些主张和举措，并未引起清政府的重视。当时清政府虽然也学习西方，但主要精力用于兴办"洋务"，企图通过训练新军，兴办工业来"自强"和"求富"，以维持摇摇欲坠的封建统治。正如孙中山所指出："我国家自欲引西法以来，惟农政一事，未闻仿效，派往外洋肄业学生，亦未闻有入农政学堂者，而所聘西儒，亦未见有一农学之师。"[④] 1894 年中日甲午战争，清政府失败，清政府训练新军实现国家"自强"企图成了泡影。随着洋务运动的破产，人们便把目光转移到农业上，认识到农业是发展工业和商业的基础，是使中国强盛起来的前提。在这样的形势下，学习西方先进的现代农学被提上议事日程。

1865 年（清同治四年）英国商人曾将一些美棉种子带到上海试种，这可能是国人第一次看见西方农业科技成果。随后，一些受西方影响较深的中国知识分子，纷纷学习西洋的农业技术。中国最早建立的农业科研机构是 1898 年在上海成立的育蚕实验场和 1899 年在淮安成立的饲蚕试验场。最早的农业学校是 1897 年 5 月由浙江太守林启（迪臣）创办的浙江蚕学馆和孙诒让等人在温州创办的永嘉蚕学馆。1902 年 11 月清政府在保定设立的直隶农务学堂，1904 年改为直隶高等农业学堂，大概是我国第一所高等农业学校。在此之后，农务学堂在全国多有兴建，据 1910 年 5 月统计，全国农业学堂已有 95 所，学生 6 068 人，其中既包括高、中、低等不同层次，也包括农、林、牧、渔不同类别。这一时期（1890—1910），主要是引进和搬用西方近代科学技术、翻译西方近代农业书刊和创建近代农业学校，这是中国近代农业科学技术的萌芽时期。

从 19 世纪 70 年代起，清朝重臣曾国藩、李鸿章、左宗棠等人倡导发起了

---

① 《海国图志》（卷十）。

② 《韬园文录》（外编）（卷十二）。

③ 《盛世危言》（初编）（卷四）。

④ 孙中山：《孙中山选集》（上李鸿章书），人民出版社，1986。

"师夷长技以制夷"的洋务运动,希望利用西方的科学文化知识挽救垂死的清王朝。从1872年到1875年,清政府先后选派了120名10～16岁的幼童赴美留学。这是近代中国历史上的第一批官派留学生[①]。甲午海战失败后,清政府被迫签订了不平等的《辛丑条约》。为了改变落后挨打的局面,慈禧太后不得不改革教育制度,鼓励留学日本。1905年9月2日,光绪皇帝诏准袁世凯、张之洞奏请停止科举,兴办学堂的折子,下令"立停科举以广学校",使在中国历史上延续了1 300多年的科举制度被最终废除,科举取士与学校教育实现了彻底的脱钩。12月6日,清政府下谕设立学部,为专管全国学堂事务的机构。清政府在推行"新政"过程中,把"奖游学"与"改学堂,停科举"并提,要求各省筹集经费选派学生出洋学习,讲求专门学业。对毕业留学生,分别赏进士、举人等出身。对自备旅费出洋留学的,与派出学生同等对待。[②]1910年詹天佑、严复、辜鸿铭等成为庚子赔款第一批留学生进士。此后,清政府实施《游学毕业章程》,官费、公费、自费留日形成高潮,每年留学人数达万人,20世纪初10年中,留日学生总数至少达5万人。[③]1879年前后,福建陈筱东渡日本学蚕桑,这应该是我国留学生出国学农之始。

二、现代科技转引用于农业,推进现代农业发展

现代农业是在现代农业科学理论指导下的、以实验科学为基础来建设的一种农业形态,尽管有关现代农业的思想已在清末开始孕育,但我国真正从事规范的科学实验以推动现代农业发展,创始于辛亥革命以后。由于政府创办农业学堂采用了西方的实验农学的教育体系,因而当时的农业教育机构就成为提倡和推广近代农业科技的综合性机构。运用近代科学改进农业,首先要培养农业科技人才,从事良种选育和对新的耕作、饲养等方法进行试验研究,然后择优向农民推广。因此,清末在仿照欧美及日本开办农业学校的同时,也在农业学堂普遍设立了农事试验和推广机构。当时很多地区农业学堂都附设农事试验机构,也有些地区把创办的农业学堂附设在农事试验场内,利用试验场聘请的本国或外国的农业"专门技师"兼任农业学堂专业课程的教师,场内栽培的作物、饲养的家畜家禽又可供学生实习。奉天农事试验场及广东农事试验场都附设农业学堂或农林讲习所。其他如江西最早的农业学堂,即江西实业学堂,亦设在江西农事试验场内。湖南则于1909年将原来的农务试验场改办成农业学堂,将试验场分为二圃四科,即花圃、菜圃和园艺科、普通科、工艺科、蚕桑

---

① 第一批官派留学生:《中国幼童留美前后》,载《环球时报》2002年12月30日第19版。

② 张连起:《清末新政史》,黑龙江人民出版社,1994。

③ 石霓:《观念与悲剧——晚清留美幼童命运剖析》,上海人民出版社,2000。

科，"俾学生于听讲余暇，率同园丁分类讲习"，并在长沙南关外将岳麓山官荒辟为森林试验场，以为林科学生实习之预备。[①] 当时这些省的办学方法充分体现了农业教育和农事试验场相辅相成的关系。

清末农业学堂还兼有农技推广的职能。当时高等农业学堂一般都设有农场，供学生实习。农场也附带培养农场工人，可以在农场学习到先进的农业生产技术，从而推广农业新技术，尤其是一些蚕业学堂将其所制改良蚕种直接向蚕农推广，从而全面地推动了我国的农业现代化进程。最先开展小麦现代育种研究的是金陵大学，1914 年该校美籍教授芮斯安（Jhon Reisner）在南京附近的农田采收小麦单穗，经七八年试验育成"金大 26"小麦品种。1919 年南京高等师范农科进行品种比较试验，率先采用现代育种技术开展稻作育种，培育出了"改良江宁洋籼"和"改良东莞白"两个水稻品种。在北方，1924 年沈寿铨等开始进行小麦、粟、高粱、玉米的改良试验，寻求单位面积产量。

1911—1927 年，中国农学开始同近代实验科学相结合，开始了作物育种试验并取得了初步成果，这是中国近代农业科学技术初步发展时期。1928—1936 年，现代农业科学技术体系初步形成，中央农业实验所、全国稻作改进所、中央棉产改进所、稻米试验处及小麦试验处等全国性农业科学研究机构等先后建立。这些全国性农业科学技术部门的创建与运行是现代农业科学技术体系形成的标志，对现代作物栽培和耕作技术的推动作用是显著的。具体表现在：引进了西方近代农业科学技术，建立了一批农业研究机构和农业院校，培养了一批农业中高级人才，翻译、编著了一批农业科学著作，育成了一批新的作物品种，仿制和研制了一批化肥、农药、农业机械等，为中国现代农业科技的发展奠定了一定的基础。1937—1949 年，现代农业发展停滞期。连年战火使得农业科技处于极其困难的发展阶段，直到 1949 年中华人民共和国成立后，中国的农业科技方迎来真正的春天，才真正开始了从传统农业向现代农业的转变与过渡。虽其中也有一段时期发展比较艰难，但是 1949—2015 年的 66 年间，在党和政府的领导与高度重视下，形成了全国性农业科技、教育、推广体系，聚集了 10 余万农业科技、教育人员和近百万农业、教育推广人员，搜集保存各类农作物种质资源 40 余万份，培育和创新各类农作物新品种 15 000 余个，农业生产中主要作物良种普及率达到 90% 以上，粮食产量由 1949 年的1 132 亿 kg 提高到 2015 年的 6 214 亿 kg，经济作物、园艺作物的产量也取得了巨大的飞跃。农作物生产不仅满足了国内 13 亿多人的绝大部分主要需求，有些还可以出口满足国际市场需求。

---

① 《清朝续文献通考》（卷一百一十二）。

三、主要农学著作及思想

在古文献保存与研究方面，罗振玉（1866—1940）是一个有贡献之人，而在引进和传播西方近代农业科技方面，他更是功不可没。罗振玉于 1896 年在上海与蒋廷黼一起创立农学社。次年，二人主持办起了《农学报》。《农学报》创刊于 1897 年，停刊于 1905 年 12 月。初为月刊，后改为旬刊，共刊行了 315 期。报纸的内容包括与农业政策和农事有关的诏令、奏折、消息、国外的与农业有关的文章等。① 其中国外的与农业有关的文章都是从当时比较先进、权威的农业科技期刊中选择、翻译而来的，内容涉及农、林、牧、渔、水利、农机、蚕桑、园艺、病虫害防治、土壤与肥料、制茶与农产品加工等，有的技术较为实用且易于推广。另有一些技术虽然介绍进来之后一时难以用于中国的农业生产实践，但是，这些代表当时世界农业科技前沿的新技术，足以让读者开阔眼界、增长见识、认识差距，进而改变发展农业的理念。《农学报》的创办，不论对后来的西方现代化农业科技的推广，还是对中外农业交流来说，都是很有意义的。并且将《农学报》中所附的西方近代农书的内容单独抽出，编成《农学丛书》。就《农学丛书》的内容而言，由于它是新旧思想交替时期的产物，所以收入的农书也是新旧兼有。《农学丛书》所收的农业著作，从内容上大体可分为如下几类：第一，西方现代农业科学理论。由近代的物理学、化学、动物学、植物学、地质学、气象学、土壤学、林学、昆虫学、微生物学、蚕体解剖学、蚕体病理学等基础科学和应用科学支撑起来的学科。西方近代农业科技专著中，上述学科的内容占据很大比重，如《植物学教科书》《农业工学教科书》《寄生虫学》《森林学》《土壤学》《气候论》《农务化学答问》《农用动物学》《农业微菌论》《蚕体解剖学》《蚕体病理》等。这类著作是农业科学的基础，深入、系统地阐明这些纯理论的内容，就是为现代农业科学奠定基础。将这些纯理论的内容编辑到《农学丛书》中，不仅有利于现代农业科技传入中国，而且在思想方法上引导当时的中国读者，让他们开阔眼界、耳濡目染地接受西方的现代科技、接受和重视基础理论。第二，西方近代农业技术。西方近代农业技术专著在《农学丛书》中所占比重最大，技术门类齐全，主要包括耕作技术、种植技术及畜牧、兽医、蚕桑、园艺、病虫害防治、农机具等。门类齐全，应有尽有，如《农学津梁》《耕作篇》《肥料保护篇》《喝茫蚕书》《接木法》《美国养鸡法》《家菌长养法》《农具图说》等，这些看起来纯技术内容的农书，仍要拿出颇大的篇幅介绍相关的基础理论知识。与以上所述的丰富、系统的基础知识相比，《农学丛书》中所介绍的西方农业技术则是另有特

---

① 陈少华：《近代农业科技出版物的初步研究》，《中国农史》1999 年第 4 期，第 102 - 105 页。

色。其中，有中国急需且在中国当时的条件下可行的技术，也有在当时的中国非常急需，但因客观条件限制，无法引进和推广的技术。这些新型的农业技术被介绍到中国，能否被中国农民接受，能否较快推广，均取决于中国农民对它的需要和当时中国的基础工业和基础设施等。虽然如此，《农学丛书》将西方近代农业技术介绍到中国，仍能起到开阔视野的作用。农会、农务学堂和农事试验场等机构纷纷建立，将《农学报》和《农学丛书》当作教学、研究和向附近农民传授近代农业知识的工具。

1917 年 1 月中华农学会成立，1918 年《中华农学会会报》创刊，曾用《中华农学会丛刊》《中华农林会报》《中华农学会报》等刊名。《中华农学会会报》自创刊至 1948 年共出版 190 期，刊发学术论文近 2 000 万字，是民国时期历史最为悠久、影响最为广泛的综合性农学刊物。著名林学家梁希在民国时期发表学术论文 30 余篇，其中 20 多篇就发表在《中华农学会会报》；金善宝院士民国时期发表论文 20 篇，其中 12 篇刊载于《中华农学会会报》。陈嵘《中国树木志》、卜凯《农村调查表》（1923）、沈宗瀚《改良品种以增进中国之粮食》（1931）、冯和法《中国农村的人口问题》（1931）、丁颖《广东野生稻及由野生稻育成的新种》（1933）、胡昌炽《中国柑桔栽培之历史与分布》、金善宝《中国小麦区域》（1940）等许多有重要影响的学术论文都是在《中华农学会会报》上发表的，是当时中国最权威的农业学术期刊，对推动中国近现代农业科学的发展发挥了积极作用。中华农学会于 1933 年开始设立丛书编辑委员会，至 1947 年出版丛书 20 余种，包括农业经济、农业化学、农业生物、作物园艺、畜牧兽医和森林 6 大门类，不少成为中国现代农学的经典之作，是民国时期农科专业主要教材，如陈嵘所作《中国树木分类学》及《造林学概论》、《造林学各论》；唐启宇《农业经济学》；唐志才《高等农作物学》；陈植《造园学概论》；许璇《粮食问题》；李积新《垦殖学》；邹钟琳《普通昆虫学》等。中华农学会也出版了一些学术专册，如邹秉文的《中国农业改进方案》《三十年农业改进史》等。这些著作的出版对中国农学的起步和发展起到了积极的推进作用。

中华人民共和国成立后，随着农业科学事业的发展，农业部成立了农业出版社，有关农作物科学技术著作在品种和数量方面都有较大的增长。1959年，农业部和中国农业科学院组织编写的一套以农作物栽培学为主的农业科学理论著作，到 1966 年共出版了中国水稻、小麦、玉米、棉花、油菜、花生、甜菜、果树等栽培学 11 种。这 11 种著作的出版，在当时不仅对推进国内农业科研、教学和生产的发展起了一定的作用，而且在国外也受到重视。然而经过 20 多年的时间，我国的农业生产和科学技术又有了很大的发展，积累了很多增产技术经验和科学研究成果，原书显然已不能适应新形势的需要。因此，自 20 世纪 80 年代以来，中国农业科学院协同农业出版社和上海科学技术出版社组织院部分直属所及有关省级科研单位和部分高校的科研、教学人员编写出版了"中国主要农作物栽培学"丛书，该套丛书共 22 种，它的出版发行，对中国农业科技发展和生产实践起到了重要的指导作用。《中国小麦品种及其系谱》《中国水稻品种及其系谱》《中国植物保护科学》《分子生物学》《中国作物遗传资源》《中国肥料概论》《中国蔬菜栽培学》《中国作物及其野生近缘植物》等一大批反映中国农业科学重大成果的专著得到了学术界较高的评价。

第二节　现代农业发展中主要作物品种变化

一、农作物种类变化不大，引种以优良作物品种为主

1911 年以来，我国引进的主要农作物新品种类型大多集中在蔬菜、牧草和热带作物上，对我国的农业生产布局和结构总体影响不是很大，但是对原有农作物品种类型优良品种的引进，以及对我国农业生产发展起到了较大的推动作用。我国近代选种育种新法的引进，是从光绪十八年（1892）引进美国陆地棉开始的。鸦片战争后，由于纱厂对原棉的需要激增，刺激了植棉业的发展，但是我国原先栽培的亚洲棉（中棉）退化严重，产量很低，品质很差，纤维粗短，不堪供作纺细纱之用，因此，每年要进口大量美棉或印棉，以补其缺。为了杜绝损失，能够多盈利，一些热心的实业家和有识之士，始提倡引种陆地棉。张之洞是最早提倡引种陆地棉的要人；其后，张謇创办"大生纱厂"，也提倡引进陆地棉。光绪三十年（1904）清政府工商部曾从美国引入大量陆地棉种子，分发给江苏、浙江、湖北、湖南、四川、山东、山西、直隶、河南及陕西等省。1914 年张謇任农商部总长时，开办 4 个棉业试验场，以试验引进陆地棉为其主要任务。

20 世纪 30～40 年代，中央农业实验所从美国引入 100 余份牧草。1934—1935 年新疆从苏联引进猫尾草、红三叶等牧草在伊犁地区和乌鲁木齐牧场试种。1944 年和 1946 年甘肃天水水土保持实验站从美国农部和美国保土局引入禾本科及豆科牧草 150 余份。日本侵华期间吉林公主岭引入了几十种牧草，其中部分引自美国，如格林苜蓿即是。20 世纪 80～90 年代，大约有 220 个种是首次引入我国的牧草饲料作物，其中有一批为珍贵的牧草品种资源。例如，从美国犹他州立大学先后引入的 1 200 余份小麦族材料，以及包括从苏联、伊朗、阿富汗、德国、法国、意大利、埃及、巴基斯坦、阿根廷、澳大利亚、美国和加拿大等 30 个国家引入的冰草属、偃麦属、披碱草属、新麦草属、赖草属、芒麦草属和大麦属等。这批材料的引入不仅对我国牧草育种有重要意义，

对小麦等作物的远缘杂交育种也有重要意义。从美国引入的苜蓿品种中，有一些抗细菌性枯萎病、炭疽病，抗苜蓿斑点蚜、蓝绿蚜和豌豆蚜的材料。[①] 同时，我国海南还在这一时期引进橡胶、椰子、腰果、胡椒、咖啡、可可、龙舌兰麻（剑麻）、油棕等几个主要类型的热带经济作物。

总体来说，这一时期，我国的主要种植作物种类没有发生重大变化。但是通过引进一大批优良品种，直接或间接用于农业生产，提高了我国农业生产水平。同时也是引进了植物优异种质资源，通过种质创新，培育了大量适合我国不同类型生态区的农作物新品种，提升了我国农业的综合生产能力。目前，直接推广面积达 6.67 万 hm^2 以上的国外水稻品种有 19 个，推广面积达 66.67 万 hm^2 以上的国外小麦品种有 6 个，从日本、巴西、美国和埃及引进的红富士苹果、旱稻、玉米、棉花都已在农业生产上大面积应用，效果非常显著。

二、农作物种植结构变化突出，主要粮食作物种植比例加大

种植作物长期以粮食作物为主，经济作物及其他作物为辅。目前农作物的产品结构发生了巨大变化，水稻、小麦、玉米三大粮食作物种植比例加大。我国最重要的粮食作物曾是水稻、小麦、玉米、谷子、高粱和甘薯，现今谷子和高粱的生产已明显减少。高粱在中华人民共和国成立前是我国东北地区的主要粮食作物，也是华北地区的重要粮食作物之一，现今面积已大大缩减。谷子（粟）虽然在其他国家种植很少，但在我国一直是北方的重要粮食作物之一。1949 年前，粟在我国北方粮食作物中的地位十分重要，现今面积虽有所减少，但仍不失为北方比较重要的粮食作物。玉米兼作饲料作物，近年来发展很快，已成为我国粮饲兼用的重要作物，其总产量在我国已超过水稻和小麦而跃居第一位。中华人民共和国成立以来，我国粮食生产呈现两大特征：第一，各粮食品种增产均衡发展，玉米增长后来居上，主要粮食作物比重发生变化。我国粮食产量在跨越 1 500 亿～3 500 亿 kg 的台阶时，水稻增产贡献最大；在跨越3 500 亿～4 000 亿 kg 台阶时，小麦贡献最大；在跨越 4 000 亿～5 000 亿 kg 台阶时，玉米贡献最大。玉米播种面积于 2002 年超过小麦，2007 年超过水稻，2012 年玉米总产超过水稻，成为第一大作物。2012 年玉米、水稻和小麦三大粮食作物的种植结构为 39∶34∶27，也体现出消费需求结构的变动趋势。2012 年三大谷物播种面积占粮食总播种面积的 80%，占总产量的 90%，为历史新高。具体情况可见表 7-1、表 7-2。

---

① 苏加楷：《近十年来牧草品种资源国外引种概况》，载《作物品种资源》1990 年第 2 期，第39-41 页。

表 7－1　中国 1914—2011 年主要农作物种植面积情况

单位：亿亩

年份	农作物播种面积	粮作播种面积	谷物播种面积	稻、麦、玉米播种面积	豆类播种面积	薯类播种面积	油料播种面积	棉花播种面积
1914—1918	9.99	8.89	8.89	5.33	—	—	0.89	0.27
1924—1929	14.15	11.78	10.74	6.16	0.78	0.26	1.79	0.58
1931—1937	14.74	11.84	10.53	6.06	0.97	0.34	2.35	0.56
1938—1947	14.22	11.62	10.28	5.74	0.91	0.43	2.24	0.36
1950	19.32	17.16	14.08	7.57	1.92	1.15	0.65	0.57
1958	22.8	19.14	14.93	8.65	1.91	2.31	0.95	0.83
1978	22.52	18.09	14.89	10.32	1.43	1.77	0.93	0.73
1998	23.36	17.07	13.82	10.47	1.75	1.51	1.94	0.67
2007	23.02	15.84	12.84	9.97	1.77	1.23	1.7	0.89
2011	24.34	16.59	13.65	13.18	1.6	1.34	2.08	0.76

注：1. 1914—1918 年"粮食"不包括甘薯及豆类。

2. 1914—1918 年"油料作物"不包括芝麻及油菜籽。

3. 1914—1947 年数据是根据许道夫 1983 年出版的《中国近代农业生产及贸易统计资料》第338～341 页数据计算所得。

表 7－2　中国 1914—2011 年主要农作物种植结构变化情况

单位：%

年份	农作物播种面积	粮作播种面积	谷物播种面积	稻、麦、玉米播种面积	豆类播种面积	薯类播种面积	油料播种面积	棉花播种面积
1914—1918	100	88.99	88.99	53.35	—	—	8.91	2.7
1924—1929	100	83.25	75.9	43.53	5.51	1.84	12.65	4.1
1931—1937	100	80.33	71.44	41.11	6.58	2.31	15.94	3.8
1938—1947	100	81.72	72.29	40.37	6.4	3.02	15.75	2.53
1950	100	88.82	72.88	39.18	9.94	5.95	3.36	2.95
1958	100	83.95	65.48	37.94	8.38	10.13	4.17	3.64
1978	100	80.33	66.12	45.83	6.35	7.86	4.13	3.24
1998	100	73.07	59.16	44.82	7.49	6.46	8.3	2.87
2007	100	68.81	55.78	43.31	7.69	5.34	7.38	3.87
2011	100	68.16	56.08	54.15	6.57	5.51	8.55	3.12

注：1. 1914—1918 年"粮食"不包括甘薯及豆类。

2. 1914—1918 年"油料作物"不包括芝麻及油菜籽。

3. 1914—1947 年数据是根据许道夫 1983 年出版的《中国近代农业生产及贸易统计资料》第338～341 页数据计算所得。

三、区域布局发生新变化，"南粮北运"变为"北粮南调"

这一时期，从南北布局来看，南方的粮食地位逐渐下降，北方在逐渐上升，南余北缺的粮食生产格局已经发生变化。我国历史上最晚自隋唐开始都是南粮北调，但是随着珠江三角洲、长江三角洲、四川盆地等粮食生产比例日趋减少，南方粮食产量所占比重逐渐在下降。1949 年南方粮食产量所占比重高达 60.1％，1984 年降为 58.9％，1996 年降为 51.7％，北方则由 1949 年的39.9％上升到 1996 年的 48.3％，上涨了 8.4 个百分点，尤其是 20 世纪 90 年代以来，南降北升的趋势非常明显。近 20 年来，主产区增产贡献突出，粮食增产中心北移更加明显。我国粮食主产省有 13 个，包括北方 7 省份（河北、河南、黑龙江、内蒙古、辽宁、吉林和山东）和南方 6 省（安徽、四川、湖北、江苏、江西和湖南）。1996—2000 年，粮食主产省份的粮食总产占全国粮食总产的 71.63％；2006—2010 年，粮食主产省份的粮食产量上升到占全国粮食产量的 74.96％。1996—2000 年，我国北方粮食产量占全国粮食产量的比例仅为 47.14％；2006—2010 年，我国北方粮食产量占到了全国粮食产量的52.92％，粮食增产中心明显发生北移。据统计，我国近 10 年间新增粮食的全部贡献都来自北方粮食主产区。发生这种重大变化的主要原因包括以下几个方面。[①]

（一）经济社会发展不均衡是导致发生变化的现实基础

改革开放以来，东南沿海地区率先对外开放，在区位优势、人文优势和政策优势作用下，非农产业快速增长，促使生产要素向非农产业转移，非农产业占用的耕地增加，农业劳动力向非农产业转移增加，使包括粮食生产在内的农业发展受到影响。同时，北部和西部地区由于工业化的速度远低于沿海地区，耕地资源被占用较少，局部地区虽然出现粮食耕种面积减少，也主要是在农业内部结构调整中被经济作物挤占，而其耕地总资源并未下降很多，恢复种粮的难度较小。沿海等经济发达地区耕地面积的减少，主要是被工业、交通和城镇建设所征用，已很难或不可能再用于粮食等农业生产。

（二）技术发展引发的耕作制度改革是导致变化的直接诱因

我国北方地区过去粮食生产主要是一年一熟，随着新科技的推广，特别是塑料薄膜的普遍运用，不少地区已形成了一年两熟的新型耕作制度，复种指数明显提高。如山东省复种指数 1978 年为 147.2，1985 年为 154.3，1992 年为

---

① 黄爱军：《我国粮食生产区域格局的变化趋势探讨》，载《农业经济问题》1995 年第 2 期。

158.3；河南省 1980 年为 151.0，1985 年为 166.0，1993 年为 175.0。新的耕作制度的形成带来了复种指数的提高，加大了我国北方地区粮食生产的时间跨度，成为北方地区扩大粮食面积的重要原因。近年来虽然有一定的降低，但是仍然保持比较高的水平。反观南方地区，由于多种原因，"双改单""水改旱"时有发生，直接减少了南方粮食的实际种植面积。

（三）作物种植品种结构改变加剧了变化

我国南方地区以种植水稻为主，所以在南方地区占据全国粮食主导地位的较长时期内，全国粮食的增产主要依靠稻谷，但是进入 20 世纪 80 年代以后，水稻在粮食中所占比重逐年下降，小麦和玉米在粮食中的比重逐年上升。北方地区小麦、玉米比重提高的主要原因，是单产水平大幅度提高。如黄淮地区 1993 年粮食单产已达每 667 m^2 263 kg，比 1978 年提高了 80.1%，而同期南方地区单产仅提高了 40% 左右。北方地区单产水平的提高，主要是品种的更新换代，特别是玉米育种取得了突破性进展，使北方大部分地区的玉米单产从 20 世纪 80 年代初期的每 667 m^2 150 kg 左右提高到 350 kg 以上。另外，从作物品种内部变化来看，"籼改粳"技术的应用，促进了北方地区尤其是东北地区水稻的发展。由于粳稻全生育期较籼稻明显延长，灌浆后期粳稻更能适应温凉天气，增加水稻对温光资源的利用，使得粳稻能够安全成熟；粳稻后期具有较高的光合生产能力，能够增加群体光合产物的积累量，提高群体库容总充实量；同时，粳稻后期能够适应低温天气而不早衰，维持强壮根系和较高的茎鞘强度，增强群体抗倒伏能力，保证较大库容的安全充实与支撑。[①]

第三节　作物育种栽培技术发展对现代农业的影响

一、作物遗传育种学发展对现代农业发展的贡献

作物品种是农业生产最重要的生产资料，作物遗传育种学科在农业科学中占有核心地位。在科技人员的不懈努力下，50 多年来中国作物遗传育种取得了举世瞩目的成就。中国的作物遗传育种学家创造和发明了杂交水稻，成功地利用植物矮秆基因自主地进行了绿色革命，完成世界上第一张水稻基因图谱，创新了一大批新的植物种质资源，中国主要农作物品种已进行了 5～6 次更新换代，和其他农业科学技术一起使中国粮食总产达到 1949 年的 5.2 倍。以占世界 9% 的耕地养活了近 20% 的人口，为中国乃至世界的经济发展和粮食安全做出了巨大的贡献。

[①] 张洪程等：《"籼改粳"的生产优势及其形成机理》，载《中国农业科学》2013 年第 4 期。

（一）作物种质资源收集整理为现代农业发展提供坚实的遗传基础

中国是世界作物起源中心之一，存在着相当丰富的作物种质资源，并具有其独特性。1949 年后，国家制定政策，建立专门的研究机构，设立重点、重大研究项目，使中国作物种质资源研究取得了辉煌的成就。目前，中国整理编目的作物种质资源约为 1 000 种作物共 42 万余份，国家作物种质长期保存库已保存 36 万余份，拥有作物种质资源数量居世界第二位。

中国作物种质资源的研究从地方品种的搜集和征集开始。20 世纪 50 年代中期，为了避免地方品种（农家品种）因推广优良品种而丢失，中国曾进行过两次全国性的作物种质资源征集工作，共搜集到 43 种大田作物国内品种 20 万份（含重复），国外品种 1.2 万份。从 1979 年开始中国进行了第三次全国范围的作物种质资源征集和资源考察活动。经过 5 年努力，又搜集到 60 多种作物的种质资源 11 万份，从而使中国种质资源数量达到 30 余万份，其中小麦、水稻、玉米等种质达 13 万份。中国在种质资源整理编目和鉴定等方面也做出了卓有成效的工作，已先后编写了 19 类作物的种质资源目录 54 册，达 1 800 万字。目前已对粮、油、棉、麻、烟、糖、菜、果、茶、桑、热作、牧草等多种作物约 20 万份种质资源进行了初步的抗病虫、抗逆和品质鉴定，对 30 余万份资源进行了农艺性状鉴定，共获得 115 万数据项。对有些资源还进行了多点种植综合评价或细胞学鉴定，筛选出一批综合性状优良或单一性状突出的材料，供育种利用。

（二）自主开展了绿色革命，推动农作物品种合理更新

作物育种是应用作物遗传变异的规律，进行作物产量、品质、抗性和适应性等方面的遗传改良，使之更高产、更优质、更抗病虫害、有更广泛的环境适应性。据推测，在提高作物生产力的诸多因素中，遗传改进占 30％～40％的比重。目前中国人口在不断地增加，土地面积却在不断地减少，要增加粮食总产，保证食物安全，靠增加种植面积是不可能的，唯一的途径是提高作物的单产水平。

在全世界开展以利用矮秆基因为主的绿色革命的同时，中国自主地进行了绿色革命。自 20 世纪 50 年代起，首先开展水稻矮化育种，随着矮仔占、低脚乌尖、矮脚南特等矮秆资源的利用，育成的推广品种由高秆向矮秆转变。矮秆水稻的育成，不仅标志着中国开始了水稻育种的新纪元，而且也引导了世界水稻育种方向的转变。中国其他主要农作物及蔬菜等的育种也取得长足进展。自中华人民共和国成立以来，作物遗传育种研究一直是国家对农业科研投入的重点领域。通过作物遗传育种及相关领域科研人员的共同努力，共育成 40 多种

作物超过 15 000 个新品种，使中国主要农作物先后都实现了 5～6 次品种更新换代，每一次品种的更新换代，都使作物产量水平有较大幅度的提高。

（三）作物杂种优势利用世界领先

利用杂种优势是提高作物产量和抗性，改进品质的一条重要的育种途径。中国是世界上作物杂种优势利用最广泛，也是最有成效的国家之一。以水稻为例，水稻是自花授粉作物，尽管在 20 世纪初就有人报道过水稻的杂种优势现象，但由于各种原因，水稻的杂交种未能大面积应用于生产。中国杂交水稻育种，始于 1970 年发现水稻的"野败"雄性不育，1973 年实现三系配套，1975年杂交水稻开始生产应用，很快大面积推广。

水稻光温敏雄性不育的发现及两系杂交稻的育成，是中国水稻育种学家对世界水稻育种的又一创造性的贡献。中国两系杂交稻的研究始于 1973 年发现光敏核不育水稻，从而开辟了杂交水稻研究的新领域，目前已取得重大进展。首先是培育成功一批光温敏不育系，如培矮 64S、香 125S、7001S、5088S、蜀光 612S、GD2S 等，在此基础上育成一批强优势组合，如培矮 64S/特青，比三系组合增产 10％；香两优 68，不仅比常规稻增产 15％，而且为优质稻。到 2002 年底，全国已有 20 余个两系杂交稻组合通过品种审定，年推广面积已达 250 万 hm² 以上，大面积单产达到 7 500 kg/hm²，并且创下 17 100 kg/hm²的高产记录。两系杂交稻的育成推广，使中国水稻产量又创新高。现今，超级水稻品种和杂交种已开始进入生产，且超级稻产量水平已达 10 500 kg/hm²。

中国杂交水稻的推广，取得了巨大的经济效益和社会效益，在育种的理论和实践上也产生了深远的影响。首先，杂交稻的育成和推广，实现了粮食的大幅度增产。杂交稻的推广，促进了稻田种植制度的变革，出现多种间种复种模式，改变了中低产田的面貌，实现了低产变中产、中产变高产。杂交稻的推广，也带来了水稻栽培技术的革命，提出了适应不同生态地区、不同生产水平的高产配套综合栽培技术体系。

（四）作物远缘杂交取得重大成就

远缘杂交是作物育种和种质创新的重要途径之一。中国育种家历来重视远缘杂交的研究和应用。1926 年中国育种家就利用野生稻与栽培稻杂交育成了中山 1 号品种，进而又利用中山 1 号育成了中山占、中山红、中山白、包选 2号、包胎矮等优良水稻品种。之后中国育种家在水稻、小麦、棉花等作物中广泛应用远缘杂交技术，创造出一大批新种质和新品种。

在水稻的远缘杂交中，中国育种家利用普通野生稻和药用野生稻杂交育成一批水稻新品种；用普通野生稻和栽培稻杂交，获得一批种质资源，利用这批种质资源育成了粤野占系列、桂野占系列、野清占系列品种；用药用野生稻和栽培品种杂交，育成了鉴 8，鉴 8 携带有来自药用野生稻的抗褐飞虱基因，表现出高产和抗褐飞虱。

小麦的远缘杂交在中国作物远缘杂交中是研究最多的。小麦远缘杂交不仅利用小麦属内的种间杂交，而且广泛利用了小麦族内的近缘属植物种，包括黑麦属、偃麦草属、冰草属、山羊草属、赖草属、鹅观草属、簇毛麦属、新麦草属、旱麦草属等。

利用小麦和偃麦草属的中间偃麦草杂交，育成龙麦 1 号、龙麦 2 号、新曙光 6 号等。用普通小麦和中间偃麦草杂交合成了表现抗病优质的八倍体小偃麦，用八倍体小偃麦育成了小冰 33、龙麦 8 号、龙麦 9 号、龙麦 10 号、陕麦 150、陕麦 897、陕麦 611、早优 504 等小麦新品种。中国育种家曾率先将偃麦草属的长穗偃麦草与普通小麦杂交成功，育成小偃 6 号等一系列小偃号小麦新品种。小偃 6 号表现为适应性好、丰产、抗病、优质，成为 20 世纪 80 年代中国小麦主产区黄淮麦区的主栽品种，年种植面积曾达 70 万 hm² 以上，为远缘杂交育成品种的典范。对小偃 6 号进行系统选育又育成一批高产优质的新品种，其中小偃 54，表现广适优质，同时表现高光效和氮（N）、磷（P）高效，成为河南等地主要优质品种之一。利用小偃麦后代，中国育种家还育成高优 503 优质面包小麦，育成创小麦高产记录的高原 506（11 430 kg/hm²）。

中国育种家已将小麦族 11 个属 32 个种与普通小麦杂交成功，成功选育出异源双二倍体、异附加系、异代换系与易位系等。其中有代表性的是利用合成的圆锥小麦/簇毛麦双二倍体育成具有 $Pm21$ 基因的 6 AU6 VS 易恢系，这是世界上首次将簇毛麦的抗病基因转入小麦。另一个远缘杂交成功的实例是利用中间偃麦草异附加系育成 7DL/7XL 易位系 YW243 等，它兼抗黄矮病、白粉病和 3 种锈病。中国育种家还利用普通小麦与赖草属的多枝赖草、大赖草、羊草等杂交，获得异附加系和异代换系。此外，中国育种家成功地将普通小麦与新麦草、冰草、旱麦草、鹅观草杂交，获得抗旱、抗黄矮病、抗赤霉病、优质等异附加系和新种质。

（五）生物技术育种与品种分子设计

21 世纪是生命科学的世纪，生物技术的发展将为人类健康水平的提高和保证食物安全发挥重要的作用。中国政府和科技人员非常重视生物技术在作物遗传育种领域的研究与应用，设立国家高科技专项和转基因重大专项支持生物技术的研究。在国家支持和科技人员的不懈努力下，中国生物技术育种取得了长足的进展。

中华人民共和国成立 60 多年来，中国在作物遗传育种的研究途径和技术方法上的进步有了革命性的变化。20 世纪 50 年代主要为系统选育，60 年代杂交育种开始上升为主要育种方法，到 80～90 年代，除常规杂交育种外，杂种优势利用、诱变育种、细胞与染色体工程技术和基因工程技术开始为育种技术带来新的突破。中国作物育种的长足进展，有力地促进了中国农业生产的稳定发展，带来了显著的经济效益、社会效益以及生态效益，使农产品在数量和质量上不断地满足人口增加和生活水平提高的要求，同时有效地提高了农业劳动生产率，增强了中国在国际竞争中的地位。目前，新发展起来的分子育种、分子设计育种、全基因组选择育种等高新生物技术，正赋予作物遗传育种新的内涵，相信通过科技人员的不断努力，中国作物遗传育种在新的世纪会取得更新更大的成就，保障 21 世纪中国人的食物安全。

二、作物栽培技术发展对现代农业发展的贡献

（一）作物栽培技术的发展推动现代农业生产发展

中华人民共和国成立以来，中国作物栽培技术取得了一系列重大进展。如中国广大农业科技工作者响应党和政府的号召，深入生产第一线，总结农民经验，例如陈永康的单季晚稻"三黄三黑"[①]，刘应祥的小麦"马耳朵、驴耳朵、猪耳朵"[②]，曲耀离的棉花"三看一蹲"等以叶色、长相、长势等形态指标为看苗诊断作物丰产栽培的经验；"选用良种""合理密植""增施肥料""培育壮秧""合理灌溉""防治病虫害"等增产栽培技术。1958 年，毛泽东主席总结的"土、肥、水、种、密、保、管、工"八字方针，并围绕作物生产上的重大问题开展的科学实验研究，使中国的栽培事业在理论和技术方面都有了巨大发展。

20 世纪 60 年代，围绕作物种植制度研究了作物高产及多熟配套栽培技术，明确了各种作物在不同地区、不同肥力下，不同品种的合理密植范围及相应的水肥管理技术。还针对生产上水稻的烂秧、倒伏，棉花蕾铃脱落及自然灾害进行研究并提出相应的栽培技术措施。在栽培理论方面，根据作物特点研究器官建成与产量形成的关系、生长发育规律、作物与环境的关系以及田间诊断

---

① 1958 年，全国水稻丰产模范陈永康在全国水稻科学技术工作会议上第一次提出了晚稻"三黄三黑"的稳产高产经验，以后在专家们的帮助下，经过科学分析研究，发展成为系统的水稻栽培理论。该栽培理论在 1964 年 8 月召开的、有 44 个国家和地区的科学家参加的北京科学讨论会上发表，受到高度评价。

② 20 世纪 50 年代到 60 年代初期，河南省岳滩大队刘应祥，根据拔节期小麦叶形的变化，总结出"三只耳朵（马耳朵、驴耳朵、猪耳朵）"的小麦看苗管理经验，经研究、推广，收到了显著的经济和社会效益。

原理等，提出了大面积丰产栽培技术。

20 世纪 70 年代，中国作物栽培技术有了新的发展，出现了以南方的多熟制、北方的间套作和杂交稻为主体的相应栽培技术。这一阶段作物栽培也由单项技术研究向综合技术研究发展。在对多种作物生育规律及措施效应研究基础上，形成了作物器官生育规律及其促控技术、叶龄模式栽培技术，并根据地区特点，提出作物抗逆高产综合栽培技术。

20 世纪 80 年代，随着现代化技术如机械、地膜、计算机、生长调节剂等在农业生产中的应用，发展了区域范围内的规范化、模式化高产栽培技术，地膜覆盖高产栽培技术，作物化控栽培技术，秸秆覆盖免耕栽培技术。在高产条件下，研究了作物群体、个体关系，不同作物周年生产技术，形成了水稻旱育稀植栽培技术，小麦精量、半精量播种高产栽培技术，吨粮田技术，作物立体栽培技术等高产栽培技术，为解决中国粮食问题做出了重要贡献。

进入 20 世纪 90 年代以来，作物栽培开始向高产、优质、高效、简化综合技术发展。针对中国生态和资源的特点，重点研究了高产超高产、提高有限资源利用效率等问题，并根据作物产量形成中的源库关系、作物对环境胁迫的适应性和农艺措施的替代补偿作用，形成了小麦节水高产栽培技术、水稻抛秧栽培技术、机械化育苗移栽技术等综合配套技术。

（二）作物栽培科学及理论体系的形成与发展推进现代农业发展

20 世纪上半叶，中国虽然已开始了栽培科学实验和引进国外先进科学技术，但作物栽培科学作为完整独立的学科还是近 50 年的事。1949 年中华人民共和国成立后，中国农业科技工作者在总结推广农民经验的同时，开展了栽培技术重大问题的理论研究，并在 20 世纪 60 年代初出版了《作物栽培学》《中国水稻栽培学》《中国小麦栽培学》《中国玉米栽培学》《中国棉花栽培学》等科学著作，形成了中国独特的作物栽培科学及栽培理论体系，标志着中国作物栽培由"看天、看地、看庄稼"的经验式栽培方式，发展到运用系统理论和先进的技术对作物进行科学调控的栽培方式阶段。随着对作物栽培科学研究的不断深入，作物栽培技术及理论体系也逐渐完善和发展。

中国作物栽培科学及理论体系发展与不同阶段的作物生产水平同步，每一阶段都是针对生产上的重大科学技术问题进行研究，其研究成果直接用于指导生产。

20 世纪 50～60 年代，围绕如耕作制度改革、提高光能利用、合理密植等问题提出合理动态群体结构概念，通过对作物生长发育、长势长相与产量形成的关系，器官建成与功能、器官生长发育与环境的关系等研究，明确作物栽培体系是一个整体，在作物生产及各器官生育过程中，要协调好作物与环境、个体与群体、器官与器官、器官与产量之间的关系，建立合理群体、提高光能利用率、发挥个体作物的作用，是获得高产的关键。

20 世纪 70～80 年代，围绕作物对水分、养分需求与吸收利用规律，器官建成规律与措施效应，作物干物质生产与分配，源库平衡关系，提出了作物器官生育规律及促控理论、源库平衡理论，并将系统理论引入栽培体系中，把环境因素、作物、各项栽培措施及其效应整体考虑，完善了作物栽培系统，提高了栽培管理科学性和预见性，形成了规范化、周年高产的理论与相应栽培技术，为作物进一步高产开辟了不同途径。此阶段新技术成果如地膜、除草剂、植物生长调节剂、计算机在作物生产系统中的应用，给作物高产栽培带来了新的理论与技术支撑。

20 世纪 80 年代后期至今，围绕作物高产、优质、高效、简化栽培技术体系，从生态生理学角度，将栽培措施与作物的内在生理机制、外界环境生态条件联系起来，形成了作物抗逆高产、节水高产、简化高产的理论与栽培技术体系；明确了作物对环境胁迫的适应机制和补偿能力，首次提出农艺措施对紧缺资源部分替代补偿理论，为进一步提高有限资源的利用效率，实现不同生态环境下的作物高产优质提供了理论依据。

从辛亥革命时期的萌芽起步，到中华人民共和国成立之后的逐渐发展，再到 21 世纪战略性发展，中国现代农业历经了百年的不懈努力，逐渐缩小了与发达国家和农业现代化国家的差距。中国农业，经过几千年的自然选择、人工选育和引进，形成了我国发展现代农业的重要物质基础——极为丰富的种质资源；经过百年的不断科学探索和实践，逐渐形成了较为坚实的理论基础——现代农业及作物的较为完整学科和理论体系；经过百年的努力，特别是 1949 年以来的产业迅速发展，构建了较为完备的技术和装备基础——能支撑现代农业发展的现代工业体系。2011 年中国城镇人口历史上首次过半，达到 51.3%，农业科技贡献率达到 53.5%，农作物耕种收综合机械化率达 54%。目前中国现代农业发展正由先前高投入、高产出、高效益、高污染的模式逐渐转变为推进生产效益、资源节约、环境友好、产品安全、协同发展的现代农业新模式，随着中国经济社会不断发展，中国已经进入全面推进现代农业发展的新阶段。

──────────── 参 考 文 献 ────────────

陈少华，1999. 近代农业科技出版物的初步研究 [J]. 中国农史 (4)：102 - 105.

刘锦藻，1912. 清朝续文献通考：卷一百一十二 [M].

石霓，2000. 观念与悲剧——晚清留美幼童命运剖析 [M]. 上海：上海人民出版社.

苏加楷，1990. 近十年来牧草品种资源国外引种概况 [J]. 作物品种资源 (2)：39 - 41.

孙中山，1986. 上李鸿章书：孙中山选集［M］. 北京：人民出版社.

王韬，1959. 韬园文录（外编）［M］. 上海：中华书局.

魏源，1852（清咸丰二年）. 海国图志：卷十［M］.

许道夫，1983. 中国近代农业生产及贸易统计资料［M］. 上海：上海人民出版社.

张洪程，张军，龚金龙，等，2013. "籼改粳"的生产优势及其形成机理［J］. 中国农业科学（4）：686-704.

张连起，1994. 清末新政史［M］. 哈尔滨：黑龙江人民出版社.

郑观应，1894（清光绪二十年）. 盛世危言（初编）：卷四［M］.

附录 中国作物栽培年表

历史时段	作物	栽培时间	地域分布	参　考　文　献
原始农业时期又称史前植物（作物）采集栽培驯化期（史前—前2070）	粟	约前5400年	黄河流域种植	黄河流域新石器时代农耕文化中的作物·农业考古·1982年第2期
	核桃	约前5400年	黄河流域利用	山东胶县三里河遗址发掘报告·考古·1977年第4期
	榛子	约前5400年	黄河流域利用	河北武安磁山遗址·考古学报·1981年第3期
	薏苡	约前5000年	长江流域利用	河北武安磁山遗址·考古学报·1981年第3期
	稻	约前5000年	长江流域种植	梁家勉：中国农业科学技术史稿·北京：农业出版社，1989
	葫芦（瓠瓜）	约前5000年	长江流域种植	河姆渡发现原始社会重要遗址·文物·1976年第8期
	菱	约前5000年	长江流域利用	河姆渡发现原始社会重要遗址·文物·1976年第8期
	枣	约前5000年	长江流域利用	河姆渡遗址动植物遗存的鉴定研究·考古学报·1978年第1期
	栗	约前5000年	长江流域利用	河姆渡发现原始社会重要遗址·文物·1976年第8期
	葛	约前4000年	长江流域用作纺织原料	河姆渡发现原始社会重要遗址·文物·1976年第8期
	秦樱	约前4000年	黄河流域利用	文物编辑委员会：吴县草鞋山遗址//文物资料丛刊·3·北京：文物出版社，1980
	莲藕	约前3000年	黄河流域利用	1980年秦安大地湾一期文化遗存发掘简报·考古与文物·1982年第2期 张光直：中国青铜时代·台北：联经出版事业股份有限公司，1983
	芝麻	约前2750年	长江流域出现	郑州大河村遗址发掘报告·考古学报·1979年第3期
				吴兴钱山漾遗址第一、二次发掘报告·考古学报·1960年第2期

（续）

历史时段	作物	栽培时间	地域分布	参　考　文　献
原始农业时期又称 史前植物（作物） 采集栽培驯化期 （史前—前 2070）	苎麻	约前 2750 年	长江流域出现	山西襄汾陶寺遗址发掘简报·考古·1980 年第 1 期 略论三十年来我国的新石器时代考古·考古·1979 年第 5 期
	桑	约前 2750 年	丝织品出现	吴兴钱山漾遗址第一、二次发掘报告·考古学报·1960 年第 2 期
	甜瓜	约前 2750 年	长江流域利用	吴兴钱山漾遗址第一、二次发掘报告·考古学报·1960 年第 2 期
	桃	约前 2750 年	长江流域利用	吴兴钱山漾遗址第一、二次发掘报告·考古学报·1960 年第 2 期
	大豆（菽）	约前 2000 年	北方地区栽培	诗经·大雅·生民；史记·周本纪
	麦类	约前 1800 年	新疆地区栽培	对新疆古代文明的新认识·百科知识·1984 年第 1 期 诗经·周颂·思文
	芍药	约前 2100—前 1600 年 （夏朝）	南北都有栽培	古琴流
传统农业租放 经营期又称传统 农业的萌芽期 （夏商西周及春秋： 前 2070—前 476）	荞麦	约前 1600—前 1100 年 （商朝）	北方和西南 地区栽培	我国栽培作物来源的探讨·中国农业科学·1981 年第 4 期
	郁李	约前 1300 年	北方地区栽培	藁城台西商代遗址
	大白菜 （菘菜）	约前 1100—前 771 年 （西周时期）	北方地区栽培	诗经·邶风·谷风
	瓜	约前 1100—前 771 年 （西周时期）	北方地区栽培	诗经·大雅·生民
	韭	约前 1100—前 771 年 （西周时期）	北方地区栽培	夏小正

（续）

历史时段	作物	栽培时间	地域分布	参考文献
	麦白（菰）	约前1100—前771年（西周时期）	北方地区栽培	诗经·豳风·七月
	梨	约前1100—前771年（西周时期）	南北都有栽培	尔雅；诗经·晨风篇
	杏	约前1100—前771年（西周时期）	北方地区栽培	夏小正
	樱桃	约前1100—前771年（西周时期）	南北都有栽培	礼记·月令篇；本草衍义
传统农业粗放经营期又称传统农业的萌芽期（夏商西周及春秋：前2070—前476）	梅	约前1100—前771年（西周时期）	南北都有栽培	夏小正
	菊花	约前1100—前771年（西周时期）	南北都有栽培	埤雅
	冬葵	约前1100—前771年（西周时期）	南北都有栽培	诗经·豳风·七月
	山药（薯蓣）	前1000年	南北都有栽培	神农本草经；山海经
	芹菜	前1000年	南北都有栽培	神农本草经
	甘蔗	约前800年	长江以南栽培	唐启宇：中国作物栽培史稿．北京：农业出版社．1986
	银杏	约前770—前476年（春秋时期）	南北都有栽培	春秋左传正义

（续）

历史时段	作物	栽培时间	地域分布	参　考　文　献
传统农业粗放经营期又称传统农业的萌芽期（夏商西周及春秋：前2070—前476）	柑橘	约前770—前476年（春秋时期）	南方地区栽培	周礼·考工记
	萝卜（莱菔）	约前600年	南北都有栽培	诗经·谷风
	芥菜	约前500年	南方地区栽培	左传
	燕麦	约前475—前221年（战国时期）	华北北部长城内外和青藏高原	尔雅·释草
传统农业精细经营的形成期又称北方旱作农业形成及发展期（战国秦汉及西晋：前475—公元317）	兰花	约前475—前221年（战国时期）	南北都有栽培	楚辞
	月季	约前475—前221年（战国时期）	南北都有栽培	楚辞·九歌·涉江
	桂花	约前475—前221年（战国时期）	南方地区栽培	九歌
	玉兰	约前475—前221年（战国时期）	南方地区栽培	离骚
	野豌豆	约前475—前221年（战国时期）	南北都有栽培	肖文一等：饲用植物栽培与利用·北京：农业出版社，1991
	茶	约前300年	四川栽培	日知录；尔雅·释木篇
	芜菁（蔓菁、葑、大头菜）	约前300年	黄河流域栽培	周礼·天官

（续）

历史时段	作物	栽培时间	地域分布	参　考　文　献
传统农业精细经营的形成期 又称北方旱作农业形成发展期（战国秦汉又及西晋：前475—公元317)	茄子	约前200年	南北都有栽培	山海经；水经注
	油菜（芸薹）	约前200年	黄河流域栽培	太平御览·通俗文
	小白菜（青菜、鸡毛菜、油白菜）	约前200年	南北都有栽培	尔雅
	芋（蹲鸱）	约前200年	南北都有栽培	管子·轻重甲
	牡丹	约前200年	南北都有栽培	神农本草经
	蚕豆（胡豆）	约前100年	传入中原地区	本草经；本草纲目
	豌豆	约前100年	传入中原地区	广雅
	胡麻（芝麻）	约前100年	传入北方地区栽培	氾胜之书；中国农业百科全书农作物卷编辑委员会：中国农业百科全书·农作物卷. 北京：农业出版社，1991
	胡椒	约前100年	传入中原地区	酉阳杂俎；广志
	椰子	约前100年	传入南方海岸	交州记；南方草木状
	苜蓿	约前100年	传入北方地区栽培	史记·大宛列传；齐民要术
	芫荽（胡荽）	约前100年	传入中原地区	作物源流考；齐民要术
	黄瓜（胡瓜）	约前100年	北方地区栽培	齐民要术；本草拾遗
	蒜（胡蒜）	约前100年	传入中原地区	本草纲目；齐民要术
	胡葱	约前100年	传入中原地区	本草纲目；作物源流考
	葡萄	约前100年	传入北方地区栽培	史记·大宛列传；酉阳杂俎
	柿	约前100年	长江流域栽培	尔雅

（续）

历史时段	作物	栽培时间	地域分布	参　考　文　献
传统农业精细经营的形成期 又称北方旱作农业形成发展期 （战国秦汉及西晋：前475—公元317）	枇杷	约前100年	南方地区栽培	西京杂记
	荔枝	约前100年	南方地区栽培	西京杂记
	香蕉	约前100年	南方地区栽培	名医别录
	杨梅	约前100年	南方地区栽培	西京杂记
	无花果	约前100年	传入北方地方地区栽培	西阳杂俎
	石榴（安石榴）	约前100年	南方地区栽培	齐民要术·安石榴
	波斯枣（海枣）	约前100年	传入南方地区栽培	西阳杂俎
	杉木	约前100年	南方地区栽培	西京杂记
	茉莉	约前100年	南方地区栽培	南越行记
	紫花苜蓿	约前100年	北方地区栽培	肖文一等：饲用植物栽培与利用·北京：农业出版社，1991
	椰子	约公元元年	海南栽培	吴都赋；本草图经；南越笔记
	冬瓜	约200年	南方地区栽培	广雅·释草
	紫花	约250年	南北都有栽培	花经
	蕹菜（壅菜、空心菜）	约25—220年（东汉时期）	南方地区有栽培	博物志
	高粱（蜀黍）	约300年	传入四川	博物志
传统农业精细经营的发展期 又称南方稻作农业形成发展时期：（东晋隋唐及北宋：317—1127）	杜鹃花	约420—589年（南北朝时期）	南北都有栽培	本草经集注
	石蒜	约420—589年（南北朝时期）	南方地区栽培	金灯赋
	木豆	约500年	传入我国	高卫东：中国种业大观·北京：中国农业科技出版社，2001
	扁豆	约500年	传入南方地区	名医别录

（续）

历史时段	作物	栽培时间	地域分布	参考文献
传统农业精细经营的发展期又称南方稻作农业形成发展时期（东晋隋唐及北宋：317—1127）	甜菜（菾菜）	约500年	传入南方地区	名医别录
	丁香	约500年	西南、北方栽培	齐民要术
	蓖麻	约550年	传入中原	玉篇
	豇豆	约581—618年（隋朝）	南北都有栽培	唐韵
	莴苣	约581—618年（隋朝）	传入中原	清异录
	香椿	约600年	南方地区栽培	唐本草
	山楂	约618—907年（唐朝）	北方地区栽培	中国树木志编辑委员会：中国树木志．北京：中国林业出版社，1983—1985
	百合	约618—907年（唐朝）	南北都有栽培	百合花赋
	紫薇	约618—907年（唐朝）	华东、华中、华南、西南地区栽培	唐书·百官志
	报春花	约618—907年（唐朝）	南方地区栽培	长乐花赋
	鸡冠花	约618—907年（唐朝）	南北都有栽培	鸡冠花
	凤仙花	约618—907年（唐朝）	南北都有栽培	凤仙花，古代花卉

（续）

历史时段	作物	栽培时间	地域分布	参 考 文 献
	菠菜	约 647 年	从尼泊尔传入	唐会要·杂录
	芥蓝	约 700 年	华南地区栽培	中国农业百科全书蔬菜卷编辑委员会：中国农业百科全书·蔬菜卷·北京：农业出版社，1990
	猕猴桃	约 700 年	南方地区栽培	太白东溪张老舍即事·寄舍弟侄等（引自《全唐诗》卷一九八）
	油橄榄（齐墩果）	约 860 年	南方地区栽培	酉阳杂俎
	木波罗（树波罗）	约 860 年	南方地区栽培	酉阳杂俎
	阿月浑子	约 860 年	南方地区栽培	酉阳杂俎
	巴旦杏	约 860 年	北方地区栽培	酉阳杂俎
	西瓜	约 900 年	北方地区栽培	陷房记：新五代史·四夷附录
传统农业精细经营的发展期又称南方稻作农业形成发展时期（东晋隋唐及北宋317—1127）	油亚麻（胡麻）	约 960—1127 年（北宋时期）	南方地区栽培	图经本草
	乌塌菜	约 960—1279 年（宋朝）	南方地区栽培	高卫东：中国种业大观·北京：中国农业科技出版社，2001
	丝瓜	约 960—1279 年（宋朝）	引种中南部地区	咏丝瓜；分门琐碎录
	占城稻	约 1000 年	长江流域栽培	宋会要稿
	凉薯	约 1200 年	传入福建	三山志·物产
	胡萝卜	约 1200 年	南方地区栽培	镇江志

209

（续）

历史时段	作物	栽培时间	地域分布	参考文献
传统农业精细经营的发展期又称南方稻作农业形成发展时期（东晋隋唐及北宋：317—1127）	苦瓜	约1127—1279年（南末时期）	引种南方地区	中国科学院中国植物志编辑委员会：中国植物志．北京：科学出版社，1999
	棉花	约1250年	由边疆分南北两路传入内地	农桑辑要；农书；大学衍义补
	南瓜	约1360年	引种南方地区	饮食须知
	菜豆	约1400年	引种南北都有栽培	范双喜：中国种业大观·蔬菜卷．北京：中国农业科技出版社，2001
	花生（落花生）	约1500年	传入山东南沿海地区	滇海虞衡志；常熟县志
	结球甘蓝	约1500年	引种云南	大理府志
传统农业精细经营的成熟期又称多熟制农业形成发展时期（南末元朝与明清：1127—1911）	球茎甘蓝	约1500年	南北都有栽培	中国农业科学院蔬菜花卉研究所：中国蔬菜栽培学．北京：中国农业出版社，2009
	草莓	约1500年	苏皖地区栽培	邓明琴，雷家军：中国果树志．北京：中国林业出版社，2005
	烟草	约1550年	福建、广东之间	物理小识；景岳全书
	玉米（番麦）	约1600年	传入西北地区栽培	平凉府志
	甘薯（番薯）	约1600年	传入南方地区栽培	大理府志
	向日葵（西番菊）	约1600年	传入中原	群芳谱·花谱
	番茄（番柿）	约1600年	传入南方地区栽培	群芳谱·果谱
	辣椒（番椒）	约1600年	东部地区栽培	群芳谱·蔬谱；山阴县志
	苹果	约1600年	北方地区栽培	群芳谱·果谱

（续）

历史时段	作物	栽培时间	地域分布	参考文献
传统农业精细经营的成熟期 又称多熟制农业形成发展时期明清（南宋元朝与明清：1127—1911）	菠萝	约1600年	传入南方地区栽培	浙江农业大学：果树栽培学．杭州：浙江人民出版社，1961
	榆叶梅	约1600年	南方地区栽培	帝京景物略
	马铃薯	约1700年	由南北两路传入	台湾府志；马首农言；松溪县志
	菜豆（时季豆）	约1760年	传入中原	三农记·蔬属·时季豆
	木薯	约1820年	引种广东	新会县志
	花椰菜	约1850年	引种福建	闽产录异；上海县续志·物产
	西葫芦（美洲南瓜）	约1850年	引种华北地区	高卫东：中国种植业大观．北京：中国农业科技出版社，2001
	陆地棉（美洲棉）	约1865年	传入上海	我国美棉引种史略．中国农业科学．1983年第4期
	大粒花生（洋落花生）	约1870年	传入山东栽培	平度州乡土志
	咖啡	约1884年	引种台湾	中国热带农业科学院，华南热带农业大学：中国热带作物栽培学．北京：中国农业出版社，1998
	青花菜	约1900年	引种香港、广东和台湾	中国农业百科全书蔬菜卷编辑委员会：中国农业百科全书·蔬菜卷．北京：农业出版社，1990
	四棱豆	约1900年	传入我国华南地区	方智远，张武男：中国蔬菜作物图鉴．南京：江苏科学技术出版社，2011
	郁金香	约1900年	引种上海	中国科学院中国植物志编辑委员会：中国植物志．北京：科学出版社，1999

（续）

历史时段	作物	栽培时间	地域分布	参考文献
传统农业精细经营的成熟期又称多熟制时期（南宋元朝与明清：1127—1911）农业形成发展时期	刺槐	约1900年	引种我国南北地区	肖文一等：饲用植物栽培与利用·北京：农业出版社，1991
	芦笋	约1900年	由欧洲传入中国福建、河南、陕西、安徽、四川、台湾、江西等地种植	方智远、张武男：中国蔬菜作物图鉴·南京：江苏科学技术出版社，2011
	莱蓟	约1900年	由德国传入中国上海、云南、浙江、湖南等地栽培	方智远、张武男：中国蔬菜作物图鉴·南京：江苏科学技术出版社，2011
	剑麻	1901年	引种台湾台北农事试验场，1928年传入海南临高	方智远、张武男：中国蔬菜作物图鉴·南京：江苏科学技术出版社，2011
	橡胶	约1904年	引种云南、海南、广东	中国科学院中国植物志编辑委员会：中国植物志·北京：科学出版社，1999
	香石竹（康乃馨）	约1905年	引种上海	中国科学院中国植物志编辑委员会：中国植物志·北京：科学出版社，1999
	海岛棉（木棉）	约1907年	引种华南、西南	黄骏麒：中国棉作学·北京：中国农业科技出版社，1998
	红麻	约1908年	引种台湾	高卫东：中国种植业大观·北京：中国农业科技出版社，2001

（续）

历史时段	作物	栽培时间	地域分布	参　考　文　献
	红三叶、白三叶	约1920年	引种我国南北地区	肖文一等：饲用植物栽培与利用．北京：农业出版社，1991
	木薯	约1920年	由东南亚转人我国华南地区	董玉琛、刘旭：中国作物及其野生近缘植物·粮食作物卷．北京：中国农业出版社，2006
	番杏	约1920年	传人中国大城市郊区	方智远、张武男：中国蔬菜作物图鉴．南京：江苏科学技术出版社，2011
	可可	约1922年	引种台湾	中国热带农业科学院，华南热带农业大学：中国热带作物栽培学．北京：中国农业出版社，1998
	油棕	1926年	引人海南	董玉琛、刘旭：中国作物及其野生近缘植物·经济作物卷．北京：中国农业出版社，2007
现代农业萌芽发展期（民国时期及中华人民共和国成立后：1912— ）	金鱼草	约1930年	引种我国	中国科学院中国植物志编辑委员会：中国植物志．北京：科学出版社，1999
	苏丹草	约1930年	引种我国	肖文一等：饲用植物栽培与利用．北京：农业出版社，1991
	羊草	约1930年	引种广东、广西、福建	肖文一等：饲用植物栽培与利用．北京：农业出版社，1991
	象草	约1930年	引种广东、四川	肖文一等：饲用植物栽培与利用．北京：农业出版社，1991
	紫穗槐	约1930年	引种华北和东北	肖文一等：饲用植物栽培与利用．北京：农业出版社，1991
	胡椒	1947年、1951年	1947年小叶种从柬埔寨兼引人华南；1951年大叶种从马来西亚引人海南	董玉琛、刘旭：中国作物及其野生近缘植物·经济作物卷．北京：中国农业出版社，2007
	大头蒜	1948年	传人我国南方地区	方智远、张武男：中国蔬菜作物图鉴．南京：江苏科学技术出版社，2011
	红豆草	约1950年	引种北方地区	肖文一等：饲用植物栽培与利用．北京：农业出版社，1991

（续）

历史时段	作物	栽培时间	地域分布	参考文献
现代农业萌芽发展期（民国时期及中华人民共和国成立后：1912— ）	老芒草（披碱草）	约1958年	北方地区开始驯化	肖文一等：饲用植物栽培与利用.北京：农业出版社，1991
	沙生冰草	约1970年	引种东北、西北、华北地区	徐柱：中国牧草手册.北京：化学工业出版社，2004
	中间偃麦草	约1970年	引种青海、内蒙古及东北地区	徐柱：中国牧草手册.北京：化学工业出版社，2004
	多年生黑麦草	约1972年	引种四川、云南、贵州等高海拔地区	肖文一等：饲用植物栽培与利用.北京：农业出版社，1991
	多变小冠花	约1973年	引种北方地区	徐柱：中国牧草手册.北京：化学工业出版社，2004
	宽叶雀稗	约1974年	引种广西	肖文一等：饲用植物栽培与利用.北京：农业出版社，1991
	甜叶菊	1977年	由巴拉圭传入中国，东北、华北、西北、华东、华中等地均有栽培	甘肃河西绿洲灌区甜叶菊育苗栽培技术.农业科技与信息.2013年第9期
	菊苣芽菜	约1980年	由欧洲传入中国大城市周边	方智远、张武男：中国蔬菜作物图鉴.南京：江苏科学技术出版社，2011
	多年生桂花草	约1981—1983年	引种广东、广西、福建	肖文一等：饲用植物栽培与利用.北京：农业出版社，1991
	伏生臂形草	约1983年	引种云南	徐柱：中国牧草手册.北京：化学工业出版社，2004
	距藏豆	约1983年	引种云南	徐柱：中国牧草手册.北京：化学工业出版社，2004
	菊薯	21世纪初	传入华南地区	方智远、张武男：中国蔬菜作物图鉴.南京：江苏科学技术出版社，2011

《中国作物栽培史》

后 记

经过大家多年努力，《中国作物栽培史》终于可以脱稿面世，非常感谢王宝卿、王秀东及各位同仁的鼎力相助，非常感谢曹幸穗、谭光万的认真审修，帮我完成了这一夙愿。我是 1980 年考入中国农业科学院研究生院攻读硕士，至今一直从事作物种质资源研究工作。1999 年应《农业科技导报》之约撰写《作物种质资源与农业科技革命》一文，发表于当年第二期上。在这篇论文撰写过程中查阅了许多资料，从而对农业科技革命产生了浓厚兴趣。此后，为了进一步深入研究这一课题，我于 2002 年在"农业经济与管理"学科下招收了王秀东为博士研究生，专门从事农业科技革命研究。为了更好地深入研究农业科技革命与农业发展史的关系，2008 年我承担了科技部创新方法工作专项的重点项目"农业科学方法预研究"和"农业科学方法-作物科学方法研究（编号 2008IM20800）"，基于项目研究的需要，准备招收王宝卿来我院做博士后，后由于年龄问题未能实现。不过从此我们三人作为合作者，开始研究中国作物栽培历史，并于 2012 年在《中国农史》第二期上刊发了《中国作物栽培历史的阶段划分和传统农业形成与发展》，此文确立了中国作物栽培史与中国经济社会发展史互为动因的基本脉络与总体理念。随后十年的时间，我们三人继续合作，又联络著者同仁继续进行梳理研究，提升其内涵与外延，最终形成这本书的文稿。在就此止笔之时，我深深感到尽管此书来之不易，但仍未达到原有初衷，仍有待于继续努力，为进一步深入揭示作物栽培历史与中华民族成长史、中国社会变迁史之间内在联系与相互动因本质而贡献自己的一点力量。

刘 旭

2022 年 3 月 30 日于北京

图书在版编目（CIP）数据

中国作物栽培史 / 刘旭等著 . —北京：中国农业
出版社，2022.8
ISBN 978 - 7 - 109 - 27389 - 4

Ⅰ.①中…　Ⅱ.①刘…　Ⅲ.①作物—栽培技术—技术
史—中国　Ⅳ.①S31 - 092

中国版本图书馆 CIP 数据核字（2020）第 186025 号

中国作物栽培史
ZHONGGUO ZUOWU ZAIPEISHI

中国农业出版社出版
地址：北京市朝阳区麦子店街 18 号楼
邮编：100125
责任编辑：孟令洋　郭晨茜
版式设计：王　晨　责任校对：周丽芳
印刷：北京通州皇家印刷厂
版次：2022 年 8 月第 1 版
印次：2022 年 8 月北京第 1 次印刷
发行：新华书店北京发行所
开本：700mm×1000mm　1/16
印张：15
字数：400 千字
定价：200.00 元